新工科建设·计算机类教材

Python 程序设计

——项目驱动式教程

郑纯军　主编

贾　宁　陈明华　王庆军　副主编

電子工業出版社

Publishing House of Electronics Industry

北京·BEIJING

内 容 简 介

本书采用以项目为导向的编写方式，各章通过项目引导、实例、项目实战介绍Python编程基础及其相关知识的应用。全书共10章，包括Python概述、Python语言基础、程序控制结构、Python容器、字符串、正则表达式、函数、面向对象编程、文件、异常处理结构，各章均配备了相关习题。书中各章的项目涉及9个主题，包括turtle绘画、Pygame游戏开发、旅游、智能家居、爬虫、党史学习、Tkinter图形软件开发、数据批量处理、图像处理，可以帮助读者深入理解Python语言在各场景中的应用。为方便读者理解项目代码，书中以二维码形式配备了讲解微视频。

本书可作为高等院校大数据、人工智能相关专业的教材，也可作为有关专业技术人员的培训教材，还可作为编程爱好者及大数据、人工智能应用爱好者的参考书。

图书在版编目（CIP）数据

Python程序设计：项目驱动式教程/郑纯军主编. —北京：电子工业出版社，2022.7
ISBN 978-7-121-43979-7

Ⅰ. ①P… Ⅱ. ①郑… Ⅲ. ①软件工具－程序设计 Ⅳ. ①TP311.561

中国版本图书馆CIP数据核字（2022）第127490号

责任编辑：凌　毅
印　　刷：三河市鑫金马印装有限公司
装　　订：三河市鑫金马印装有限公司
出版发行：电子工业出版社
　　　　　北京市海淀区万寿路173信箱　邮编　100036
开　　本：787×1 092　1/16　印张：15.5　字数：418千字
版　　次：2022年7月第1版
印　　次：2023年9月第4次印刷
定　　价：49.00元

凡所购买电子工业出版社图书有缺损问题，请向购买书店调换。若书店售缺，请与本社发行部联系，联系及邮购电话：（010）88254888，88258888。

质量投诉请发邮件至zlts@phei.com.cn，盗版侵权举报请发邮件至dbqq@phei.com.cn。

本书咨询联系方式：（010）88254528，lingyi@phei.com.cn。

前　言

Python 是目前非常流行的开源编程语言，它简单易学、可迁移性强、功能强大、容易上手，在数据采集、数据分析与挖掘、人工智能等方面受到从业人员的广泛认可。目前，很多企业都在使用 Python 语言进行程序开发，企业对于 Python 人才的需求呈现井喷式的增长，然而 Python 实用人才的数量和质量却无法满足市场的需要。

本书是学习 Python 语言的入门教材，全书立足于实践与工程能力的培养，以关键技术和流行应用作为引导，每章融入一系列主题案例，通过“做中学”与“学中做”相结合的实践过程开展学习。每章从项目引导开始，引入本章内容，进而通过有趣的实例讲解理论知识，开展关键技术分析与应用案例解析，再通过项目实战总结涉及的 Python 方法和第三方库，最后给出具体功能分析和代码实现过程。

本书重点介绍 Python 语言编程基础及常用第三方库的使用，程序设计采用 Python 3.x 版本，由讲授大数据、人工智能专业相关课程的、经验丰富的一线教师编写。全书内容循序渐进，按照初学者学习思路编排，条理性强，语言通俗，容易理解。在章节安排上，本书共 10 章，包括 Python 概述、Python 语言基础、程序控制结构、Python 容器、字符串、正则表达式、函数、面向对象编程、文件、异常处理结构。为便于复习和自学，每章均配备丰富的习题。本书可作为高等院校大数据、人工智能相关专业的教材，也可作为有关专业技术人员的培训教材，还可供广大计算机爱好者参考。

本书由郑纯军教授担任主编并统稿。编写分工如下：第 1～4 章由郑纯军编写，第 5～8 章由贾宁编写，第 9 章由陈明华编写，第 10 章由王庆军编写。

在本书编写过程中，参考了很多国内外的著作和文献，在此对著作和文献的作者致以由衷的谢意。同时得到了很多人的帮助和支持，在此感谢我的合作者们辛勤、严谨的劳动，感谢我的同事及崔新明、王江浩两位学生对本书提出的意见和建议，感谢女儿郑舒艺对本书第 8 章提供的实例素材，感谢妻子张轶在本书撰写过程中给予的鼓励和支持。

由于水平有限，书中错误和缺点在所难免，欢迎广大读者提出宝贵意见和建议，我们不胜感激。

郑纯军

2022 年 6 月

目　录

第 1 章　Python 概述

Python 语言是一种跨平台的计算机程序设计语言，它提供了高效的高级数据结构，还能简单有效地面向对象编程。Python 语言的语法和动态类型及解释型语言的本质，使它成为多数平台上写脚本和快速开发应用的编程语言。随着版本的不断更新和新功能的添加，Python 语言逐渐被用于独立的、大型项目的开发。

Python 解释器易于扩展，可以使用 C 或 C++语言扩展新的功能和数据类型。Python 语言也可用作定制化软件中的扩展程序语言。Python 语言丰富的标准库，提供了适用于各个主要系统平台的源代码或机器码。

1.1　项目引导：史努比画像

1.1.1　项目描述

读者在学习 Python 语言的初级阶段，为了观察 Python 程序的运行结果，通常需要掌握交互式或脚本式运行的方法。在本项目中，通过一个绘制史努比画像的案例帮助读者体会 Python 的运行方法和输出机制。

1.1.2　项目分析

在本项目中，需要完成两个任务：安装 Python 开发环境和运行 Python 程序。因此，通过实现本项目引导，本章需要掌握的相关知识点如表 1-1 所示。

表 1-1　相关知识点

序号	知识点	详见章节
1	Python 语言的发展历史	1.2.1 节
2	Python 语言的特点	1.2.2 节
3	Python 自带编辑器 IDLE 及使用	1.3.1 节
4	Anaconda 开发环境安装及使用	1.3.2 节
5	PyCharm 环境安装及使用	1.3.3 节

第 1 章项目引导视频

1.1.3　项目实现

实现本项目的源程序如下：

```
1    # -*- coding: utf-8 -*-
2    print('''                                    #输出以下内容
3                          .----.
4                       .          `
5                    .'--          .
6                 . --(*) (**)---/&\\
7               .`@@             /&&&\\
8               :          ,    /&&&&&&\\
9                `-..__.-'   _.- &&&//
```

```
10            `;_:          `"
11             ."""""""""`.
12            /,   你好,   \\\\
13           //   Python \\\\
14          `-.___________.-'
15             __`.||.`__
16           (______||______)
17    ''')                                    #输出结束
```

本项目的运行结果如图 1-1 所示。

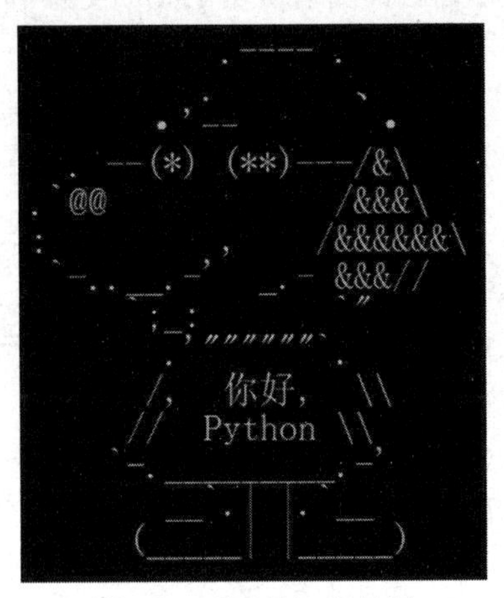

图 1-1　项目的运行结果

1.2　认识 Python

1.2.1　Python 语言的发展历史

在现今的互联网行业中，大数据既包括各种互联网（Web）应用中不断累积产生的数据，也包括传统业务流程的处理数据。前者大部分来源于社交媒体、社交网络、知识库、流行网站、评论数据和位置信息等。丰富的数据来源使得互联网数据的组成结构产生了巨大的变革，如何有效地获取海量资源，并对其进行有效整合和分析，是现今大数据行业研究的重要方向之一。

自从 20 世纪 90 年代初 Python 语言诞生至今，它已被逐渐广泛应用于系统管理任务的处理和 Web 编程。

Python 语言的创始人是荷兰人吉多 • 范罗苏姆（Guido van Rossum）。1989 年圣诞节期间，在阿姆斯特丹，Guido 为了打发圣诞节的无趣，决心开发一个新的脚本解释程序，作为 ABC 语言的一种继承。之所以选中 Python（大蟒蛇的意思）作为该编程语言的名字，是取自英国 20 世纪 70 年代首播的电视喜剧《蒙提 • 派森的飞行马戏团》（*Monty Python's Flying Circus*）。

ABC 是由 Guido 参与设计的一种教学语言。就 Guido 本人看来，ABC 这种语言非常优美和强大，是专门为非专业程序员设计的。但是 ABC 语言并没有成功，究其原因，Guido 认为是其非开放性造成的。Guido 决心在 Python 语言中避免这一错误。同时，他还想实现在 ABC 语言中闪现过但未曾实现的东西。

就这样，Python 语言在 Guido 手中诞生了。可以说，Python 语言是从 ABC 语言发展起来的，主要受到了 Modula-3（一种编程语言）的影响，并且结合了 UNIX Shell 和 C 语言的习惯。

Python 语言目前已经成为最受欢迎的程序设计语言之一。2004 年以后，Python 语言的使用率呈线性增长。Python 2.0 于 2000 年 10 月 16 日发布，稳定版本是 Python 2.7。Python 3.0 于 2008 年 12 月 3 日发布，不完全兼容 Python 2.x。

由于 Python 语言具有简洁性、易读性及可扩展性等特性，在国外用 Python 语言做科学计算的研究机构日益增多，一些知名大学已经采用 Python 语言来讲授程序设计课程。例如，卡耐基 • 梅隆大学的编程基础、麻省理工学院的计算机科学及编程导论就使用 Python 语言来讲授。众多开源的科学计算软件包都提供了 Python 语言的调用接口，例如，著名的计算机视觉库 OpenCV、三维可视化库 VTK 和医学图像处理库 ITK。而 Python 语言专用的科学计算扩展库就更多了，如以下 4 个十分经典的科学计算扩展库：NumPy、Pandas、SciPy 和 matplotlib，它们分别为 Python 提供了快速数组处理、数据分析、数值运算及绘图功能。因此，Python 语言及其众多的扩展库所构成的开发环境十分适合工程技术及科研人员处理实验数据、制作图表，甚至开发科学计算应用程序。

1.2.2 Python 语言的特点

作为一种高效的编程工具，Python 语言具有以下特点。

① 简单：Python 语言是一种代表简单主义思想的语言。阅读一个良好的 Python 程序就感觉像读英语一样，这使用户能够专注于解决问题。

② 易学：Python 语言极其容易上手，因为 Python 语言有极其简单的说明文档。

③ 速度快：Python 语言的底层是用 C 语言编写的，很多标准库和第三方库也都是用 C 语言编写的，运行速度非常快。

④ 免费、开源：Python 是 FLOSS（自由/开源软件）之一，使用者可以自由地发布这个软件的拷贝、阅读它的源代码、对它做改动、把它的一部分用于新的自由软件中。

⑤ 高层语言：用 Python 语言编写程序时，无须考虑诸如如何管理用户程序使用的内存之类的底层细节。

⑥ 可移植性：由于 Python 的开源本质，Python 已经被移植在许多平台上。这些平台包括 Linux、Windows、FreeBSD、Macintosh、Solaris、OS/2、Amiga、AROS、AS/400、BeOS、OS/390、z/OS、Palm OS、QNX、VMS、Psion、Acom RISC OS、VxWorks、PlayStation、Sharp Zaurus、Windows CE、PocketPC、Symbian 及 Google 基于 Linux 开发的 Android 平台。

⑦ 解释性：一个用编译性语言（如 C 或 C++）编写的程序可以从源文件（C 或 C++）转换成计算机使用的语言（二进制代码，即 0 和 1）。这个过程通过编译器和不同的标记、选项完成。运行程序时，连接/转载器软件把程序从硬盘复制到内存中并运行。而 Python 语言编写的程序不需要编译成二进制代码，可以直接从源代码运行。在计算机内部，Python 解释器把源代码转换成字节码的中间形式，然后把它翻译成计算机使用的机器语言并运行。这使得使用 Python 更加简单，也使得 Python 程序更加易于移植。

⑧ 面向对象：Python 语言既支持面向过程的编程，也支持面向对象的编程。在“面向过程”的语言中，程序是由过程或仅仅是可重用代码的函数构建起来的；在“面向对象”的语言中，程序是由数据和功能组合而成的对象构建起来的。

⑨ 可扩展性：如果需要一段关键代码运行得更快或者希望某些算法不公开，可以用 C 或 C++语言编写部分代码，然后在 Python 程序中使用它们。

⑩ 可嵌入性：可以把 Python 程序嵌入 C/C++程序，从而向用户提供脚本功能。

⑪ 丰富的库：Python 的标准库非常庞大。它可以处理各种工作，包括正则表达式、文档生成、单元测试、线程、数据库、网页浏览器、CGI、FTP、电子邮件、XML、XML-RPC、HTML、

WAV 文件、密码系统、GUI（图形用户界面）和其他与系统有关的操作。这被称作 Python 的“功能齐全”理念。除标准库外，还有许多其他高质量的库，如 wxPython、Twisted 和 Python 图像库等。

⑫ 规范的代码：Python 采用强制缩进的方式使得代码具有较好的可读性，而用 Python 语言编写的程序不需要编译成二进制代码。

1.3 Python 开发环境配置

Python 语言是一种高级、开源、通用的编程语言，被广泛应用于多个领域中。Python 最初设计为脚本可解释的语言，到目前为止，它仍然是最流行的脚本语言之一。

Python 的标准库功能强大，具有与低级硬件接口、能够处理文件和能够处理文本数据等功能和特性。在开发 Python 程序时，可以轻松地实现与现有应用程序的集成，可以开发与其他应用程序和工具的接口。

目前，两个主要的 Python 版本是 Python 2.x 和 Python 3.x。它们非常相似，但是 Python 3.x 中出现了几个向下不兼容的变化，这导致在使用 Python 2.x 到 Python 3.x 的方法之间产生了巨大迁移。至于选择哪个 Python 版本，并没有绝对的答案，这取决于拟解决的问题、现有代码和具有的基础设施、将来如何维护代码及所有必要的依赖关系。

1.3.1 Python 自带编辑器 IDLE 及使用

Python 是一种解释性的语言，只要下载并安装 Python 解释器，就可以运行编写的 Python 代码。

1. 下载 Python 安装包

在浏览器中输入 Python 官网的下载页面地址，即可下载 Python 的安装包。如图 1-2 所示。

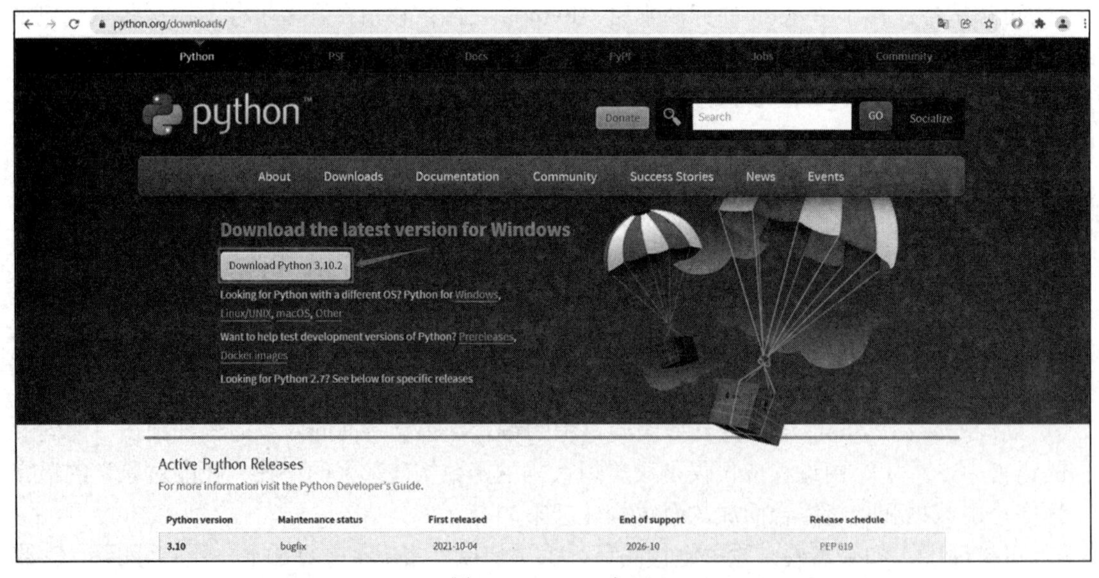

图 1-2　Python 官网

从网页中可以看到，Python 解释器支持多种操作系统，同时也提供多个版本，目前版本是 Python 3.10.2。本书是基于 Python 3.x 来讲述的，所以需要下载 Python 3.0 及以上版本的安装包。

2．安装 Python 包

下载完成后，直接双击 Python 安装包，可进入如图 1-3 所示的界面。选择【Install Now】，可立即安装，安装路径为默认路径；选择【Customize installation】，可以选择安装路径并进行某些属性的设置。直接勾选界面最下方的复选框，可自动配置 Python 环境变量。

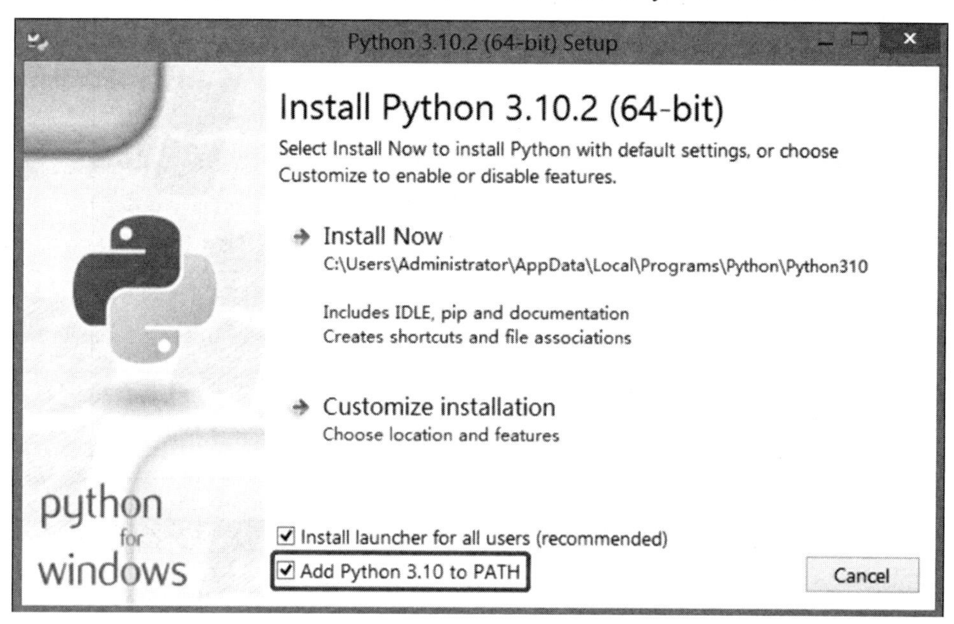

图 1-3　Python 包的安装初始界面

单击【Install Now】按钮进行安装，进入如图 1-4 所示的安装界面，提示安装进度。等待进度条完成，单击【Finish】按钮即可。

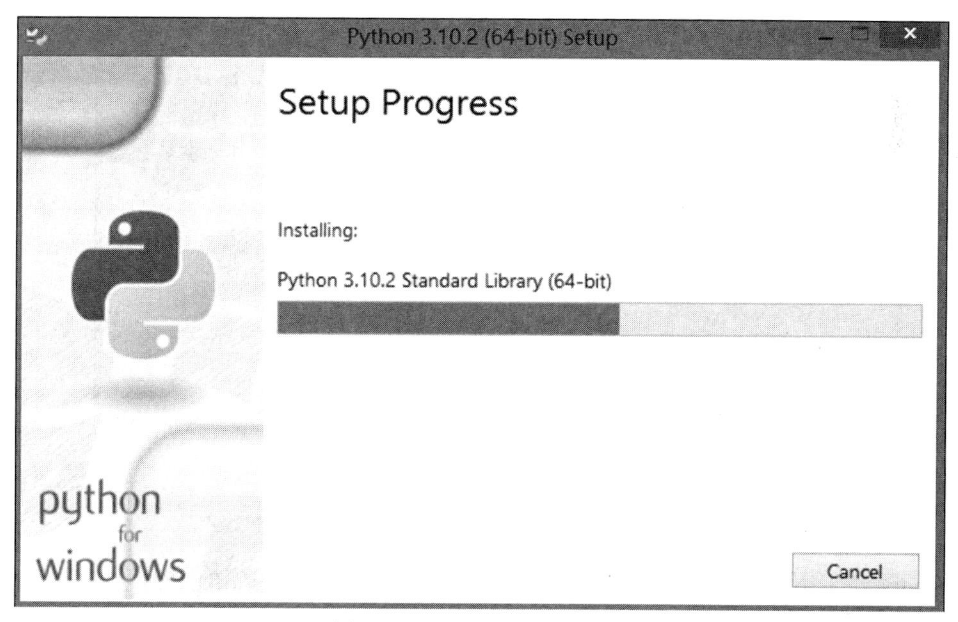

图 1-4　Python 包的安装过程

3．使用 IDLE

安装完毕后，单击 Windows 系统左下角的搜索图标，输入 Python 可找到 Python 的 IDLE，如图 1-5 所示。单击【IDLE (Python GUI)】，打开 Python 的 IDLE。

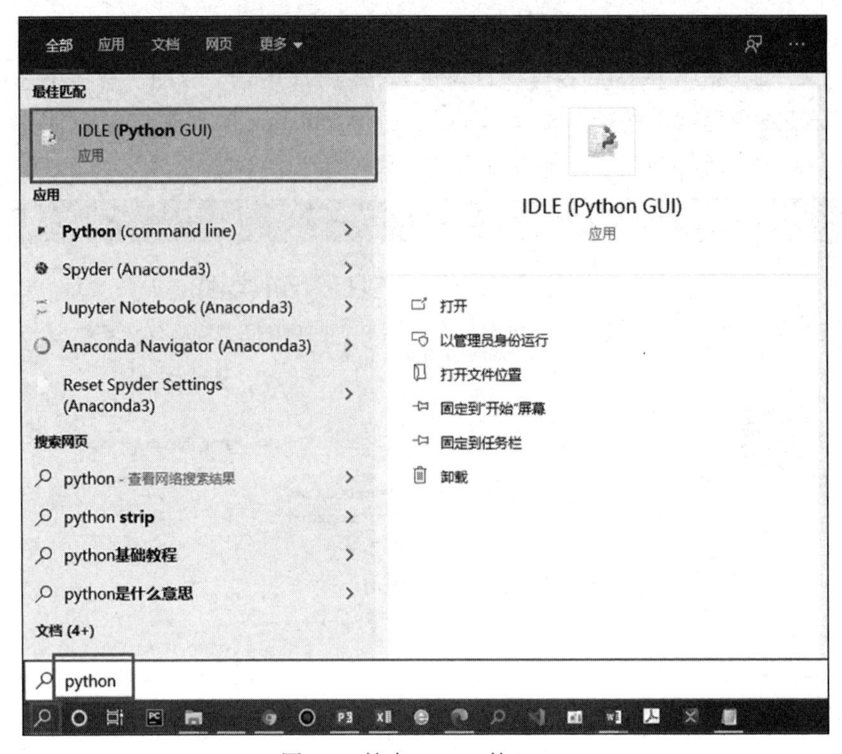

图 1-5　搜索 Python 的 IDLE

打开 Python 的 IDLE 进入代码输入和执行界面。在其中输入 print("Hello World")后并按回车键，如果此时系统显示“Hello World”，表示环境安装正确，如图 1-6 所示。

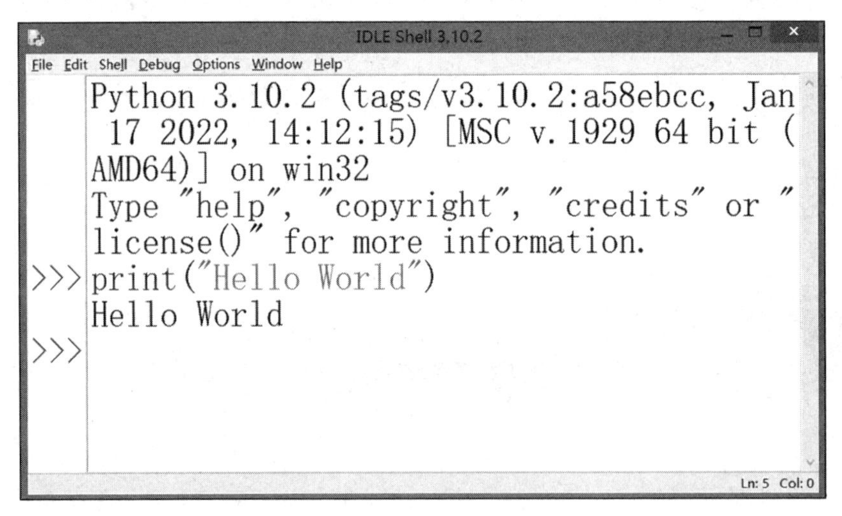

图 1-6　代码输入和执行界面

1.3.2　Anaconda 开发环境安装及使用

使用 Python 自带的 IDLE 编辑和执行 Python 代码，不提供对代码语法的校验、对系统函数等的提示等，如果程序中有语法错误，只能在执行时检查，对初学者而言易用性不足。本节将介绍一种更友好的 Python 开发环境——Anaconda。

1．下载 Anaconda

在浏览器中输入 Anaconda 官网地址，即可下载 Anaconda 的安装包。如图 1-7 所示。

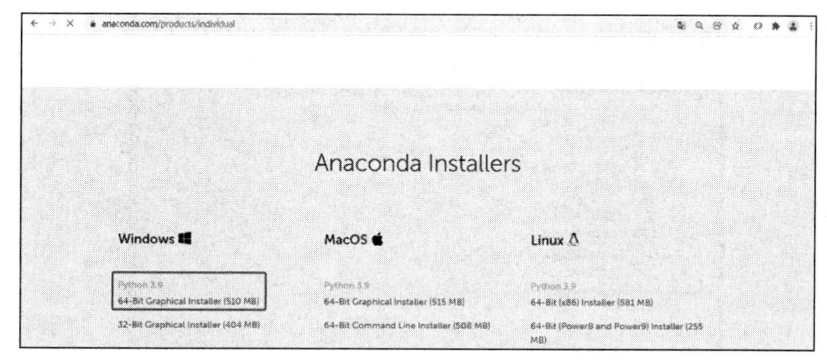

图 1-7　Anaconda 官网

Anaconda 支持 Windows、MacOS、Linux 三种操作系统。本节中仍以 Windows 系统为例，读者可选择下载当前的 Anaconda 最新版本。

2．安装 Anaconda

下载完成后，右键单击 Anaconda 安装包，选择【以管理员身份运行】，可进入如图 1-8 所示界面。单击【Next】按钮，弹出如图 1-9 所示界面，单击【I Agree】按钮，进入如图 1-10 所示界面。若选中【Just Me】，则只有当前用户可使用 Anaconda。这里选中【All Users】，则所有可以登录到操作系统中的用户都可以使用 Anaconda，此选项需要当前用户有管理员权限。

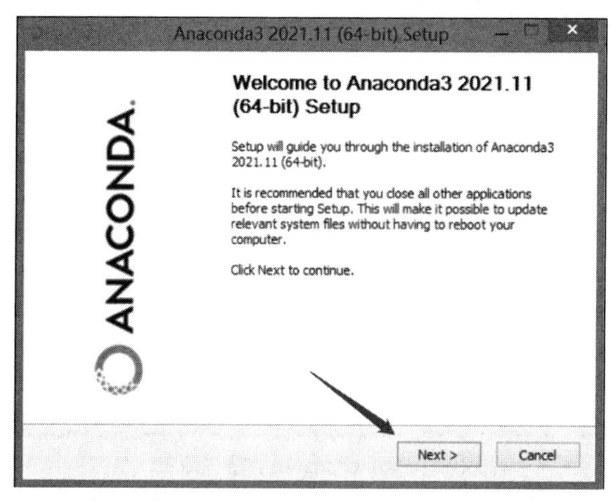

图 1-8　Anaconda 安装起始界面

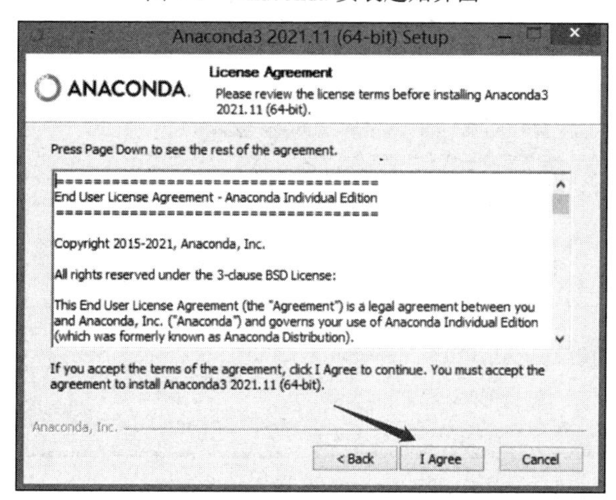

图 1-9　Anaconda 许可证协议

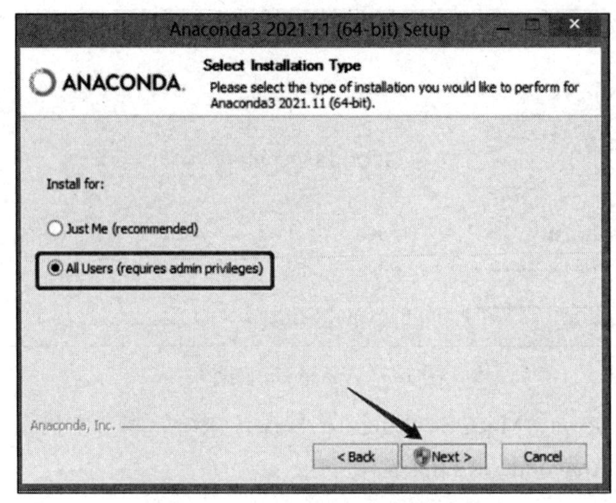

图 1-10 Anaconda 安装类型选择

单击【Next】按钮，进入如图 1-11 所示界面，选择安装路径，注意：不要选择带有中文的路径。单击【Next】按钮，进入如图 1-12 所示界面。

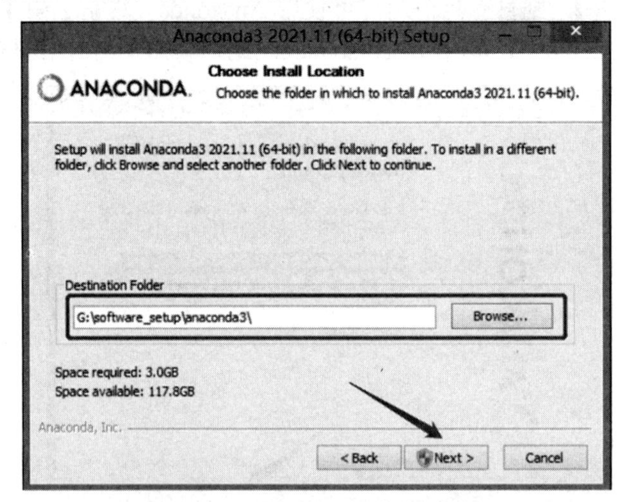

图 1-11 Anaconda 安装路径选择

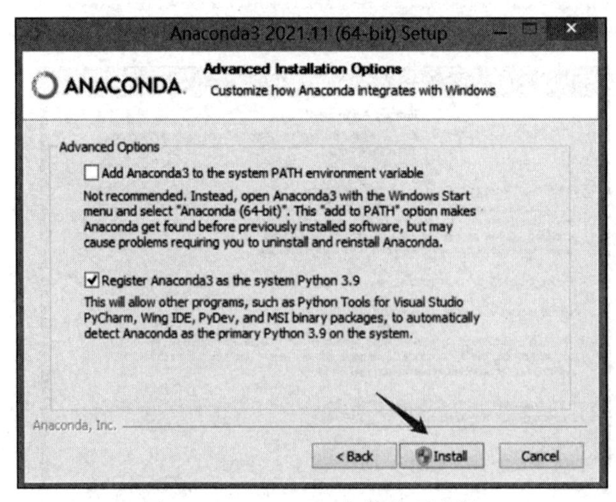

图 1-12 Anaconda 安装选项选择

在图 1-12 中单击【Install】按钮进行安装，安装完成后单击【Next】按钮，如图 1-13 所示。最后单击【Finish】按钮完成安装，如图 1-14 所示。

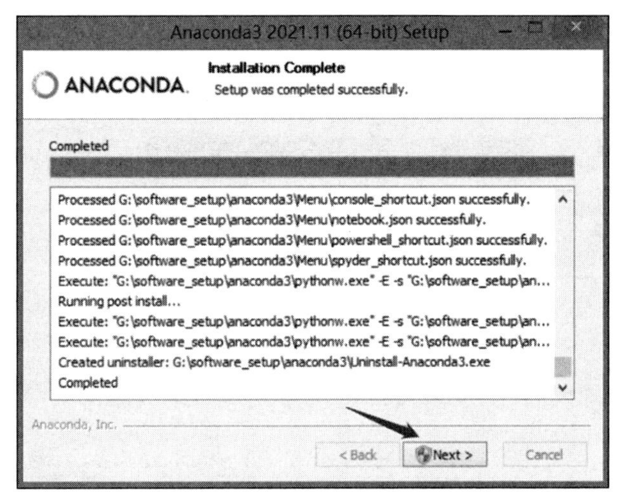

图 1-13　Anaconda 安装中

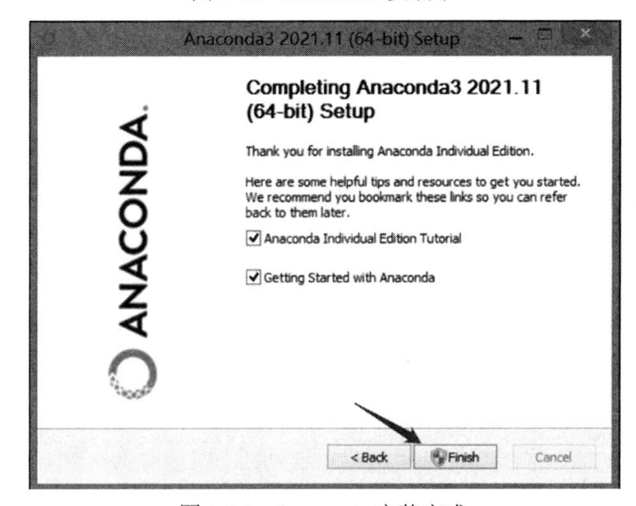

图 1-14　Anaconda 安装完成

3. Anaconda 中的环境创建

安装完成后，启动 Anaconda 开发环境。Anaconda 中可以同时创建多个开发环境，以支持不同 Python 项目对不同的 Python 版本及不同的第三方包的需求。

首先创建开发环境。单击图 1-15 左侧的【Environments】，再单击左下角的【Create】，在弹出对话框的【Name】文本框中输入 Python_39，作为开发环境的名称，并选择项目所需的 Python 版本，单击【Create】按钮。此时，Anaconda 就自动为我们创建相应 Python 版本的环境。在这个界面中也可以安装今后项目开发所需要的其他第三方包。

开发环境创建完毕之后，单击图 1-15 左侧的【Home】回到主界面，如图 1-16 所示。在最上面的【Applications on】下拉列表中选择我们要做项目的环境。

4. Spyder 软件安装

Spyder 是 Anaconda 中集成的 Python 编辑器，读者可以选择使用该软件进行代码的编写。单击图 1-16 中 Spyder 下面的【Launch】按钮，即可安装 Spyder。安装后启动 Spyder，如图 1-17 所示。

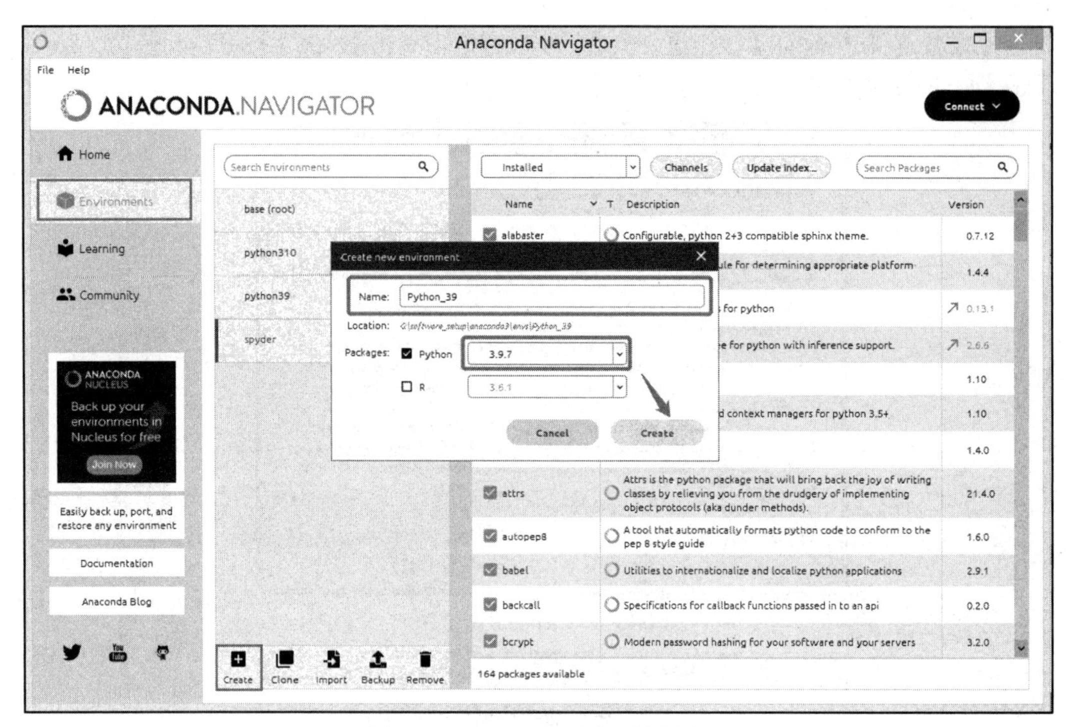

图 1-15　Anaconda 开发环境创建

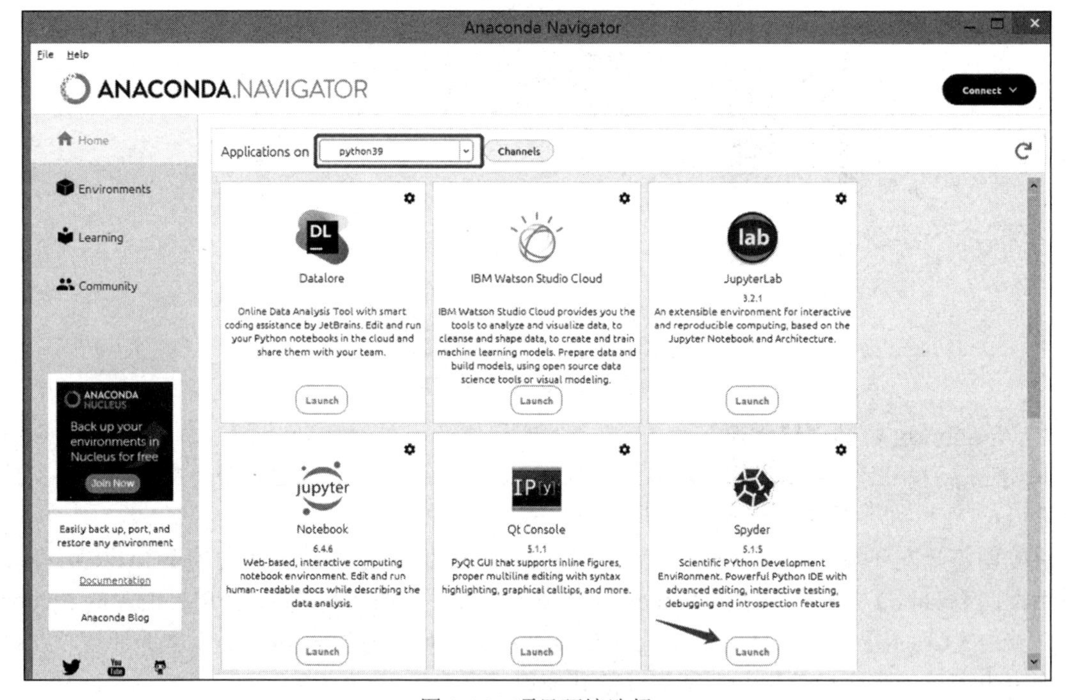

图 1-16　项目环境选择

在图 1-17 中单击【Tools】→【Preferences】菜单，在弹出的偏好设置界面对 Spyder 进行简要的设置，如图 1-18 所示。

单击图 1-18 左侧的【Appearance】，可进行开发环境的主题设置。我们可以选择 Spyder 提供的主题，也可以创建自己的主题。单击图 1-18 中间的【Edit selected scheme】，可进入图 1-19 中编辑主题。用户可以根据自己的喜好设置主题所用的各种颜色，单击【OK】按钮确认。

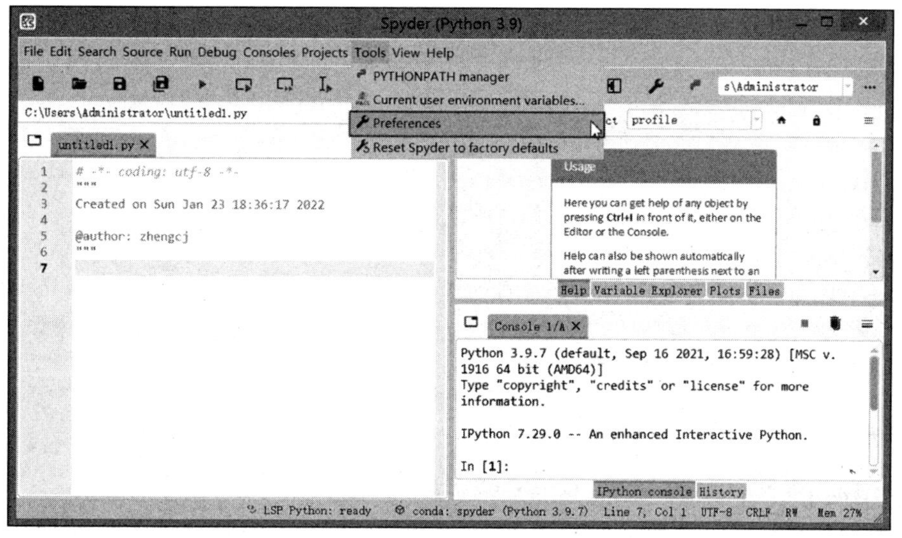

图 1-17　Spyder 主界面

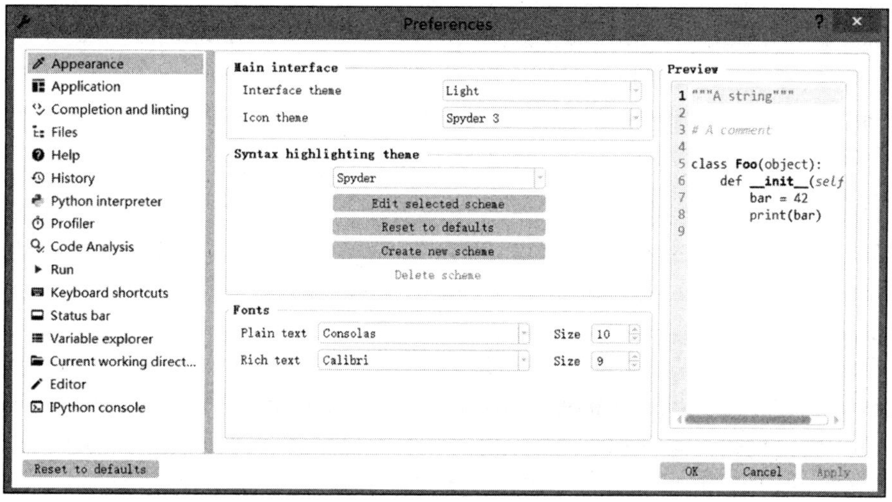

图 1-18　Spyder 偏好设置

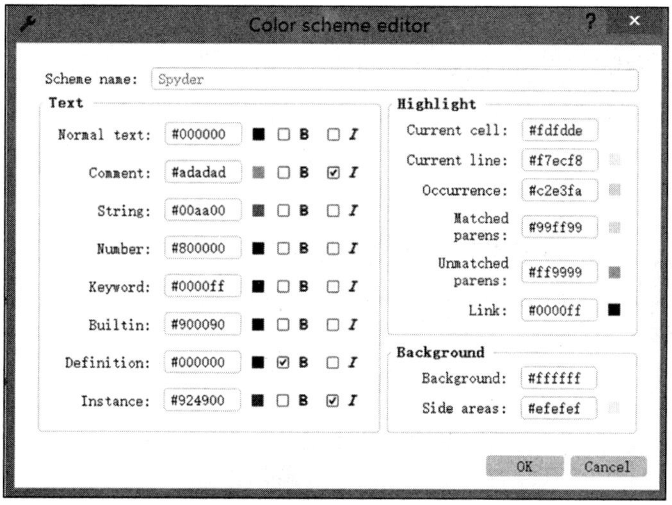

图 1-19　编辑 Spyder 主题

单击图 1-18 中的【OK】按钮，可回到 Spyder 主界面，此时软件主题已根据编辑的结果重新配置，如图 1-20 所示。

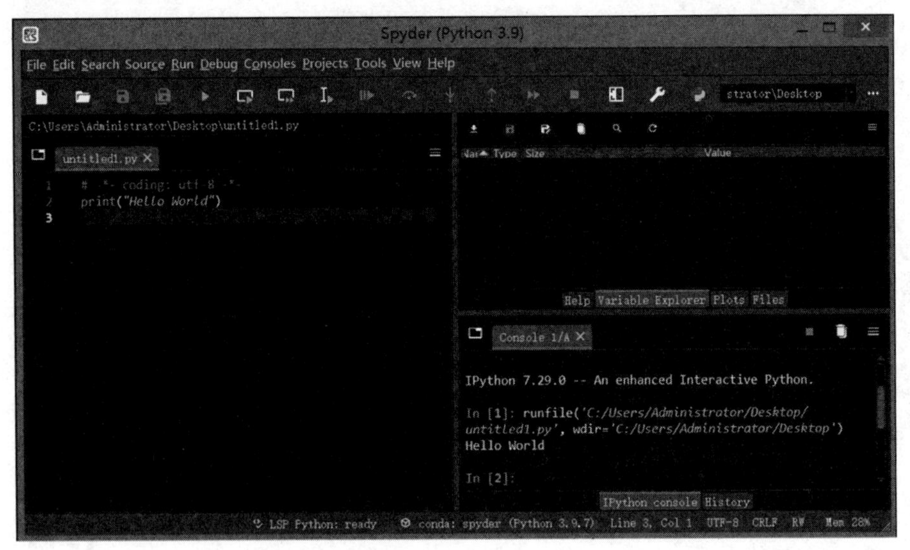

图 1-20　编辑 Spyder 主题后的主界面

在图 1-20 中，最上面的是菜单栏，菜单栏下面是工具栏，工具栏中有常用的功能所对应的图标。主界面左侧区域是用于编写 Python 代码的区域。右侧最上面的区域是浏览窗口，可以显示程序变量的数据信息。右侧最下面的区域是输出窗口，可以显示程序运行的结果信息。

在 Spyder 的代码区域中输入 print("Hello World")后，单击主界面上方工具栏中的▶按钮，即可运行程序，程序结果显示在输出窗口中，如图 1-20 所示。

1.3.3　PyCharm 环境安装及使用

PyCharm 是一种非常友好的 Python IDE，带有一整套帮助用户在使用 Python 语言开发时提高效率的工具，比如调试、语法高亮、Project 管理、代码跳转、智能提示、自动完成、单元测试、版本控制等。该 IDE 的 Professional 版本还提供一些高级功能，用于支持 Django 框架的专业 Web 开发。

1. 下载 PyCharm

从 Jetbrains 官网下载 PyCharm 的 Community 版本，如图 1-21 所示。

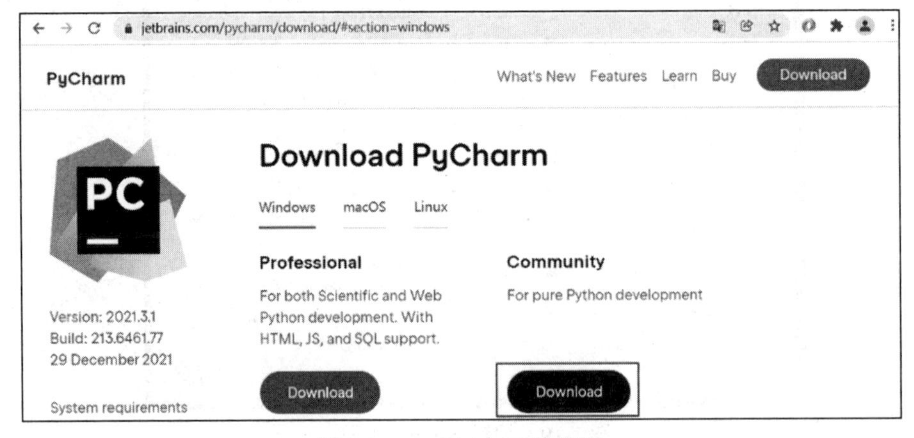

图 1-21　PyCharm 下载界面

2. 安装 PyCharm

下载完成后双击安装文件，进入如图 1-22 所示安装界面，单击【Next】按钮，进入如图 1-23 所示安装路径选择界面，路径可自行设定。

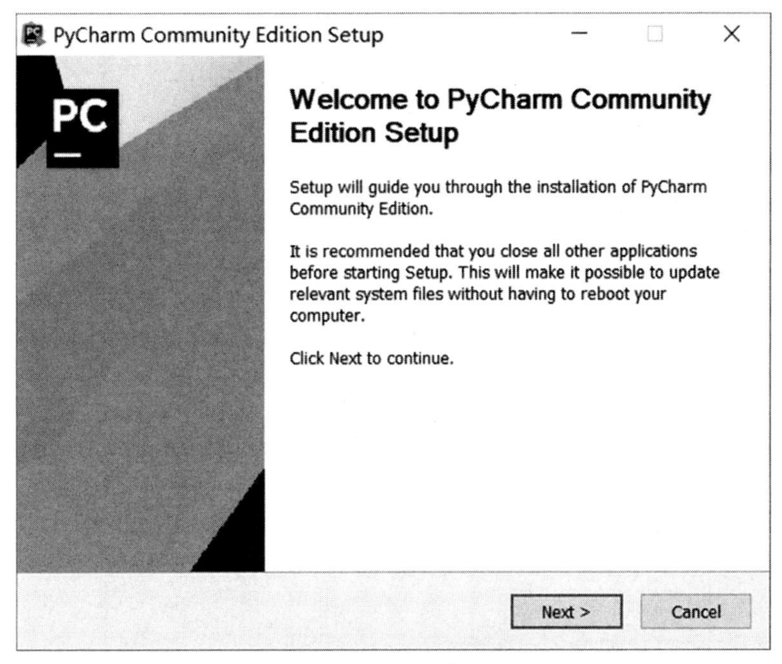

图 1-22　PyCharm 安装界面

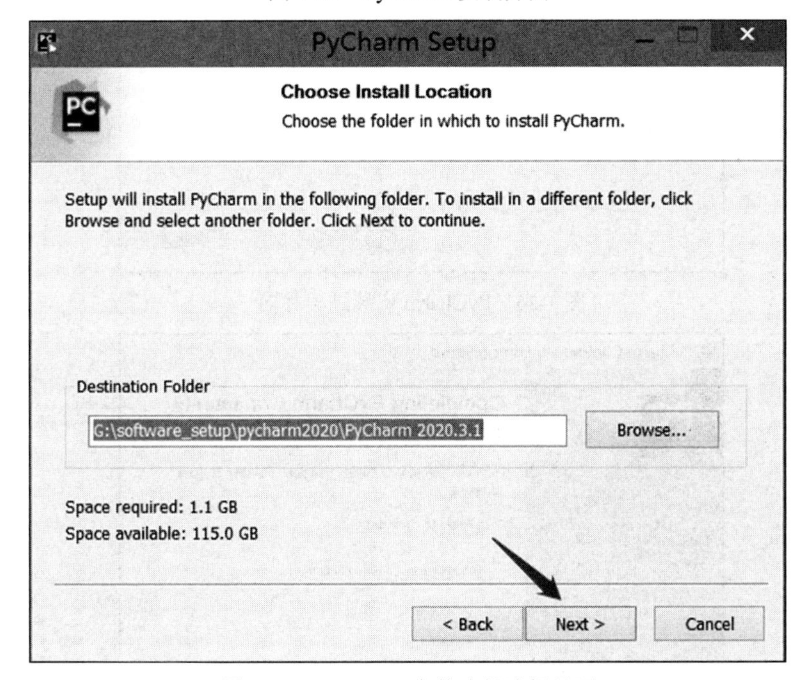

图 1-23　PyCharm 安装路径选择界面

单击【Next】按钮，进入如图 1-24 所示安装选项界面，勾选桌面快捷按钮选项和关联.py 文件选项，单击【Next】按钮，进入如图 1-25 所示安装进程界面。

安装进程完成后，单击【Next】按钮，进入如图 1-26 所示安装完成界面，单击【Finish】按钮完成安装。

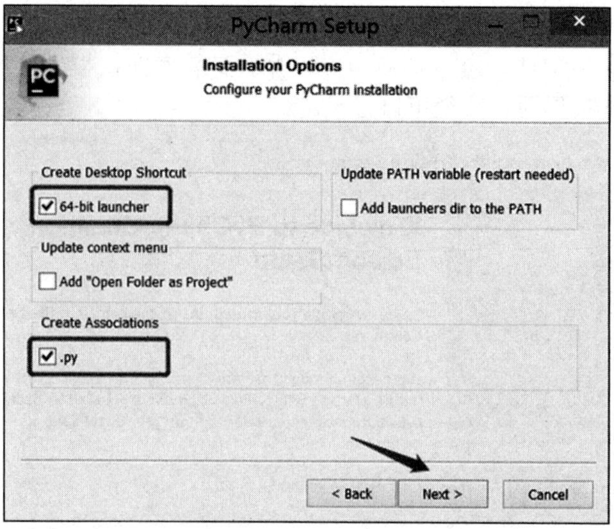

图 1-24　PyCharm 安装选项界面

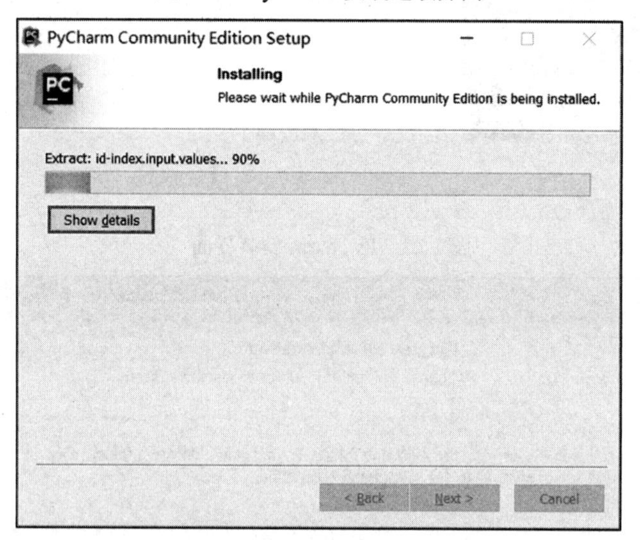

图 1-25　PyCharm 安装进程界面

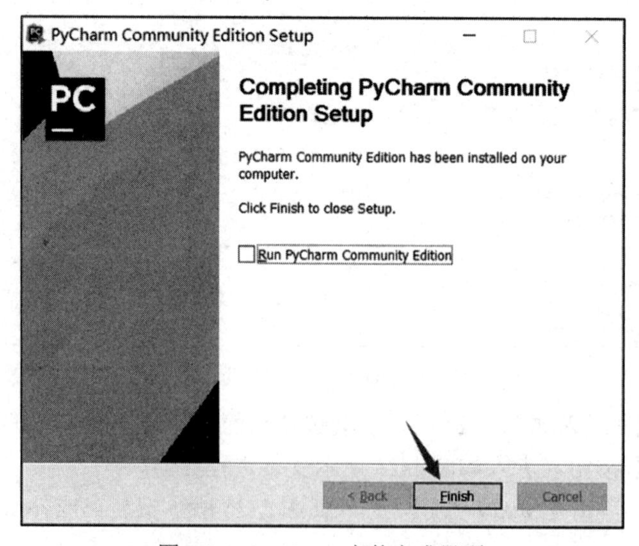

图 1-26　PyCharm 安装完成界面

3. 启动和配置 PyCharm

在【开始】菜单中单击【JetBrains PyCharm Community】，如图 1-27 所示，启动 PyCharm。

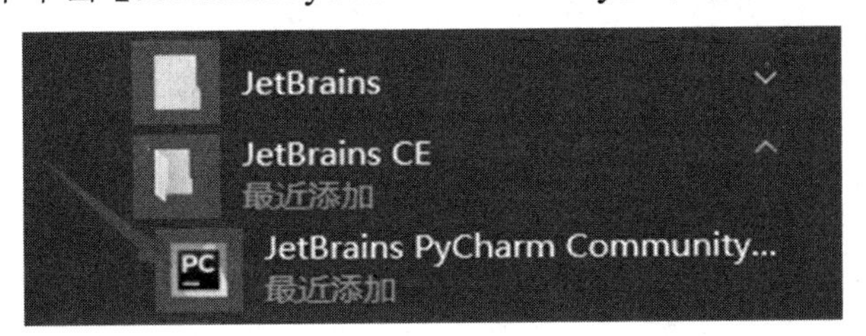

图 1-27 从【开始】菜单启动 PyCharm

在弹出的对话框中选中【Do not import settings】，如图 1-28 所示，单击【OK】按钮，进入图 1-29 所示 UI 主题设置界面。

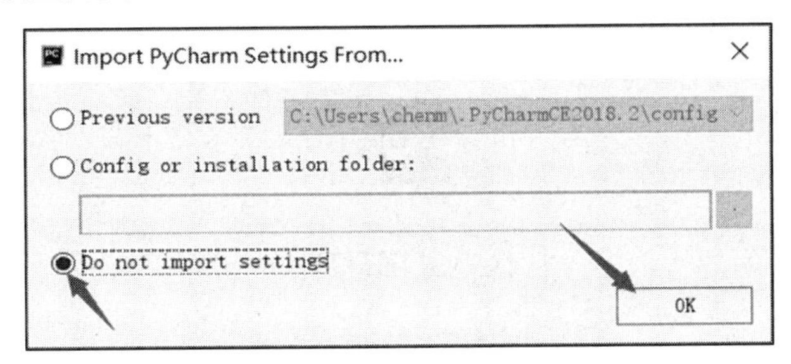

图 1-28 PyCharm 启动导入设置

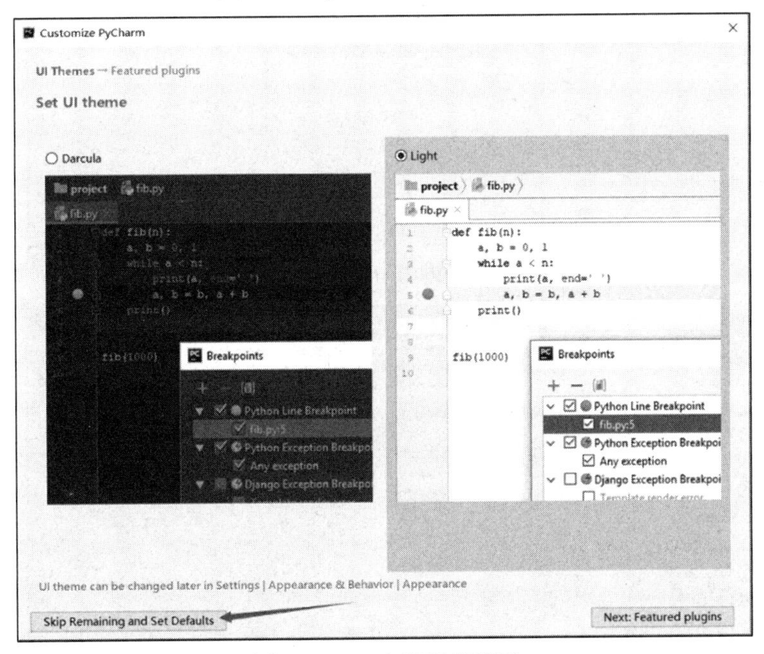

图 1-29 UI 主题设置界面

在图 1-29 中可以设置 UI 主题，默认提供暗色主题 Darcula 和亮色主题 Light，单击【Skip Remaining and Set Defaults】，跳过其他默认设置，进入如图 1-30 所示的 PyCharm 启动界面。

4. 在 PyCharm 中创建和配置项目

启动完成后，进入 PyCharm 欢迎界面，如图 1-31 所示。在该界面中可以打开现有项目，也可以创建新的项目。单击【Create New Project】创建新的项目，在如图 1-32 所示界面中选择新项目的路径，单击【Create】按钮。

图 1-30　PyCharm 启动界面

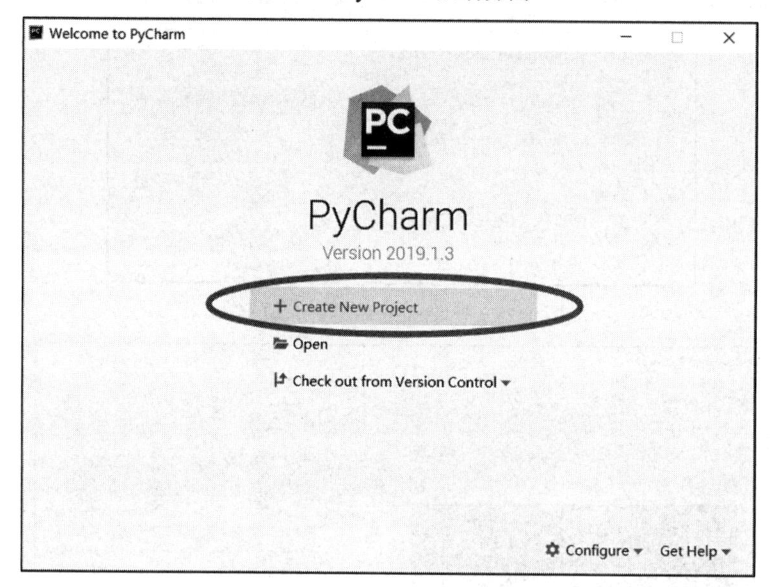

图 1-31　PyCharm 欢迎界面

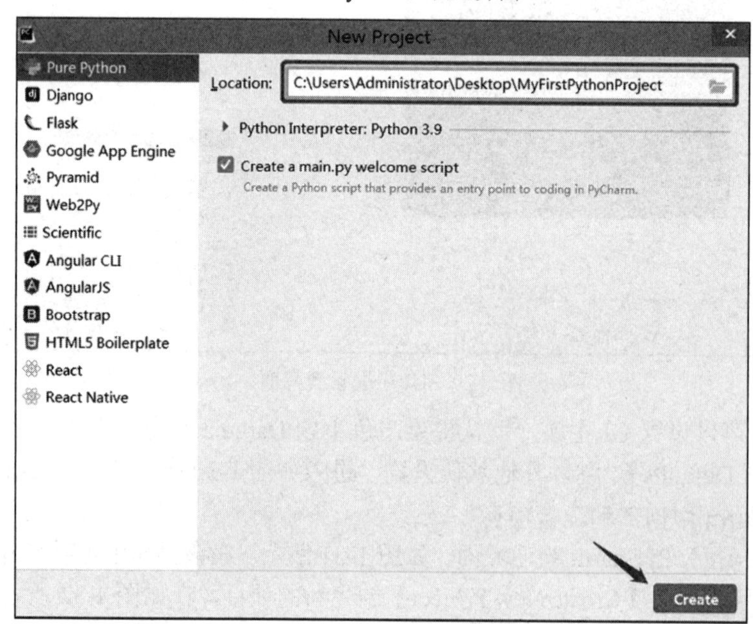

图 1-32　项目路径设置

项目创建中会给出提示框，如图 1-33 所示。单击【Close】按钮，关闭提示框。项目创建成功后，单击【File】→【Settings】菜单，如图 1-34 所示，打开如图 1-35 所示界面。

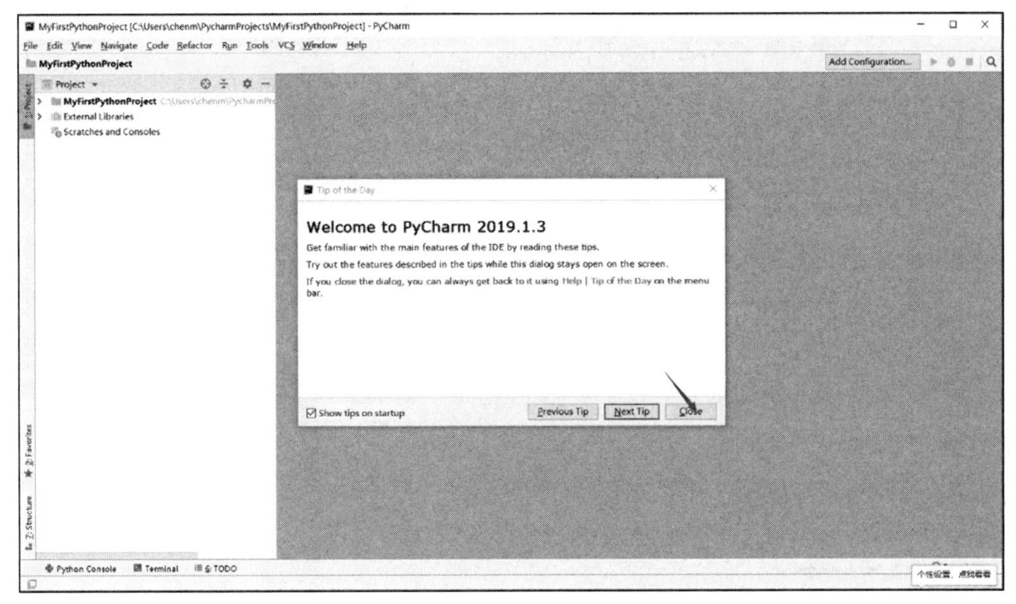

图 1-33　项目创建和提示

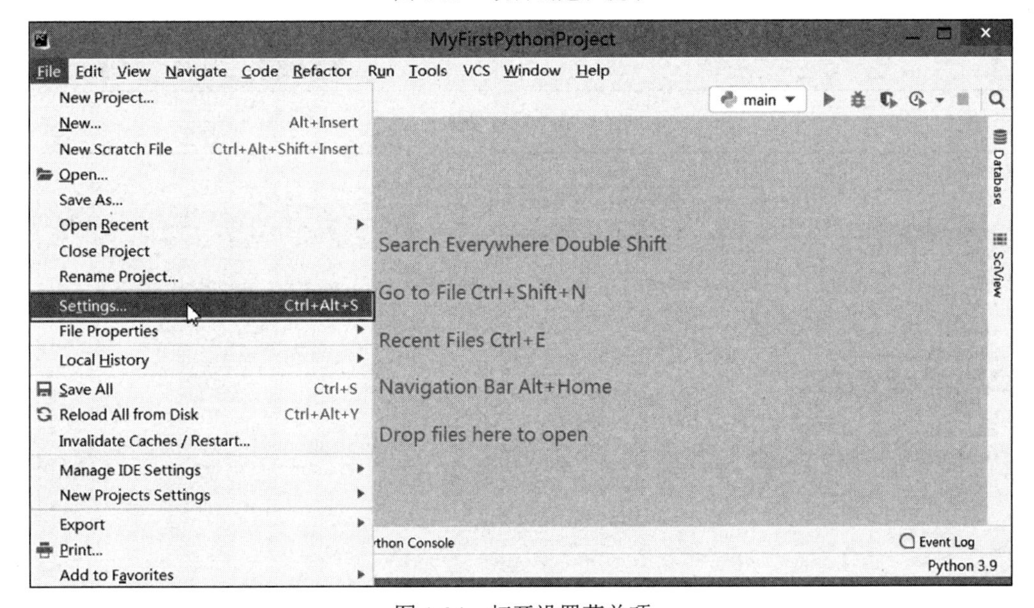

图 1-34　打开设置菜单项

在图 1-35 中单击【Python Interpreter】，进入项目解释器设置界面，如图 1-36 所示。在该界面单击右上角的按钮，选择【Add】进入图 1-37 所示界面，可新增一个项目解释器。这里使用 Anaconda 中的环境配置当前项目，在图 1-37 左侧的解释器类型中选择【Conda Environment】，右侧选中【Existing environment】，并单击【Interpreter】右侧的按钮，在弹出的界面中选择 Anaconda 中创建的新环境的路径，找到 python.exe，如图 1-38 所示。

单击【OK】按钮，回到添加 Python 项目解释器界面，所选路径就显示在【Interpreter】下拉列表框中，如图 1-39 所示。勾选【Make available to all projects】，该配置对所有项目均可复用，单击【OK】按钮回到项目设置界面，单击【OK】按钮完成设置，如图 1-40 所示。

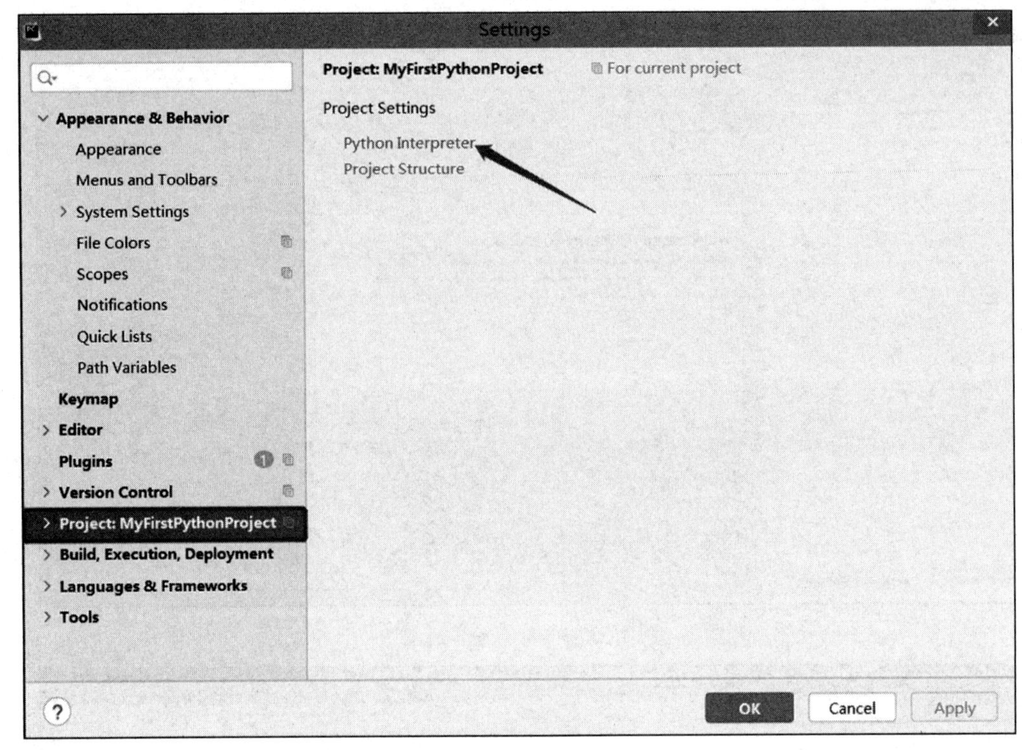

图 1-35　项目设置

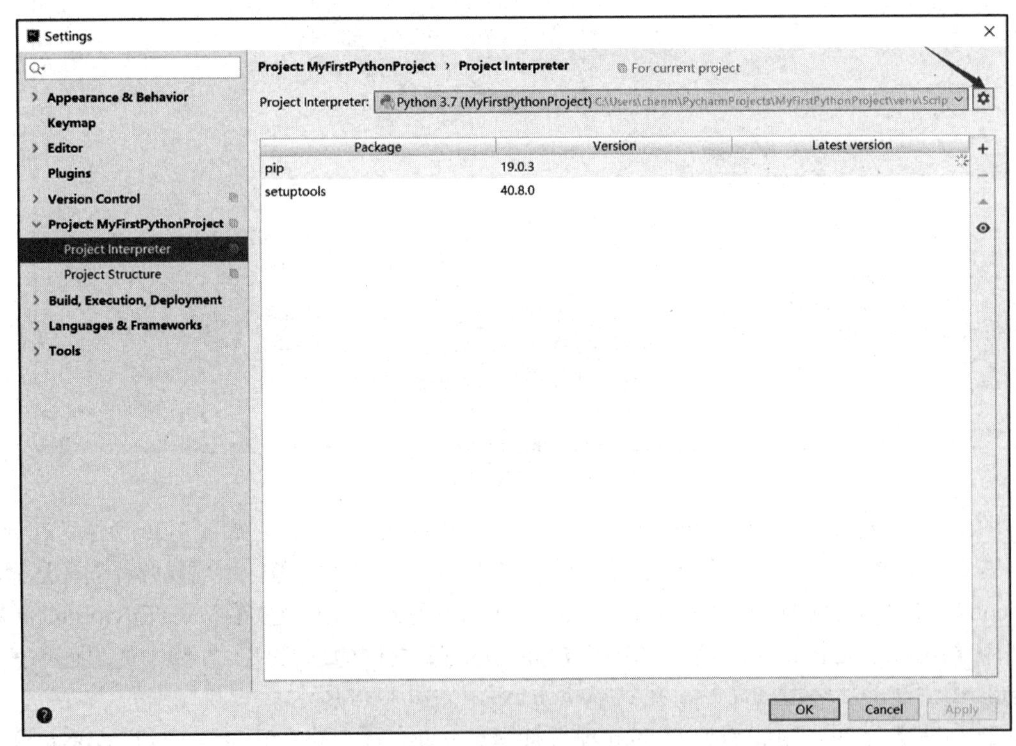

图 1-36　项目解释器设置

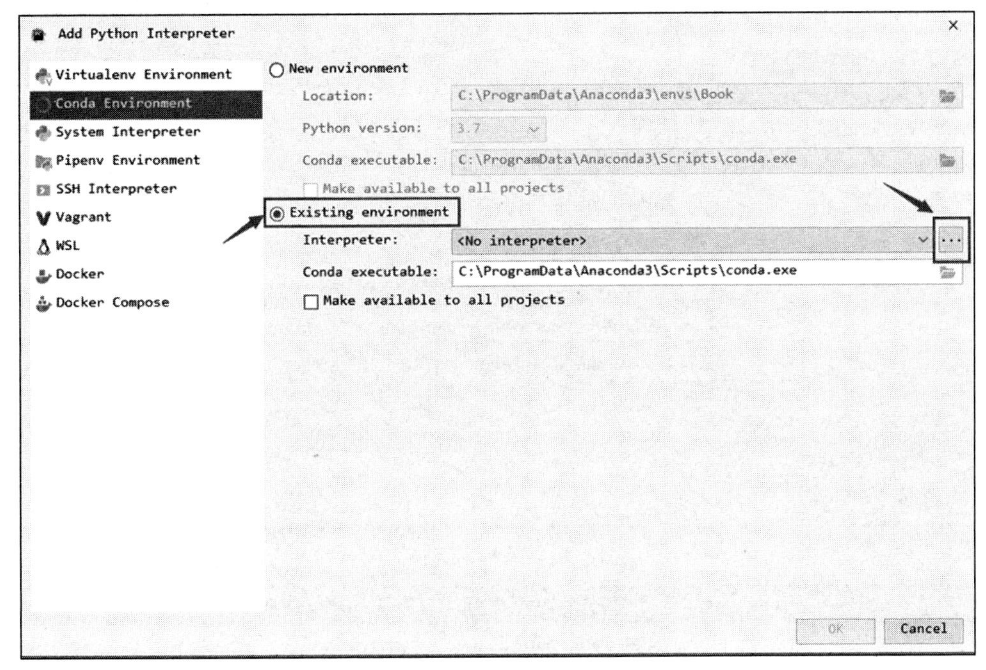

图 1-37　添加 Python 项目解释器

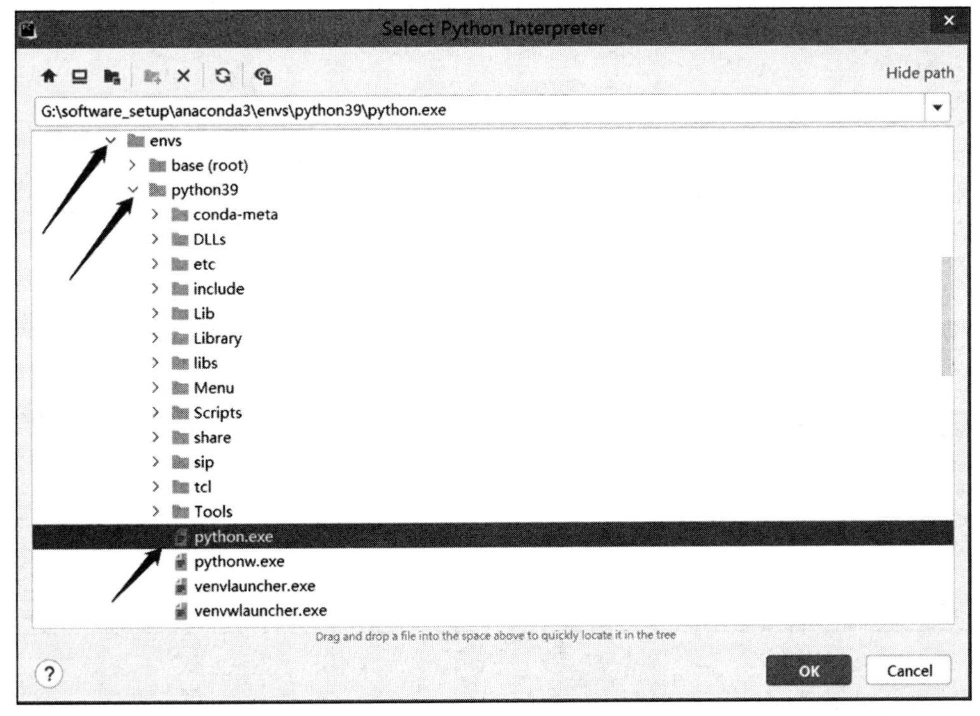

图 1-38　选择项目解释器路径

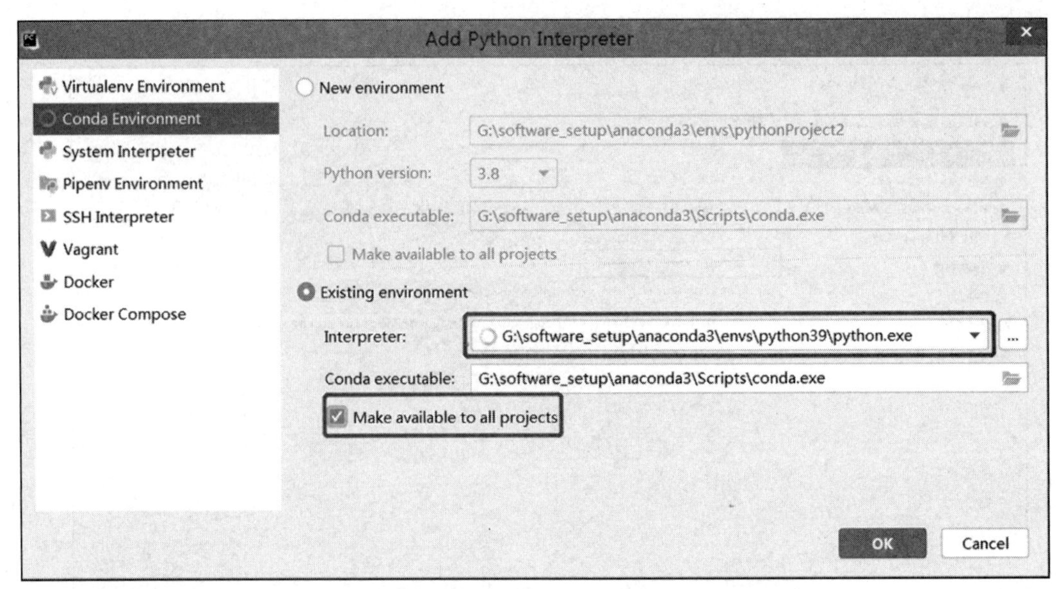

图 1-39　项目解释器选择完成

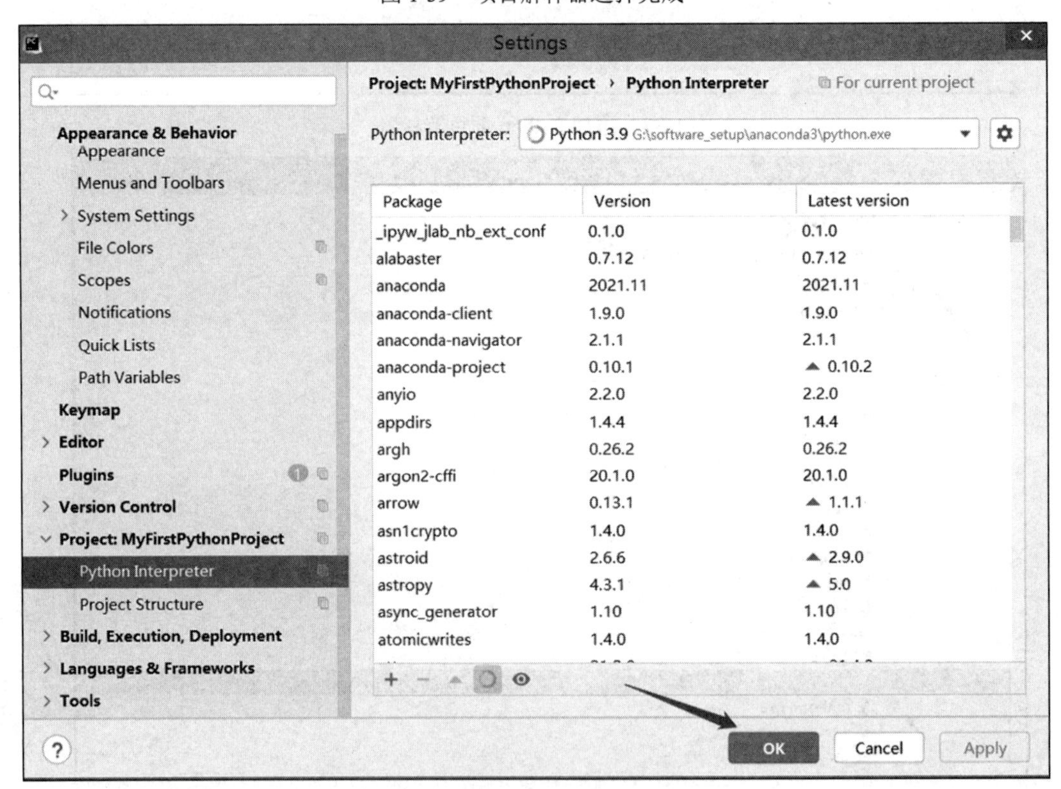

图 1-40　项目解释器添加完成

5. 编码和执行

现在可以添加文件和代码测试配置的环境。在 PyCharm 主界面中右键单击项目名称，在弹出菜单中选择【New】→【Python File】，如图 1-41 所示。在弹出的文本框中输入新的 Python 文件的名称“MyHello”，如图 1-42 所示。

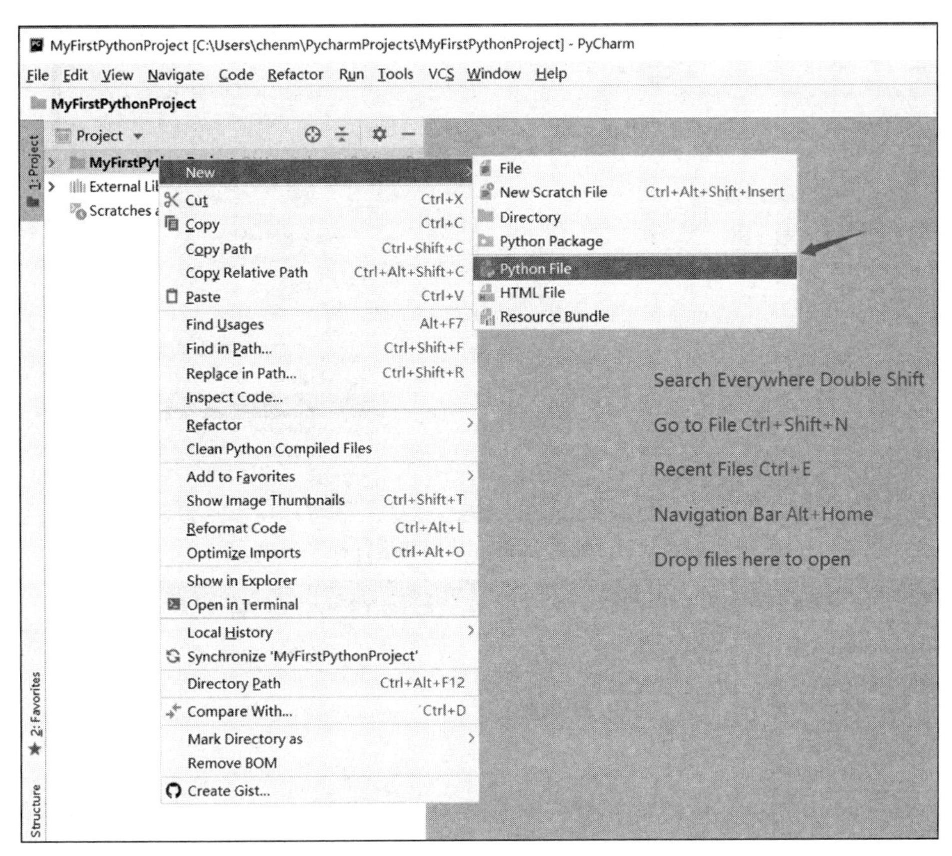

图 1-41　添加 Python 文件

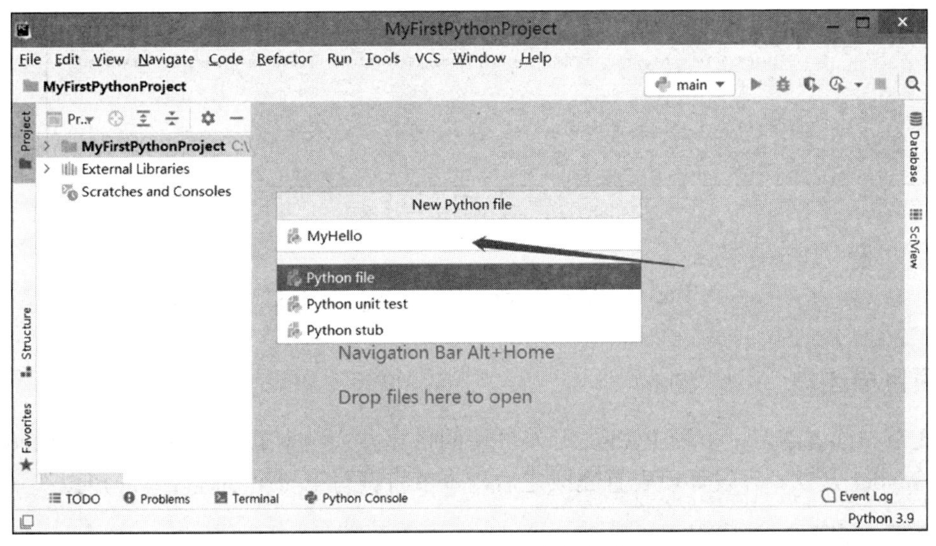

图 1-42　输入 Python 文件名称

按回车键之后，在 PyCharm 主界面左侧的 Project 资源管理器中可以看到新增了一个名为 MyHello.py 的文件，如图 1-43 所示。Python 文件的后缀名默认为.py。主界面的右侧是代码编辑区域，新建的文件默认会被打开。在代码编辑区域中输入代码“print("Hello World")”，注意标点符号均为英文。在代码编辑区域空白处右键单击，在弹出菜单中单击【Run 'MyHello'】，主界面下方显示程序的运行结果，如图 1-44 所示。如果成功显示“Hello World”文本，说明环境配置正确。

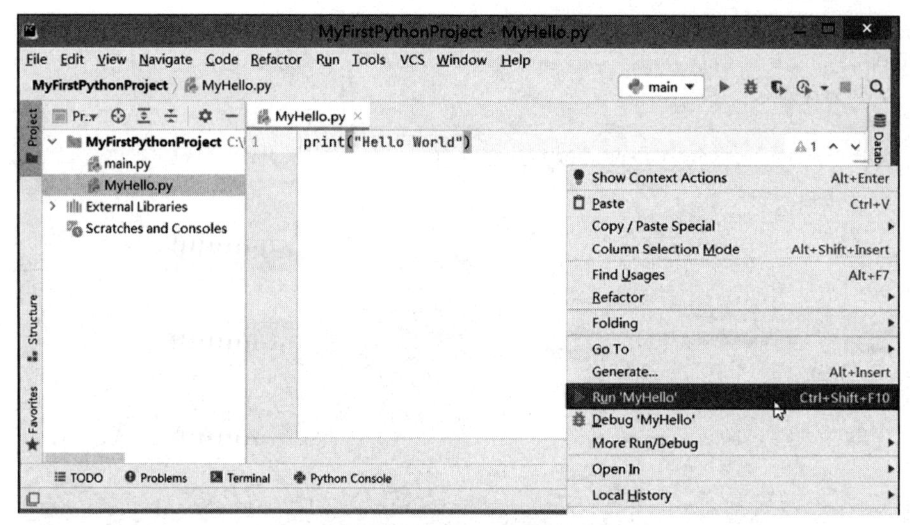

图 1-43　编辑 Python 代码和运行程序

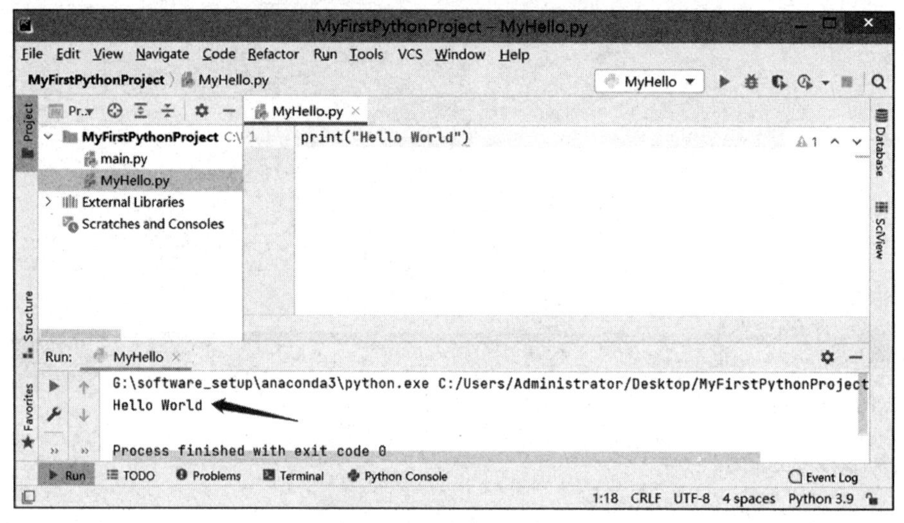

图 1-44　程序的运行结果

1.4　项目实战：应声虫

1.4.1　项目描述

在 1.2 节中读者学习了多种 Python 开发环境的搭建方式，本书中的案例均在 Anaconda 环境下使用 Spyder 开发。开发环境配置完成之后，本节将编写第一个小程序“应声虫”。

1.4.2　项目分析

在本项目中，需要在安装 Python 开发环境的基础上实现 Python 程序的新建与运行，同时掌握程序的输出方法。

1.4.3　项目实现

（1）新建 Python 文件

打开 Spyder，单击菜单【File】，添加 1 个名为“02 应声虫.py”的 Python 文件。

（2）编写 Python 代码

在 Spyder 主界面的代码区域中，添加如下代码：

```
1    # -*- coding: utf-8 -*-
2    print(input("我是应声虫,你输入什么，我就输出什么@_@："))
```

如图 1-45 所示。

第 1 章项目实战视频

图 1-45　应声虫程序代码

（3）运行程序查看结果

按照 1.3.2 节中介绍的方法反复运行此程序，可得到如图 1-46 所示的结果。不论用户输入什么信息，系统都会输出相应的内容。

```
我是应声虫,你输入什么，我就输出什么@_@：hello!
hello!
```

图 1-46　应声虫程序结果

（4）代码说明

在代码中，input()函数是控制台用于接收用户输入的语句，可以将用户输入的文本信息读入内存中；print()函数是向控制台输出的语句，可以将指定的内容输出到控制台。这里将 input()的结果作为 print()的内容输出，也就实现了将用户的任意输入进行输出的效果，就像“应声虫”一样。

本 章 小 结

本章内容包括项目引导、认识 Python、Python 开发环境配置和项目实战的配置方案。

在项目引导中，提供了一个基础案例用于初步了解 Python。

在认识 Python 中，介绍了 Python 语言的发展历史和 Python 语言的特点。

在 Python 开发环境配置中，介绍了 Python 自带编辑器 IDLE 的使用、Anaconda 集成环境安装及使用、PyCharm 环境安装及使用。

在应声虫项目实战中，介绍了该项目的具体描述、项目分析及项目实现思路。

习　题　1

1. 选择题

（1）下面哪项不是 Python 编程常用的开发环境？（　　）

A．IDLE　　B．云原生　　C．Spyder　　D．PyCharm

（2）下面哪项为 Python 文件的扩展名？（　　）

A．.py　　B．.html　　C．.c　　D．.class

（3） Python 源程序执行的方式是（　　）。

A．编译执行　　B．解析执行　　C．直接执行　　D．边编译边执行

（4）下面哪项为 Python 语言中 input()函数正确的描述？（　　）

A. 输出　　B. 提示作用　　C. 获取键盘的输入　　D. 解释作用

（5）下面哪项为 Python 语言中 print()函数正确的描述？（　　）

A. 输出　　B. 输入　　C. 提示作用　　D. 解释作用

2. 填空题

（1）Python 语言编写的程序不需要编译成二进制代码，可以直接从（　　）运行程序。

（2）Python（　　）把源代码转换成字节码的中间形式，然后把它翻译成计算机使用的机器语言并运行。

（3）Python 既支持（　　）的编程，也支持（　　）的编程。

第 2 章　Python 语言基础

熟练掌握一门编程语言，最好的途径就是充分理解编程语言的基础知识，并亲自体验，多练习，才能达到熟能生巧。

从本章开始，我们将正式开始 Python 编程之旅，体验 Python 编程的过程。本章将详细介绍 Python 基础知识、Python 代码规范、Python 的__name__属性、编写自己的包、Python 程序打包等内容，并通过一系列的实例和项目实战帮助读者掌握 Python 语言的基础。

2.1　项目引导：教你科学减肥

2.1.1　项目描述

读者在学习 Python 语言的语法阶段，通常需要了解 Python 的语法特点。在本项目中，通过一个“教你科学减肥”的案例帮助读者体会在 Python 中常见的数据类型。本例中通过输入体重（kg）、身高（cm）、年龄（year）、运动系数和测算食物，计算卡路里的消耗总值，再通过测算食物的选择，确定每天摄入的食物数量。

2.1.2　项目分析

在本项目中，首先将输入的身高和年龄信息存入一个 map 对象中。然后输入体重信息，存储于变量 weight 中，输入运动系数，存储于变量 yType 中。再通过以下公式（这里以女性为例，男性的系数有所不同）计算每天的热量（卡路里）：

每天热量（女）=（655 + (9.6×体重) + (1.8×身高) − (4.7×年龄)）×运动系数

此时将计算获得的卡路里信息存储于 kilocalorie 变量中。接下来，输入食物的选择，0 为苹果，1 为芒果，2 为橙子，在选择完毕后，在列表['苹果','芒果','橙子']中选择对应项的卡路里列表[83,100,50]中的数值。最终通过 kilocalorie//caloric[food_index]计算选择食物的数量并输出。

第 2 章项目引导视频

因此，通过实现本项目引导，本章需要掌握的相关知识点如表 2-1 所示。

表 2-1　相关知识点

序号	知识点	详见章节	序号	知识点	详见章节
1	Python 对象模型	2.2.1 节	9	模块导入与使用	2.2.9 节
2	Python 变量	2.2.2 节	10	缩进	2.3.1 节
3	数字	2.2.3 节	11	标识符的命名	2.3.2 节
4	字符串	2.2.4 节	12	留白	2.3.3 节
5	布尔型	2.2.5 节	13	注释	2.3.4 节
6	数据类型转换	2.2.6 节	14	Python 的__name__属性	2.4 节
7	输入与输出	2.2.7 节	15	编写自己的包	2.5 节
8	运算符	2.2.8 节	16	Python 程序打包	2.6 节

2.1.3 项目实现

实现本项目的源程序如下：

```
1   # -*- coding: utf-8 -*-
2   #案例名：教你科学减肥
3   '''输入：体重kg、身高cm、年龄、运动情况、食物
4   公式：每天热量（女）=（655+ (9.6*体重kg)+( 1.8*身高cm)-(4.7*年龄years)）*运动系数
5   输出：每天可以吃选择食物的数量。
6   '''
7   #输入数据样例：170 48
8   height,age = map(int,input("输入身高(cm)+空格+年龄:").split(' '))#获取身高、年龄
9   weight = input("输入体重(kg):")#获取体重
10  print("活动系统说明：几乎不动为1.2；稍微运动（每周1-3次）为1.375；中度运动（每周3-5次）\
11          为1.55；积极运动（每周6-7次）为1.725；专业运动（2倍运动量）为1.9\n")
12  yType = input("输入你的运动系数:")#获取运动系数
13  kilocalorie = (655+(9.6*float(weight))+(1.8*float(height))-(4.7*age))*float(yType)
14  print('每天需要消耗的大卡:%.3f' %kilocalorie)#计算每天消耗的大卡
15  print('选择每天吃的食物：0为每个苹果[83大卡];1为每个芒果[100大卡];2为每个橙子[50大卡]')
16  food_index = int(input('请输入，0为苹果；1为芒果；2为橙子：'))#输入吃的水果
17  food_name = ['苹果','芒果','橙子']
18  caloric = [83,100,50]
19  num = kilocalorie//caloric[food_index]#计算水果数量
20  print('要想减肥，每天只能吃{:.0f}个{}。'.format(num,food_name[food_index]))
```

本项目的运行结果如图 2-1 所示。

```
输入身高(cm)+空格+年龄:170 48
输入体重(kg):55
活动系统说明：几乎不动为1.2；稍微运动（每周1-3次）为1.375；中度运动（每周3-5次）
 为1.55；积极运动（每周6-7次）为1.725；专业运动（2倍运动量）为1.9

输入你的运动系数:1.2
每天需要消耗的大卡:1516.080
选择每天吃的食物：0为每个苹果[83大卡];1为每个芒果[100 大卡];2为每个橙子[50 大卡]
请输入，0为苹果；1为芒果；2为橙子：0
要想减肥，每天只能吃18个苹果。
```

图 2-1　项目的运行结果

2.2 Python 基础知识

2.2.1 Python 对象模型

在 Python 中，一切皆为对象。为便于处理现实问题中不同种类的数据，Python 提供了很多内置对象。例如，数字对象可以处理数值数据，字符串对象可以处理文本数据，文件对象可以处理文件数据等，具体如表 2-2 所示。

表 2-2　Python 的常用内置对象

对象类型	类型名称	示　例
数字	int, float, complex	9;5.27;5+3j
字符串	str	'Jessica', "I'm a student", '''Python''', r'hello \n world', R'hello \n world'
字节串	bytes	b'Hello, world'

续表

对象类型	类型名称	示　例
字典	dict	{1:'m', 2:'n', 'a':'t'}
元组	tuple	(1, -9, 6),(8,)
列表	list	['a','b',['c','2'],{1,2,3},(1,3),{1:'2','a':8}]
集合	set	{'Tom', 'John', 'Jessica'}
	frozenset	
布尔型	bool	True, False
空类型	NoneType	None
异常	Exception、ValueError、TypeError	
文件		f = open('my.txt', 'w')
其他可迭代对象		生成器对象、range 对象、zip 对象、enumerate 对象、map 对象等
编程单元		函数（使用 def 定义）
		类（使用 class 定义）
		模块（类型为 module）

实例 2.1：我与 Python 对象的邂逅

【实例描述】

本例是“我与 Python 对象的邂逅”，通过定义不同类型的变量，帮助读者了解 Python 中常见的对象类型。

实例 2.1 视频

【实例分析】

在本例中，分别设计了数字、字符串、字节串、元组、字典、集合、列表、布尔型等多种 Python 对象，并且通过 type()函数实现对该对象的类型提取。

【实例实现】

```
1   # -*- coding: utf-8 -*-
2   age = 45                        #定义数字
3   height = 1.70                   #定义数字
4   complex_value = 1+0.7j          #定义数字
5   name = 'Nick'                   #定义字符串
6   bytes_name = b'Nick'            #定义字节串
7   tuple_1 = (1, -9, 6)            #定义元组
8   dict_1 = {'name':'Nick', 1.70:'height', 'age':45} #定义字典
9   set_1 = {'哥哥', '姐姐', '爸爸','妈妈'}  #定义集合
10  list_1 = ['Nick',45,1.70,['体育','唱歌'],{100,20.3,'Nick'},(100,3),{'name':'Nick', 1.70:'height', 'age':45}]
    #定义列表
11  bool_1 = True                   #定义布尔型
12  None_1 = None                   #定义空类型
13  print('list_1变量的元素个数为：',len(list_1))  #输出'list_1变量的元素个数
14  print(type(age))                              #输出对象的类型
15  print(type(height))
16  print(type(complex_value))
17  print(type(name))
18  print(type(bytes_name))
```

```
19    print(type(tuple_1))
20    print(type(dict_1))
21    print(type(set_1))
22    print(type(list_1))
23    print(type(bool_1))
24    print(type(None_1))
```

实例 2.1 的运行结果如图 2-2 所示。

```
list_1变量的元素个数为： 7
<class 'int'>
<class 'float'>
<class 'complex'>
<class 'str'>
<class 'bytes'>
<class 'tuple'>
<class 'dict'>
<class 'set'>
<class 'list'>
<class 'bool'>
<class 'NoneType'>
```

图 2-2　实例 2.1 的运行结果

2.2.2　Python 变量

在 Python 中，变量不需要提前声明，创建时直接对其赋值即可，变量类型由赋给变量的值决定。一旦创建了一个变量，就需要给该变量赋值。保存变量中的值可以反复使用。与标签类似，变量指向内存空间的一块特定的地址。创建一个变量时，系统自动给该变量分配一个内存空间，用于存放变量值。

我们引用实例 2.1 中的程序。在实例 2.1 的代码中，第 1 行是设置 utf-8 编码的语句，使程序支持中文显示，后面的每条语句都通过"="号运算符将右边的数据赋值给"="号左边的变量。其中，第 2 行等号右边是一个整数，赋值给前面的变量；第 3 行等号右边是浮点数，赋值给前面的变量；第 4 行等号右边是复数，赋值给前面的变量；第 5 行等号右边是字符串，赋值给前面的变量。

从以上代码可以看到，Python 程序中不需要显式地指定变量的类型。比如，第 2 行的 age 变量用来存储整数 45，Python 中通过标识符可以获取变量的值，也可以对变量进行赋值。对变量赋值的含义是将值保存在变量对应的存储单元中，赋值完成后，变量所指向的存储单元存储了被赋予的值。

图 2-2 显示了程序运行的结果，通过结果可以看到，Python 中变量的类型有整（int）型、浮点（float）型、字符串（str）型等。另外，再一次验证了"Python 中一切皆是对象"，如 int 型是一个 class 类型的对象。

实例 2.1 代码第 2～4 行中的 age、height 和 complex_value 均为数字类型，第 5 行的 name 是字符串，第 6 行的 bytes_name 是字节串，第 7 行的 tuple_1 是元组，第 8 行的 dict_1 是字典，第 9 行的 set_1 是集合，第 10 行的 list_1 是列表，第 11 行的 bool_1 是布尔型，第 12 行的 None_1 是空类型。

2.2.3　数字

从图 2-2 变量类型的结果看，对象在 Python 中是分为不同类型的，例如，不同格式的数字也有不同的类型。Python 中的数字对象是没有大小限制的，可以表示任意大小的数值。Python

针对数值提供了 3 种内置对象类型，分别是表示整数的 int 型、表示浮点数的 float 型和表示复数的 complex 型。

在实例 2.1 的代码中，age 是一个整数，通过 type()函数查看到它的类型是 int，即整型。float（浮点型），表示我们熟悉的实数，比如实例 2.1 中的变量 height，通过 type()函数查看它的类型为<class, float>；complex（复数型），如 5+3j，在 Python 中可以做复数运算。

2.2.4 字符串

字符串是我们在编程中经常用到的对象类型，用于描述文本信息，类型名称为 str，可以使用单引号表示字符串，如'Jessica'；可以使用双引号表示字符串，如"I'm a student"；也可以用三引号表示字符串，如'''Python'''。使用双引号表达的字符串内容中可以使用单引号，使用三引号可以构建更复杂的字符串，在 Python 中可以使用“+”运算符对字符串进行合并。

和其他编程语言一样，Python 中提供了对转义字符的支持。转义字符是一种特殊的字符常量。转义字符以反斜线“\”开头，后跟一个或几个字符。转义字符具有特定的含义，不同于字符原有的意义，故称“转义”字符。

\n 为换行符，以下示例给出相关字符的用法。

【例 2-1】 换行符的使用。

```
1    print("活动系统说明：几乎不动为1.2；稍微运动（每周1-3次）为1.375；中度运动（每周3-5次）为1.55；积极运动（每周6-7次）为1.725；专业运动（2倍运动量）为1.9\n")
```

如果在一行的字符串后面加上一个“\”，表示这一行没有结束。“\”表示为续行符。

【例 2-2】 续行符的使用。

```
1    print("I'm eight \
2    years old")
```

例 2-2 的输出结果中并没有看到“\”这个符号，它只是在代码中表示续行。例 2-2 的运行结果如图 2-3 所示。

```
I'm eight years old
```

图 2-3 “\”在结尾示例

当需要在字符串中表示“\”字符本身时，可以使用“\\”来表示。

【例 2-3】“\\”的使用。

```
1    print('Hello \\Jessica')
```

例 2-3 的运行结果如图 2-4 所示。

```
Hello \Jessica
```

图 2-4 “\\”示例

在字符串中如包含“\t”，则表示为制表符。

【例 2-4】 制表符的使用。

```
1  print("I'm\ta\tstudent")
```

例 2-4 的运行结果如图 2-5 所示。

```
I'm     a       student
```

图 2-5 “\t”制表符示例

在字符串中，“\r”表示回车符，输出字符串时，遇到“\r”，光标回到行首，继续输出后面的字符串。

【例 2-5】回车符的使用。

```
1    print("Jessica is\rme")
```

例 2-5 的运行结果如图 2-6 所示。因为遇到“\r”，光标回到行首，后面的“me”将覆盖原有的“Je”字符。

```
messica is
```

图 2-6 “\r”回车符示例

在输出字符串中包含单引号或双引号时，可使用“\'”或“\"”进行转义，避免语义上的错误。

【例 2-6】单引号或双引号的使用。

```
1    print('I\'m \"eight\" years old')
```

例 2-6 的运行结果如图 2-7 所示。因为遇到“\'”或“\"”等字符，此时的单引号或双引号将被保留。

```
I'm "eight" years old
```

图 2-7 单引号或双引号示例

“\b”为退格字符，即遇到“\b”时，光标将后退一格，继续输出。

【例 2-7】退格符的使用。

```
1    print("Jessica\bk")
```

例 2-7 的运行结果如图 2-8 所示。图 2-8 中输出“Jessica”字符串后回退一格，接着输出 k 字符，输出结果为 Jessick。

```
Jessick
```

图 2-8 退格符示例

此外，"\xhh"表示 2 位十六进制数对应的字符，如"\x3A"对应的字符为“:”。“\ddd”表示 3 位八进制数对应的字符，如"\107"对应的字符为 G。

【例 2-8】"\x3A"符号的使用。

```
1    print("\x3A")
```

例 2-8 的运行结果如图 2-9 所示，可以看出"\x3A"对应的字符得到输出。

图 2-9 十六进制数转义字符示例

【例 2-9】"\107"符号的使用。

```
1    print("\107")
```

例 2-9 的运行结果如图 2-10 所示，可以看出"\107"对应的字符得到输出。

图 2-10 八进制数转义字符示例

2.2.5 布尔型

布尔型是计算机中最基本的类型，它是计算机二进制数世界（一切都是 0 和 1）的体现。Python 中的布尔型只有两种值：True 和 False。布尔型回答的内容属于是非问题，那么，在什么情况下是 True？在什么情况下是 False 呢？Python 中实现了一个类型对象叫作 bool，bool 是一个 int 的子类，内置的 True 和 False 就是 bool 仅有的两个实例对象。使用 bool 就可以针对对象进行真假的判断。

【例 2-10】布尔型的示例。

```
1    print(bool(None))
2    print(bool(0))
3    print(bool([]))
4    print(bool(()))
5    print(bool(''))
6    print(bool({}))
```

例 2-10 的运行结果如图 2-11 所示。

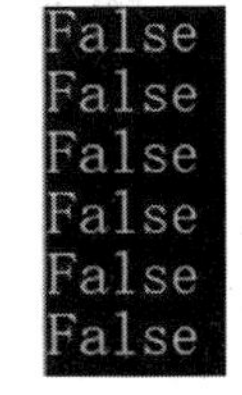

图 2-11　布尔型示例

由图 2-11 可知，使用例 2-10 的表达均获得了判断为 False（假）的情况。布尔型为假的情况主要包括以下几个方面：

① None, False；

② 数值中的 0, 0.0, 0j（虚数）, Decimal(0), Fraction(0, 1)；

③ 空字符串（''）、空元组（()）、空列表（[]）；

④ 空字典（{}）、空集合（set()）；

⑤ 对象默认为 True，除非它有 bool()方法，而且返回 False，或有 len()方法，并且返回值为 0。

Python 语言中除以上布尔型为假的情况外，其余均属于布尔型为真的情况，即值为 True。

2.2.6　数据类型转换

在使用 Python 语言编程时，我们经常需要对数据内置的类型进行转换，数据类型转换时只需要将数据类型作为函数名即可。表 2-3 所示的常用内置函数可以执行数据类型之间的转换。这些函数返回一个新的对象，以表示转换的值。

表 2-3　常用的数据类型转换函数

函　数	描　　述
int(x [,base])	将 x 转换为一个整数
long(x [,base])	将 x 转换为一个长整数
float(x)	将 x 转换为一个浮点数
complex(real [,imag])	创建一个复数
str(x)	将对象 x 转换为字符串
repr(x)	将对象 x 转换为表达式字符串
eval(str)	用来计算字符串中的有效 Python 表达式，并返回一个对象
tuple(s)	将序列 s 转换为一个元组
list(s)	将序列 s 转换为一个列表
set(s)	转换为可变集合
dict(d)	创建一个字典。d 必须是一个序列(key,value)元组
frozenset(s)	转换为不可变集合
chr(x)	将一个整数转换为一个字符
unichr(x)	将一个整数转换为 Unicode 字符
ord(x)	将一个字符转换为它对应的 ASCII 码（或 Unicode 码）的整数值
hex(x)	将一个整数转换为一个十六进制数形式的字符串
oct(x)	将一个整数转换为一个八进制数形式的字符串

实例 2.2：数据类型大变身

【实例描述】

本例是“数据类型大变身”，通过对数据类型的相关转换，帮助读者了解数据类型的转换方法和具体应用。

实例 2.2 视频

【实例分析】

在本例中，用户给定数据的出身类型，然后分别使用 int()、float()、tr()、chr()、ord()、hex()、oct()、bin()、eval()、repr()等函数，实现对该数据的类型转换。

【实例实现】

```
1   # -*- coding: utf-8 -*-
2   x = input("输入【33~126】:")
3   print("我的出身类型是",type(x))
4   x_int =int(x)
5   print("第1次变身，我变成了",type(x_int),"值为",x_int)
6   x_float =float(x_int)
7   print("第2次变身，我变成了",type(x_float),"值为",x_float)
8   x_str =str(x_float)
9   print("第3次变身，我变回了",type(x_str),"值为",x_str)
10  x_chr =chr(x_int)
11  print("第4次变身，我变成了",type(x_chr),"值为",x_chr)
12  x_ord =ord(x_chr)
13  print("第5次变身，我变回了",type(x_ord),"值为",x_ord)
14  x_hex =hex(x_int)
15  print("第6次变身，我变成了",type(x_hex),"值为",x_hex)
16  x_oct =oct(x_int)
17  print("第7次变身，我变成了",type(x_oct),"值为",x_oct)
18  x_bin =bin(x_int)
19  print("第8次变身，我变成了",type(x_bin),"值为",x_bin)
20  x_eval =eval(x_str+'5')
21  print("第9次变身，我变成了",type(x_eval),"值为",x_eval)
22  x_repr =repr(x_str+'2')
23  print("第10次变身，我变成了",type(x_repr),"值为",x_repr)
```

在上述代码中，第 2 行通过 input()输入一个数字，第 4 行将它转换为 int 型，第 6 行将它转换为 float 型，第 8 行将它转换为 str 型，第 10 行将它转换为 str 型，第 12 行将它转换为 int 型，第 14 行将它转换为 str 型，第 16 行将它转换为 str 型，第 18 行将它转换为 str 型，第 20 行将它转换为 float 型，第 22 行将它转换为 str 型。

实例 2.2 的运行结果如图 2-12 所示，从图可以看出，运行时给出一个范围在 33～126 内的数字，然后程序将自动完成数据类型的转换，并实现结果的输出。

2.2.7 输入与输出

Python 中使用 input()函数获得键盘输入，input()函数的参数用于提示用户的信息，以下示例中的代码将 input()函数的返回值赋值给变量 input_1。注意：变量 input_1 获得的数据是一个字符串。

【例 2-11】 输入示例。

```
1   input_1 = input("请输入信息:")
2   print(input_1)
```

```
输入【33~126】:36
我的出身类型是 <class 'str'>
第1次变身，我变成了 <class 'int'> 值为 36
第2次变身，我变成了 <class 'float'> 值为 36.0
第3次变身，我变回了 <class 'str'> 值为 36.0
第4次变身，我变成了 <class 'str'> 值为 $
第5次变身，我变回了 <class 'int'> 值为 36
第6次变身，我变成了 <class 'str'> 值为 0x24
第7次变身，我变成了 <class 'str'> 值为 0o44
第8次变身，我变成了 <class 'str'> 值为 0b100100
第9次变身，我变成了 <class 'float'> 值为 36.05
第10次变身，我变成了 <class 'str'> 值为 '36.02'
```

图 2-12　实例 2.2 的运行结果

例 2-11 的运行结果如图 2-13 所示。

```
请输入信息:Hello world
Hello world
```

图 2-13　输入示例

【例 2-12】输入与分割的结合使用。

```
1    height,age = map(int,input("输入身高(cm)+空格+年龄:").split(' '))
2    print(height,age)
3    print(type(height),type(age))
```

在例 2-12 中，我们需要将用户的输入转换成其他类型，此时可通过 input()函数获得字符串型数据后，调用字符串的分割函数 split()，传入的参数为空白字符，再将分割后的数据传入 map()函数，map()函数用于进行数据映射，将分割后的两个数据转换成 int 型，分别赋值给 height 和 age 两个变量。第 3 行查看两个变量的类型，均为 int 型。例 2-12 的运行结果如图 2-14 所示。

```
输入身高(cm)+空格+年龄:180 40
180 40
<class 'int'> <class 'int'>
```

图 2-14　输入与分割结合使用示例

【例 2-13】使用%进行格式化输出。

```
1    kilocalorie = 1024.653
2    print('每天需要消耗的大卡:%.2f' %kilocalorie)
```

在 Python 中可以使用“%”进行格式化输出内容，如例 2-13 中第 2 行代码。

在格式化内容中，%c 为格式化输出 1 个字符及其 ASCII 码数值所使用的符号，%s 用于格式化字符串，%d 用于格式化整数，%u 用于格式化无符号整数，%o 用于格式化无符号八进制数，%x 或%X 用于格式化十六进制数，%f 用于格式化浮点数。第 2 行中的%.2f 表示输出的浮点数保留 2 位小数。例 2-13 的运行结果如图 2-15 所示。

```
每天需要消耗的大卡:1024.65
```

图 2-15　“%”格式化输出示例

常用的“%”格式化输出符号如表 2-4 所示。

Python 中的输出除常用的%格式化输出外，Python 2.6 开始的版本新增了一种格式化字符串的函数 format()。字符串的参数使用{NUM}表示，NUM 若为 0，表示第一个参数，NUM 若为 1，表示第二个参数，依次递加。使用“: ”，指定代表元素需要的操作，如“:.3”表示保留后 3 位，“:8”表示占 8 个字符空间。

表 2-4 “%”格式化输出符号

符号	描述
%c	格式化输出字符及其 ASCII 码数值
%s	格式化输出字符串
%d	格式化输出整数
%u	格式化输出无符号整数
%o	格式化输出无符号八进制数
%x	格式化输出无符号十六进制数
%X	格式化输出无符号十六进制数（大写）
%f	格式化输出浮点数，可指定小数点后的精度

【例 2-14】使用 {:.0f} 进行输出。

```
1   print('要想减肥，每天只能吃{:.0f}个{}。'.format(num))
```

在上述代码中，{:.0f} 表示不保留小数，对 num 变量的值进行格式化。{ } 里面可以不用任何参数，此时 { } 只表示占位。

【例 2-15】使用 { } 进行输出。

```
1   print('输出结果：{} {}'.format('hello','world'))
```

例 2-15 的运行结果如图 2-16 所示。

```
输出结果：hello world
```

图 2-16 format( )函数应用{}中不带参数输出示例

{ } 里面可以是数字，其中数字表示后面传入值的序号。

【例 2-16】使用 {数字} 进行输出。

```
1   print('{0} {1} {0}'.format('hello','world'))
```

例 2-16 的运行结果如图 2-17 所示，其中{0}、{1}表示后面传入字符串的序号。

```
hello world hello
```

图 2-17 format( )函数应用{}中按序号输出示例

{ } 里面也可以传入变量，表示 format()参数中变量对应的值。

【例 2-17】传入变量进行输出。

```
1   print('{var_1} {var_2} {var_1}'.format(var_1='hello',var_2='world'))
```

例 2-17 的运行结果如图 2-18 所示，其中传入了 var_1 和 var_2 这两个变量。

```
hello world hello
```

图 2-18 format( )函数应用{}中传入变量输出示例

2.2.8 运算符

Python 中支持的运算符主要有算术运算符、比较运算符、赋值运算符、位运算符、逻辑运算符、成员运算符、身份运算符等。

1. 算术运算符

算术运算符主要用于算术运算，具体如表 2-5 所示。

+运算符，表示两个对象相加。例如，a=5，b=4，a+b 的结果为 9。值得注意的是，计算机中表示浮点数都是近似表示的，例如，a=0.55，b=0.3，a+b 的结果并不是 0.85，而是一个近似 0.85 的数。

表 2-5　算术运算符

运算符	描　述	实　　例
+	加：两个对象相加	a = 5，b =4 a + b　　输出结果为 9 a=0.55，b=0.3 a + b　　输出结果为 0.8500000000000001
-	减：得到负数或者一个数减去另一个数	a = 5，b =4 a - b　　输出结果为 1
*	乘：两个数相乘或者返回一个被重复若干次的字符串	a = 5，b =4 a * b　输出结果为 20 c = '5' c*4　输出结果为'5555'
/	除：b 除以 a	b=10，a=2 b / a　输出结果为 5.0
%	取模：返回除法的余数	b=10，a=2 b % a　输出结果为 0
**	幂：返回 a 的 b 次幂	a=3，b=188 a**b　为 3 的 188 次幂，输出结果为 49979958052892940013807990357495870064453712200111488570617427285266377810763 9762446602161
//	整除：返回商的整数部分（向下取整）	a=10，b=4 a//b　为 a 整除 b，输出结果为 2

“-”运算符，表示得到负数或者一个数减去另一个数，如 a=5，b=4，a-b 的结果为 1。

“*”运算符，表示两个数相乘或者返回一个被重复若干次的字符串，如 a=5，b=4，a*b 的结果 20。如果 c 是一个字符串'5'，c*4 得到的结果就是 4 个'5'构成的字符串'5555'。

“/”运算符，表示两个数相除，但要注意结果为浮点数，如 b=10，a=2，b/a 的结果为 5.0。

“%”运算符，表示取模，返回除法的余数。如 b=10，a=2，b% a 的结果为 0。

“**”运算符，表示幂运算，如 a=3，b=188，a**b 表示 3 的 188 次幂，结果是非常大的一个数。Python 基于值进行存储，可以表示任意大的数。

“//”运算符，表示整除，返回商的整数部分（向下取整），如 a=10，b=4，a//b 的结果为 2。

2. 比较运算符

比较运算符用于对元素大小或等值情况进行比较，如表 2-6 所示。

表 2-6　比较运算符

运算符	描　　述	实　例
==	等于，比较对象是否相等	a=5，b=5.0 (a == b)返回 True
!=	不等于，比较两个对象是否不相等	a=5，b=6 (a != b)返回 True
<>	不等于，比较两个对象是否不相等	a=5，b=6 (a <> b)返回 True
>	大于，返回 a 是否大于 b。所有比较运算符返回 1 均表示真，返回 0 均表示假，这分别与特殊的变量 True 和 False 等价	a=5，b=4.3 (a > b)返回 True
<	小于，返回 a 是否小于 b	a=5，b=4.3 (a < b)返回 False
>=	大于或等于，返回 a 是否大于或等于 b	a=5，b=4.3 (a >= b)返回 True
<=	小于或等于，返回 a 是否小于或等于 b	a=5，b=5.0 (a <= b)返回 True

“==”运算符用于比较对象是否相等。比如 a=5，b=5.0，通过判断可知，a 和 b 的值是相同的，所以返回的结果是 True。

“!=”运算符用于比较两个对象是否不相等，比如 a=5，b=6，由于 a 和 b 的值不相同，结果就会返回 True。同样可以用“小于号”和“大于号”连接在一起（<>）构成“不等于”的比较运算符。

“>”运算符用于比较 a 是否大于 b，比如 a=5，b=4.3，a>b 的结果是 True。同理，“<”运算符用于判断 a 是否小于 b，如 a=5，b=4.3，a<b 的结果是 False。

“>=”运算符用于比较 a 是否大于或等于 b，如 a=5，b=4.3，a>=b 的结果是 True。同理，“<=”运算符用比较 a 是否小于或等于 b。

3．赋值运算符

赋值运算符实现对变量的赋值，如表 2-7 所示。

表 2-7　赋值运算符

运算符	描　述	实　例
=	简单的赋值运算符	a=6，b=4 c = a + b 表示将 a + b 的运算结果赋值给 c
+=	加法赋值运算符	a=6，c=9 c+= a 等效于 c = c + a
−=	减法赋值运算符	a=6，c=9.0 c−= a 等效于 c=c−a
*=	乘法赋值运算符	a=6，c=9.0 c *= a 等效于 c = c * a
/=	除法赋值运算符	c=9，a=3 c /= a 等效于 c = c / a
%=	取模赋值运算符	c=9，a=3 c %= a 等效于 c = c % a
**=	幂赋值运算符	c=2，a=3 c **= a 等效于 c = c ** a
//=	整除赋值运算符	c=4，a=3 c //= a 等效于 c = c // a

“=”运算符是简单的赋值运算符。如 a=6，b=4，将 6 赋值给 a，4 赋值给 b。c=a+b，表示将 a + b 的运算结果 10 赋值给 c。

“+=”运算符是加法赋值运算符，表示先算加法再赋值，如 a=6，c=9，c+=a 等效为将 c+a 的结果 15 再次赋值给 c。同理，“−=”运算符是减法赋值运算符，表示先算减法再赋值。“*=”运算符是乘法赋值运算符，表示先算乘法再赋值。“/=”运算符是除法赋值运算符，表示先算除法再赋值。“%=”运算符是取模赋值运算符，表示先取模再赋值。“**=”运算符是幂赋值运算符，表示先进行幂运算再赋值。“//=”运算符是整除赋值运算符，表示先进行整除运算再赋值。

4．位运算符

位运算符对数字进行按位操作，如表 2-8 所示。

“&”按位与运算符表示将两个二进制数按位进行与运算，可用于对一个二进制数的某些位进行清零操作，或用于提取指定位的数据。0&0 的结果为 0，0&1 的结果为 0，只有 1&1 的结果为 1。可以使用 bin()函数将结果转为二进制数，通过 print()函数输出结果。

表 2-8　位运算符

运算符	描　述	实　例
&	按位与运算符	a=0b0011，b=0b0010 print(bin(a&b))
|	按位或运算符	a=0b0011，b=0b0010 print(bin(a|b))
^	按位异或运算符	a=0b0011，b=0b0010 print(bin(a^b))
~	按位取反运算符	a=0b00000101（十进制数为 5） 每一位取反得 0b11111010，a 按位取反，得到的结果为-(a+1)
<<	左移动运算符：运算数的各二进制位全部左移若干位，“<<”右边的数字指定了移动的位数，高位被丢弃，低位补 0	a=0b0010 print(a<<1) 结果为：0b0100
>>	右移动运算符：运算数的各二进制位全部右移若干位，“>>”右边的数字指定了移动的位数	a=0b0010 print(a>>1) 结果为：0b0001

“|”按位或运算符用于设定某些位为 1，只有两个二进制位都是 0 的情况，结果才为 0，其他情况结果都是 1。

“^”按位异或运算符，两个二进制位相同时结果为 0，不同时结果为 1，如 0^0=0，0^1=1，1^0=1，1^1=0。

“~”按位取反运算符，每个二进制位取反，~1=0，~0=1。如 a=0b00000101（十进制数为 5），每个二进制位取反得 0b11111010，a 按位取反，得到的结果为-(a+1)。

“<<”左移运算符，将运算数的各二进制位全部左移若干位，“<<”右边的数字指定了移动的位数，高位被丢弃，低位补 0。如 a=0b0010，左移 1 位结果为 4，相当于乘以 2。

“>>”右移动运算符，将运算数的各二进制位全部右移若干位，“>>”右边的数字指定了移动的位数，如 a=0b0010，右移 1 位结果为 1，相当于除以 2。

5．逻辑运算符

逻辑运算符用于整合多个条件，如表 2-9 所示。

表 2-9　逻辑运算符

运算符	描　述	实　例
and (x and y)	布尔“与”，如果 x 的计算值为 False，x and y 返回 False，否则它返回 y 的计算值	x=2，y=3 print(x>1 and y>3) 输出：False
or (x or y)	布尔“或”，如果 x 非 0，返回 x 的计算值，否则返回 y 的计算值	x=2，y=3 print(x>1 or y>3) 输出：True
not (not x)	布尔“非”，如果 x 为 True，返回 False；如果 x 为 False，它返回 True	x=0 print(not x) 输出：True

and 为布尔“与”，如果 x 的计算值为 False，则 x and y 返回 False，否则返回 y 的计算值。比如，x=2，y=3，因为 y 等于 3 而不大于 3，所以 x>1 and y>3 输出结果为 False。

or 为布尔“或”，如果 x 的计算值非 0，则返回 x 的计算值，否则返回 y 的计算值。比如，x=2，y=3，x 非 0，所以 x>1 or y>3 输出结果为 True。

not 为布尔“非”，如果 x 为 True，则返回 False；如果 x 为 False，则返回 True。比如，x=0，　not x 的输出结果为 True。

6. 成员运算符

成员运算符用于判断元素是否在某个可迭代对象中，如表 2-10 所示。

表 2-10　成员运算符

运算符	描　述	实　例
in	如果在指定的序列中找到值，则返回 True；否则，返回 False	list_1 = [2,'4','tom'] print('4' in list_1) 输出：True
not in	如果在指定的序列中没有找到值，则返回 True；否则，返回 False	list_1 = [2,'4','tom'] print('4' not in list_1) 输出：False

in 运算符用于判断数据是否在指定的序列中，如果在指定的序列中，则返回 True，否则返回 False。比如，一个列表 list_1 里面包含 2、'4'和'tom'，判断'4'字符串是否在 list_1 序列中，'4' in list_1 的结果返回 True。同理，not in 运算符用于判断数据是否不在指定的序列中，如果不在指定的序列中，则返回 True，否则返回 False。

7. 身份运算符

身份运算符用于判断元素是否引用自同一个对象，如表 2-11 所示。

表 2-11　身份运算符

运算符	描　述	实　例
is	判断两个标识符是否引用自同一个对象	var_1 = 2 var_2 = 2 print(var_1 is var_2) 输出：True
is not	判断两个标识符是否引用自不同对象	var_1 = 2 var_2 = 2 print(var_1 is not var_2) 输出：False

is 运算符用于判断两个标识符是否引用自同一个对象，如果是，则返回 True，否则返回 False。如两个变量 var_1=2，var_2=2，由于 var_1 和 var_2 是引用自同一个对象，var_1 is var_2 的返回结果为 True。同理，is not 运算符用于判断两个标识符是否引用自不同对象，由于 var_1 和 var_2 是引用自同一个对象，var_1 is not var_2 的返回结果为 False。

8. 矩阵运算符

@为 Python 3.x 中的新运算符，即矩阵乘法运算符，例如，有两个 2×2 的矩阵分别为矩阵 a 和矩阵 b，a@b 表示两个矩阵的乘法运算。

【例 2-18】矩阵运算。

```
1   import numpy as np
2   a = np.array([[-1,0],
3                 [1,0]])
4   b = np.array([[1,3],
5                 [2,4]])
6   print(a@b)
```

例 2-18 的运行结果如图 2-19 所示。其中，矩阵 a 是[[−1,0], [1,0]]，矩阵 b 是[[1,3], [2,4]]，输出的结果是[[−1, −3], [1,3]]。

```
[[-1 -3]
 [ 1  3]]
```

图 2-19　矩阵运算符示例

2.2.9　模块导入与使用

模块是一个包含所有定义的函数和变量的文件，其后缀名是.py。模块可以被其他程序引用，以使用该模块中的函数等功能。这是使用 Python 标准库的方法。

Python 中实现某些功能需要使用其他模块中的函数，此时需要导入模块；如果是第三方的模块，还需要安装模块。

1．内置模块的使用

Python 中如果要使用一个模块，首先要将这个模块导入代码中。Python 中用关键字 import 来导入某个模块，使用 import 实现模块的导入有两种方法。

（1）import 模块名称

第一种方法是在 import 关键字后加模块的名称，比如要引用模块 math，就可以在文件最开始的地方用 import math 来导入。

【例 2-19】引用模块。

```
1    import math
2    import sys
```

在例 2-19 中，导入了 math 模块和 sys 模块。在导入模块后，可以使用其中的函数实现具体的功能。

【例 2-20】多彩心的绘制。

```
1    # -*- coding: utf-8 -*-
2    import turtle as t
3    def curveMove():
4        for i in range(100):
5            t.right(2)
6            t.forward(1)
7    def curveHeart():
8        t.color('purple', 'red')
9        t.begin_fill()
10       t.left(140)
11       t.forward(55)
12       curveMove()
13       t.left(120)
14       curveMove()
15       t.forward(55)
16       t.end_fill()
17       t.done()
18       t.bye()
19   if __name__ == "__main__":
20       t.screensize(400,300,'#FFFF99')
21       t.title('绘制多彩的心')
22       curveHeart()
```

上述代码实现了多彩心的绘制。例 2-20 的运行结果如图 2-20 所示。

图 2-20　绘制多彩的心

为实现图形绘制，需要导入一个名为 turtle 的内置模块，并使用其中的部分函数。

在上述代码中，第 2 行通过 import 关键字将 turtle 模块导入进来，使用 as 给这个模块起一个别名，此例中 turtle 模块的别名为 t。第 3 行用 def 定义函数，后面的名称就是函数的名字 curveMove，函数名后面有一对括号，括号里面可以传入参数，不同的参数用逗号隔开，在括号的后面是一个冒号，回车之后会有一定的缩进。第 4～6 行是函数 curveMove()中的语句。第 7 行开始又定义了一个函数 curveHeart()，第 8～18 行是函数 curveHeart()中的语句。

第 19 行开始是本段程序的入口，第 20 行设定了窗口尺寸，在其中调用了 turtle 模块中的 screensize()函数。这个方法有 3 个参数，第 1 个参数是窗口的宽度，第 2 个参数是窗口的高度，第 3 个参数是背景的颜色。第 21 行调用了 turtle 模块的 title()函数，设定这个窗口的标题名。第 22 行调用前面的自定义函数进行图形的绘制。

由例 2-20 可以看出，Python 中的模块其实就是一个 Python 文件，我们可以使用 sys 模块来查看系统中所有的加载模块。

【例 2-21】 sys 模块的使用。

```
1    import sys
2    print(sys.modules.items())
```

在上述代码中，第 1 行使用 import sys 将 sys 模块导入进来，第 2 行通过 print()函数调用 sys.modules.items()函数来查看目前已经加载的模块有哪些。

【例 2-22】 模块的引用。

```
1    # -*- coding: utf-8 -*-
2    import turtle
3    import random
4    n=random.randint(1,100)
5    print(dir(random))
6    turtle.title('圆的案例')
7    turtle.color("black", "white")
8    turtle.pensize(1)
9    turtle.begin_fill()
10   turtle.circle(n)
11   turtle.end_fill()
12   turtle.mainloop()
13   turtle.bye()
```

在上述代码中，第 2 行使用 import turtle 导入了 turtle 模块，第 3 行使用 import random 导

入了 random 模块。random 模块用来产生随机数。第 4 行调用了 random 模块的 randint()函数，这个方法有两个参数，第 1 个参数是起始的数字，第 2 个参数是结束的数字，在此期间产生随机数，产生的数赋值给变量 n。第 6 行通过“模块.方法”的形式调用了 turtle 模块中的 title()函数。第 7 行的 color()方法用来设定颜色，它有两个参数，第 1 个参数是绘制图形边的颜色，第 2 个参数是绘制图形填充的颜色。第 8 行 pensize()函数用来设定绘制笔的大小，第 9 行开始绘制，第 10 行是绘制的图形，将前面得到的变量 n 作为这个圆的半径。第 11 行代表绘制图形结束。第 12～13 行代表绘画结束。通过这段代码，可以在窗口中绘制一个圆的图形。从图 2-21 中可以看到，turtle 模块在绘制的过程中有一个箭头，它代表了画笔的方向。

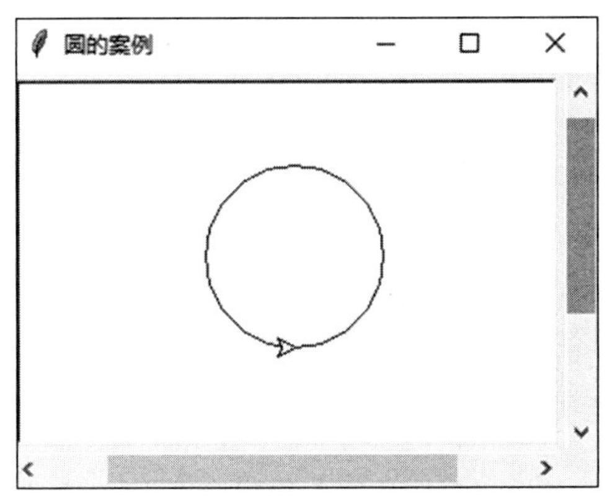

图 2-21　使用 import 导入模块

（2）from 模块名 import 对象名

第二种导入模块的方法：from 模块名 import 对象名，也可以加入 as 关键字为导入的对象起别名。

【例 2-23】第二种导入模块方法。

```
1   # -*- coding: utf-8 -*-
2   from turtle import *
3   from random import randint as rint
4   n=rint(1,200)
5   title('圆的案例')
6   color("blue", "yellow")
7   pensize(1)
8   begin_fill()
9   circle(n)
10  end_fill()
11  mainloop()
12  bye()
```

在上述代码中，第 2 行 from turtle import *表示把 turtle 模块中的所有对象都导入代码中。这种方式虽然很方便，但并不建议使用。因为如果这个模块中的对象非常多，那么不管对象使用与否都会被加入代码中。第 3 行 from random import randint as rint 导入 random 模块中的 randint 对象并给它取一个别名 rint。使用这种方式导入模块后，代码编写就会变得简单。比如，第 4 行不再需要使用“random.”，而是直接调用 rint()函数；第 5 行不用使用“turtle.title”，而是直接调用 title()函数。

但是，这种方式编写的代码中所使用的函数，在当前的文件中不能有重名的函数，否则解释器将无法区分这个函数是模块中的还是自定义的。图 2-22 是例 2-23 的运行结果。

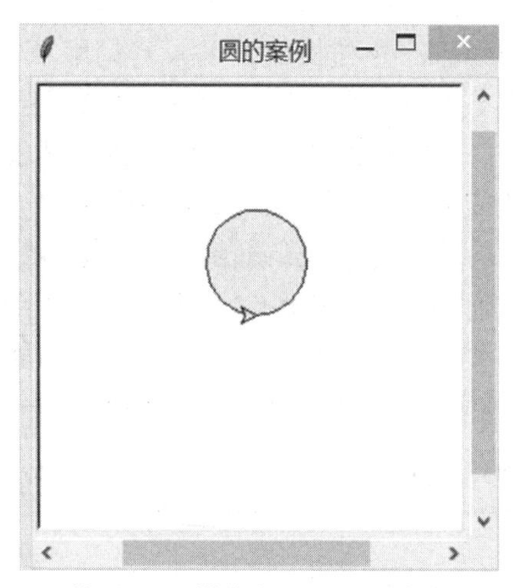

图 2-22　使用 from 模块名 import 对象名导入模块

2. dir()和 help()函数

dir()函数用来查看模块中所有对象的列表。比如，turtle 模块、random 模块都有很多对象列表。如果想要查看一个模块的对象列表有哪些，可以通过 dir()函数来完成查看，然后通过 print()函数把查到的结果输出。

【例 2-24】dir()函数示例。

```
1    print(dir(turtle))
2    print(dir(random))
```

例 2-24 的运行结果如图 2-23 所示。

```
Anaconda Prompt (Anaconda3)
['Canvas', 'Pen', 'RawPen', 'RawTurtle', 'Screen', 'ScrolledCanvas', 'Shape', 'TK', 'TNavigator', 'TPen
', 'Tbuffer', 'Terminator', 'Turtle', 'TurtleGraphicsError', 'TurtleScreen', 'TurtleScreenBase', 'Vec2D',
'_CFG', '_LANGUAGE', '_Root', '_Screen', '_TurtleImage', '__all__', '__builtins__', '__cached__', '__do
c__', '__file__', '__forwardmethods', '__func_body', '__loader__', '__methodDict', '__methods', '__name_
_', '__package__', '__spec__', '__stringBody', '_alias_list', '_make_global_funcs', '_screen_docrevise',
'_tg_classes', '_tg_screen_functions', '_tg_turtle_functions', '_tg_utilities', '_turtle_docrevise', '_
ver', 'addshape', 'back', 'backward', 'begin_fill', 'begin_poly', 'bgcolor', 'bgpic', 'bk', 'bye', 'circ
le', 'clear', 'clearscreen', 'clearstamp', 'clearstamps', 'clone', 'color', 'colormode', 'config_dict',
'deepcopy', 'degrees', 'delay', 'distance', 'done', 'dot', 'down', 'end_fill', 'end_poly', 'exitonclick'
, 'fd', 'fillcolor', 'filling', 'forward', 'get_poly', 'get_shapepoly', 'getcanvas', 'getmethparlist',
'getpen', 'getscreen', 'getshapes', 'getturtle', 'goto', 'heading', 'hideturtle', 'home', 'ht', 'inspect'
, 'isdown', 'isfile', 'isvisible', 'join', 'left', 'listen', 'lt', 'mainloop', 'math', 'mode', 'numinput'
, 'onclick', 'ondrag', 'onkey', 'onkeypress', 'onkeyrelease', 'onrelease', 'onscreenclick', 'ontimer',
'pd', 'pen', 'pencolor', 'pendown', 'pensize', 'penup', 'pos', 'position', 'pu', 'radians', 'read_docstr
ings', 'readconfig', 'register_shape', 'reset', 'resetscreen', 'resizemode', 'right', 'rt', 'screensize'
, 'seth', 'setheading', 'setpos', 'setposition', 'settiltangle', 'setundobuffer', 'setup', 'setworldcoor
dinates', 'setx', 'sety', 'shape', 'shapesize', 'shapetransform', 'shearfactor', 'showturtle', 'simpledi
alog', 'speed', 'split', 'st', 'stamp', 'sys', 'textinput', 'tilt', 'tiltangle', 'time', 'title', 'towar
ds', 'tracer', 'turtles', 'turtlesize', 'types', 'undo', 'undobufferentries', 'up', 'update', 'width', '
window_height', 'window_width', 'write', 'write_docstringdict', 'xcor', 'ycor']
['BPF', 'LOG4', 'NV_MAGICCONST', 'RECIP_BPF', 'Random', 'SG_MAGICCONST', 'SystemRandom', 'TWOPI', '_Buil
tinMethodType', '_MethodType', '_Sequence', '_Set', '__all__', '__builtins__', '__cached__', '__doc__',
'__file__', '__loader__', '__name__', '__package__', '__spec__', '_acos', '_bisect', '_ceil', '_cos', '_
e', '_exp', '_inst', '_itertools', '_log', '_os', '_pi', '_random', '_sha512', '_sin', '_sqrt', '_test',
'_test_generator', '_urandom', '_warn', 'betavariate', 'choice', 'choices', 'expovariate', 'gammavariat
e', 'gauss', 'getrandbits', 'getstate', 'lognormvariate', 'normalvariate', 'paretovariate', 'randint', '
random', 'randrange', 'sample', 'seed', 'setstate', 'shuffle', 'triangular', 'uniform', 'vonmisesvariate'
, 'weibullvariate']
```

图 2-23　使用 dir()函数的运行结果

help()函数用来查看任意模块或者函数的帮助信息，它会提供更为详细的信息。

【例 2-25】help()函数示例。

```
1    print(help(turtle))
2    print(help(turtle.circle))
```

在上述代码中，第 1 行用来查看 turtle 模块中的帮助信息，第 2 行用来查看 turtle 模块中

circle()函数的详细信息。通过这些信息，可以看到 help()函数的具体使用方法。图 2-24 显示了 help()函数的运行结果。

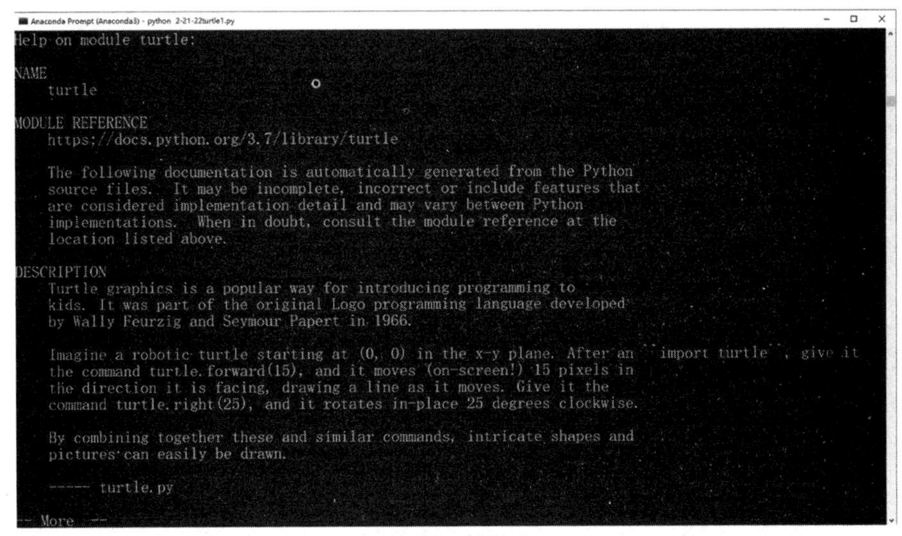

图 2-24　使用 help()函数的运行结果

3．安装和使用第三方模块

有时想要使用的模块在安装 Python 时并没有一同安装，则需要额外进行安装。首先，启动 Anaconda Prompt 命令行界面。在这个命令行界面中，先切换到创建的 Anaconda 环境。如果没有创建新环境，就不用切换了。通过“activate　环境名称”命令进行切换，如图 2-25 所示。

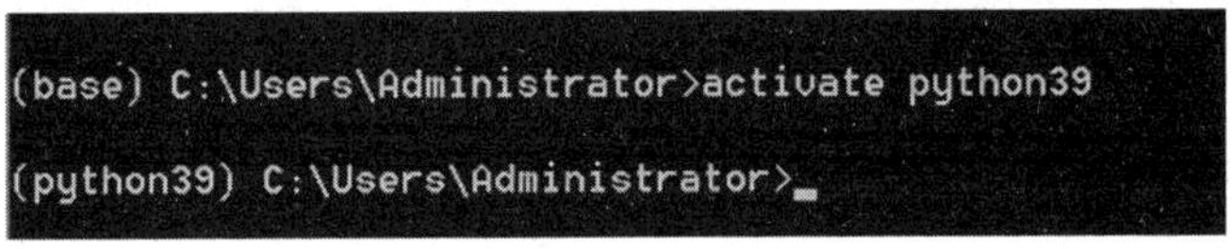

```
(base) C:\Users\Administrator>activate python39

(python39) C:\Users\Administrator>_
```

图 2-25　切换环境

切换以后就可以使用自动化的模块安装工具 pip 进行安装，这是一种常见的安装方法，指令是：pip　install　模块名和安装的模块。例如，执行 pip　install　pyecharts 命令安装 pyecharts 模块，该模块用来完成可视化显示，安装过程如图 2-26 所示。

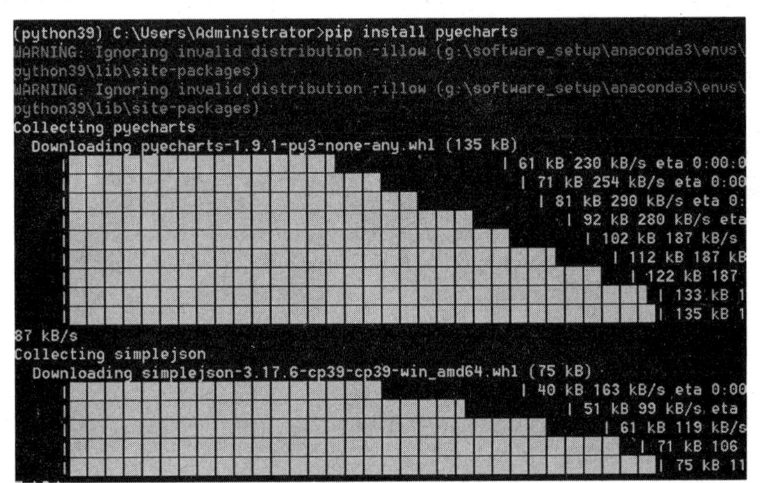

图 2-26　安装 pyecharts 模块

安装之后的模块就可以通过“import 模块 [as 别名]”或者“from 模块 import 对象 [as 别名]”的方式导入模块，并在代码中使用。

【例 2-26】pyecharts 模块示例。

```
1    from pyecharts.charts import Bar
2    bar = Bar()
3    bar.add_xaxis([ "泰坦尼克号", "阿凡达", "星球大战7:原力觉醒"])
4    bar.add_yaxis("电影排名",[22, 27,21])
5    bar.render()
```

上述代码中使用了上面安装的 pyecharts 模块，程序运行后会在当前目录下生成 render.html 文件，该文件的运行结果如图 2-27 所示。

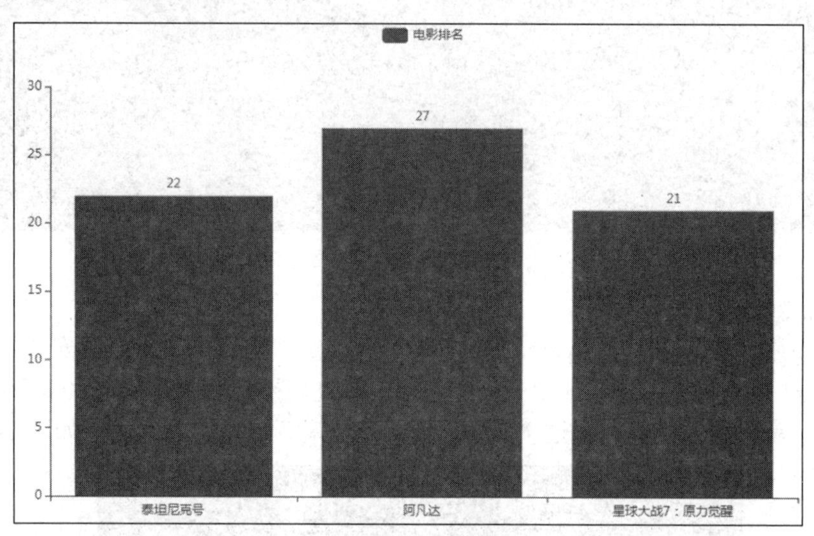

图 2-27　使用 pyecharts 模块

4．使用自定义模块

模块就是一个.py 文件，程序员可以将自己编写的.py 文件作为一个模块使用，这就是自定义模块。

【例 2-27】使用自定义模块示例。

在本例中，创建一个名为 my_random 的.py 文件，代码如下所示：

```
1    # -*- coding: utf-8 -*-
2    from random import randint
3    def myRandom(num1,num2):
4        n = randint(num1,num2)
5        return n
6    print("__name__的值：",__name__)
```

在这个文件中导入 random 模块，第 3 行定义了一个函数，def 后面的名称就是自定义的函数名 myRandom，这里使用了两个参数，第 1 个参数和第 2 个参数之间用逗号隔开，在括号后面需要有一个冒号，回车后，下一行会有一定的缩进。第 4 行使用 randint()函数产生一个随机数。第 5 行 return n 将得到的随机数 n 返回。

在其他的.py 文件中，可以使用 from my_random import myRandom 这种形式来导入自定义模块中的对象，代码如下所示：

```
1    # -*- coding: utf-8 -*-
2    from my_random import myRandom
```

```
3    n=myRandom(1,200)
4    print("产生的随机值：",n)
```

在上述代码中，第 3 行通过调用 myRandom 传递了两个参数 1 和 200，就会得到一个返回值。例 2-27 的运行结果如图 2-28 所示。

```
__name__的值：  my_random
产生的随机值：  188
```

图 2-28　使用自定义的 my_random 模块

实例 2.3：一颗红星

【实例描述】

本例是“一颗红星”，通过对模块的导入和 turtle 模块的使用，帮助读者掌握模块的导入方法和具体应用。

实例 2.3 视频

【实例分析】

在本例中，使用 turtle 模块绘制了一颗红星，在实现过程中，分别使用了 pencolor(), fillcolor()、speed()、penup()、goto()、begin_fill()、pendown()、left()、forward()、right()、end_fill()、done()、bye()等函数，实现对红星的绘制。

【实例实现】

```
1    # -*- coding: utf-8 -*-
2    import turtle as t
3    import random
4    def starts(x,y,left_angle,edge_len):
5        #设置五角星起始的(x,y)值、五角星逆时针旋转度数及长度
6        t.pencolor('yellow')#设置画笔的颜色
7        t.fillcolor('red')#设置填充的颜色
8        t.speed(0)#绘画速度
9        t.penup()#抬起画笔
10       t.goto(x,y)#移动到起始位置
11       t.begin_fill()#开始填充颜色
12       t.pendown()#落下画笔
13       t.left(left_angle)#逆时针旋转
14
15       t.forward(edge_len)#画一条直线
16       t.right(144)#顺时针旋转144度
17       t.forward(edge_len)#画一条直线
18       t.right(144)#顺时针旋转144度
19       t.forward(edge_len)#画一条直线
20       t.right(144)#顺时针旋转144度
21       t.forward(edge_len)#画一条直线
22       t.right(144)#顺时针旋转144度
23       t.forward(edge_len)#画一条直线
24       t.right(144)#顺时针旋转144度
25
26       t.end_fill()#结束填充
27       t.left(-left_angle)#将画笔回归至水平
28       t.done()
29       t.bye()
30   if __name__=="__main__":
```

```
31        t.pensize(1)#设置画笔的大小
32        t.delay(1)#绘画延迟，数值越小绘画越快
33        t.hideturtle()#隐藏画笔
34        t.screensize(800,800,'blue')#设置画布大小及颜色
35        x = random.randint(-450,450)#在-450到450之间随机移动x的起始位置
36        y = random.randint(0, 400)#在0到400之间随机移动y的起始位置
37        edge_len = random.randint(80,100)#在80到100之间随机选取长度
38        left_angle = random.randint(0, 180)#在0到180之间随机逆时针旋转
39        starts(x, y, left_angle, edge_len)
```

在上述代码中，在第 2 行和第 3 行分别导入了 turtle 和 random 模块，第 4 行定义了一个函数 starts()，第 6～29 行完成了一颗红星的绘制。函数 starts()具体的绘制思路如下：

第 6 行设置画笔的颜色，第 7 行设置填充的颜色，第 8 行设置绘画速度，第 9 行抬起画笔，第 10 行让光标移动到起始位置，第 11 行开始填充颜色，第 12 行落下画笔，第 13 行开始逆时针旋转，第 15 行、第 17 行、第 19 行、第 21 行、第 23 行画一条直线，第 16 行、第 18 行、第 20 行、第 22 行、第 24 行设置顺时针旋转 144 度，第 26 行结束填充，第 27 行将画笔回归至水平，第 28 行绘制结束。

程序的入口在第 30 行处，第 31 行设置画笔的大小，第 32 行设置绘画延迟，第 33 行隐藏画笔，第 34 行设置画布大小及颜色，第 35 行设置 x 的起始位置在-450 到 450 之间随机移动，第 36 行设置 y 的起始位置在 0 到 400 之间随机移动，第 37 行在 80 到 100 之间随机选取长度，第 38 行在 0 到 180 之间随机逆时针旋转，第 39 行调用函数 starts()开始绘制。实例 2.3 的运行结果如图 2-29 所示。

图 2-29　实例 2.3 的运行结果

2.3　Python 代码规范

2.3.1　缩进

Python 是通过缩进来控制代码逻辑结构的。在类定义、函数定义、分支结构和选择结构中，冒号及换行后的缩进代表代码块的开始，缩进恢复则表示代码块的结束。同一级别的代

码块应保持相同的缩进。如下面示例代码，第 3 行定义了一个函数，第 4 行缩进表示函数代码块的开始，第 5 行的进一步缩进表示循环语句代码块的开始。

```
1   # -*- coding: utf-8 -*-
2   import turtle as t
3   def curveMove():
4     for i in range(100):
5       t.right(2)
6       t.forward(1)
```

2.3.2 标识符的命名

标识符是编程语言中所有名称如函数名、类的名字、变量的名字等的总称。在命名中，应遵循如下原则：

① 标识符的命名以字母或下画线开头，不能以数字开头，可以包含字母、下画线和数字；

② 标识符的命名应是有意义的，使用有意义的英文组合表示；

③ 自定义的标识符名称不能使用系统已有的关键字。

2.3.3 留白

编写优雅的代码应注意符号之间的留白。留白分为两种，一种是行内留白，一种是行间留白。如下面所示的代码虽然都没有语法错误，但第 2 行的写法优于第 1 行。

```
1   print(7%5)
2   print(7 % 5)
```

行间尽量留出空白，函数最好和前面的代码之间留有两行以上的空白。

代码段 1 如下所示：

```
1   def my_func_1():
2       pass
3   def my_func_2():
4       pass
```

代码段 2 如下所示：

```
5   def my_func_1():
6       pass
7
8
9   def my_func_2():
10      pass
```

如上面代码所示，代码段 1 中没有留白，而代码段 2 中留出了空白行，尽管两种撰写方法都是正确的，但是代码段 2 的写法优于代码段 1。

PyCharm 编辑器会对代码的规范进行检查，对不符合规范的代码使用波浪线提示。这个提示并不影响代码的执行，只是提示编程人员可以改进代码的规范性。

2.3.4 注释

Python 中单行注释通过“#”标识，本行代码中“#”之后的内容都是注释信息；Python 中多行注释用 3 个单引号'''或者 3 个双引号"""标识，夹在它们之间的内容即为多行注释。Python 解释器将忽略注释内容，程序中添加适当的注释可提高代码的可读性。

【例 2-28】单行注释。

```
1    print("1")  #输出1
```

在上述代码中，使用“#”表示注释信息。

【例 2-29】多行注释。

```
1    '''
2    python多行注释
3    python多行注释
4    python多行注释
5    '''
6
7
8    """
9    python多行注释
10   python多行注释
11   python多行注释
12   """
```

在上述代码中，使用 3 个单引号'''或者 3 个双引号"""表示多行注释信息。

2.4 Python 的__name__属性

每个.py 文件在运行时都会有一个__name__属性。如果文件直接执行，则其__name__属性值为“__main__”。

【例 2-30】MyName.py 文件的__name__属性。

```
1    print(__name__)
```

例 2-30 输出了 MyName.py 文件的__name__属性的结果，运行结果如图 2-30 所示。

```
__main__
```

图 2-30 文件直接执行时__name__属性值为__main__

如果文件作为模块被其他文件所使用，其__name__属性会被自动设置为文件的名字，也就是模块名。

【例 2-31】在 NameTest.py 文件中导入 MyName 模块。

```
1    import  MyName
```

例 2-31 给出了 NameTest.py 文件中导入 MyName 模块的示例代码。

在编码时，我们常常将执行代码放在“if __name__ =='__main__':”分支中，以确保当前代码不会因为当前模块被其他模块引用就被提前执行，而只在直接执行当前模块时才会得到执行。

【例 2-32】输出 MyName.py 文件中__name__属性值。

```
1    import  MyName
2    if __name__ =='__main__':
3        print(__name__)
```

在上述代码中，导入 MyName 模块后，在“if __name__ =='__main__':”分支中，输出 MyName.py 文件的__name__属性值。直接执行 MyName.py 文件和执行 NameTest.py 文件的结果分别如图 2-31 和图 2-32 所示。

在本例中，直接执行 MyName.py 文件时，当前模块的__name__属性值为“__main__”，可以得到打印结果；而执行 NameTest.py 文件时，由于 MyName 模块被导入，MyName.py 文件中 print(__name__)输出结果为 MyName。同时，NameTest.py 独立运行，if 条件成立，所以输出了__main__。

```
__main__
```

图 2-31　直接执行 MyName.py 文件

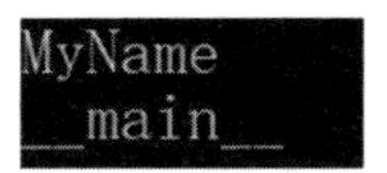

图 2-32　执行 NameTest.py 文件

2.5　编写自己的包

Python 模块是一个.py 文件。通过模块可以将代码有逻辑地组织起来。将相关代码封装到同一个模块中，有利于代码的维护和阅读。当代码规模较大，使用模块封装不能满足需求时，可以使用包对模块进行进一步的封装。包是一个分层次的文件目录结构，定义了一个由模块、子包和子包下的子包等组成的 Python 应用环境。简单来说，包是文件夹，但该文件夹下必须存在__init__.py 文件用于标识当前文件夹是一个包，该文件的内容可以为空。

在项目中创建一个名为 MyPackage 的文件夹，其中加入__init__.py 文件和 MyModule.py 文件，如图 2-33 所示。其中__init__.py 文件内容为空。

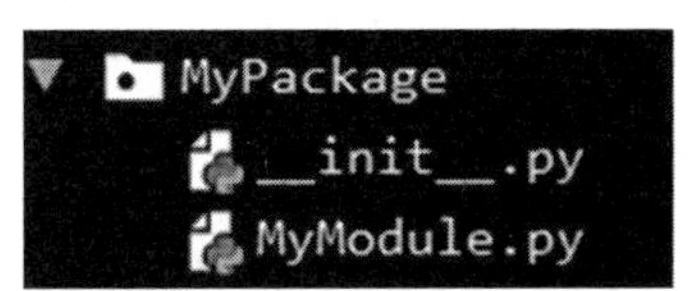

图 2-33　MyPackage 文件夹

MyModule.py 文件的代码如下所示：

```
1    def MyFunction():
2        print("MyFunction")
```

在与 MyPackage 文件夹同一级别的文件夹中加入一个名为 PackageTest.py 的文件，其代码如下：

```
1    import MyPackage.MyModule as Module
2    Module.MyFunction()
```

执行结果如图 2-34 所示。

```
MyFunction
```

图 2-34　调用自定义的包

在 PackageTest.py 文件中，第 1 行导入了自定义包 MyPackage 中的 MyModule 模块，并为其命名别名为 Module，第 2 行通过 Module 调用了自定义模块 MyModule 中的 MyFunction()函数，得到了输出结果 MyFunction。

实例 2.4：送你一朵玫瑰花

【实例描述】

本例是“送你一朵玫瑰花”，通过对模块的导入和 turtle 模块的使用，帮助读者掌握 turtle 模块的具体应用方法。

实例 2.4 视频

【实例分析】

在本例中，使用 turtle 模块绘制一朵玫瑰花，在实现过程中，设计了曲线绘制函数 DrswCurve()，通过调用 DrswCurve()函数实现玫瑰花的绘制。

【实例实现】

```
1   # -*- coding: utf-8 -*-
2   import turtle as t
3   # 曲线绘制函数
4   def DrswCurve(n, r, d=1):
5       for i in range(n):
6           t.left(d)
7           t.circle(r, abs(d))
8   # 绘制花朵形状
9   def draw_content(s):
10      t.begin_fill()
11      t.circle(450*s,65)
12      DrswCurve(40, 70*s)
13      t.circle(150*s,50)
14      DrswCurve(20, 50*s, -1)
15      t.circle(400*s,60)
16      DrswCurve(18, 50*s)
17      t.fd(250*s)
18      t.right(150)
19      t.circle(-500*s,12)
20      t.left(140)
21      t.circle(450*s,110)
22      t.left(27)
23      t.circle(650*s,100)
24      t.left(120)
25      t.fd(15)
26      t.circle(-300*s,20)
27      t.right(123)
28      t.circle(220*s,10)
29      t.end_fill()
30      ### 绘制花枝形状
31      t.left(180)
32
33      t.circle(-350*s,100)
34
35      t.circle(100*s,104)
36      t.left(10)
37      t.fd(60)
38
39      t.left(180)
40      t.penup()
41      t.goto(72.16,128.44)
42      t.pendown()
43      DrswCurve(30, 125*s)
44
45      t.circle(-200*s,63)
46      t.fd(15)
47      ## 绘制一片绿色叶子
48      t.fillcolor('#0ae14c')
```

```
49        t.penup()
50        t.goto(670*s,-180*s)
51        t.pendown()
52        t.right(180)
53        t.begin_fill()
54        print(t.pos(),t.position())
55        t.circle(300*s,120)
56        t.left(60)
57        t.circle(300*s,120)
58        t.end_fill()
59
60        ## 绘制另一片绿色叶子
61        t.fillcolor('#229a47')
62        t.penup()
63        t.goto(120,-100)
64        t.pendown()
65        t.begin_fill()
66        t.rt(120)
67        t.circle(300*s,115)
68        t.left(75)
69        t.circle(300*s,100)
70        t.end_fill()
71        #绘制茎干
72        t.penup()
73        t.goto(119.73,64.37)
74        t.pendown()
75        t.right(142)
76        t.circle(-1000*s,50)
77        t.right(20)
78        t.circle(1000*s,60)
79        t.hideturtle()#隐藏画笔
80        t.done()
81
82    if__name__ =="__main__":
83        d = 0.2
84        t.setup(850, 550)
85        t.bgcolor('#e6f3f6')
86        t.pencolor("#97046f")
87        t.fillcolor("#f374d1")
88        t.speed(10)
89        t.penup()
90        t.goto(0, 180)
91        t.pendown()
92        draw_content(d)
```

在上述代码中，第 2 行导入了 turtle 模块，第 4 行定义了一个曲线绘制函数 DrswCurve()，第 5～7 行是曲线绘制的实现，第 9 行定义了一个绘制花朵形状函数 draw_content()，第 10～29 行完成花瓣的绘制，第 31～46 行完成花枝形状的绘制，第 48～58 行完成一片绿色叶子的绘制，第 61～70 行完成另一片绿色叶子的绘制，第 72～80 行完成茎干的绘制。程序的入口在第 82

行，在第 83～91 行设置相关参数后，调用 draw_content()函数实现玫瑰花的绘制。

实例 2.4 的运行结果如图 2-35 所示。

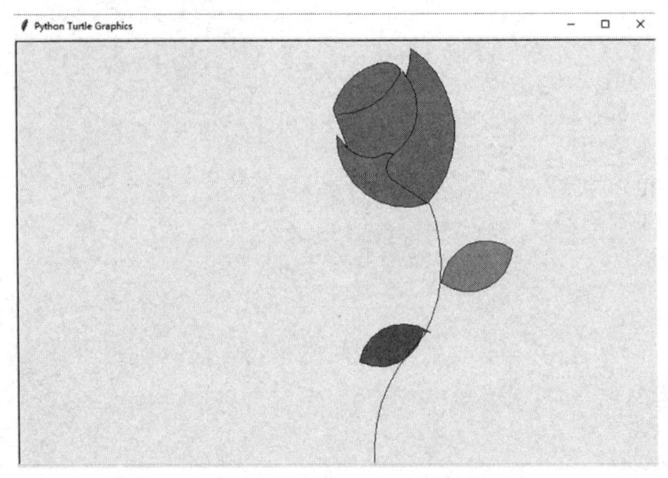

图 2-35　实例 2.4 的运行结果

2.6　Python 程序打包

所谓打包，是指将自己编写的程序制作成可执行的.exe 文件，在用户的计算机上就可以直接运行该文件。

1．PyInstaller 安装

打包首先要引入一个第三方的模块 PyInstaller。Python 默认并不包含 PyInstaller 模块，因此需要自行安装 PyInstaller 模块。安装 PyInstaller 模块与安装其他 Python 模块一样，使用 pip 命令安装即可，即通过以下命令安装 PyInstaller 模块：

```
pip install pyinstaller
```

安装结果如图 2-36 所示。

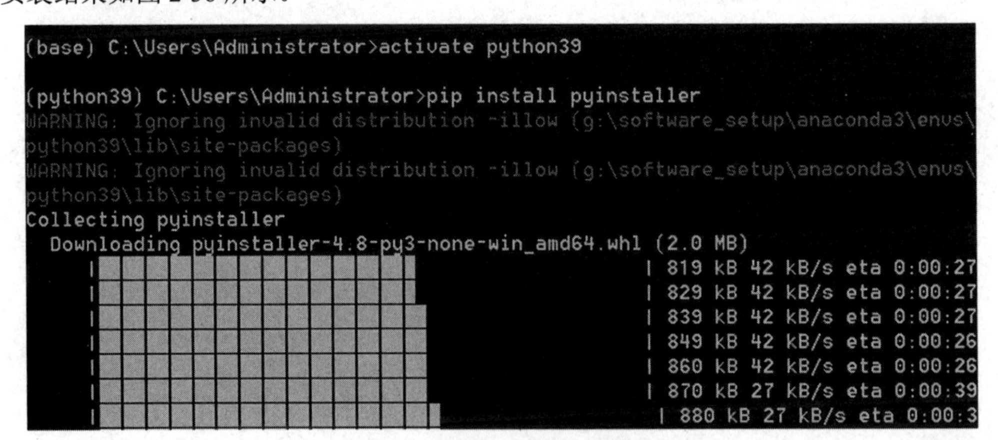

图 2-36　安装 PyInstaller 模块

强烈建议使用 pip 在线安装的方式来安装 PyInstaller 模块，不要使用离线包的方式来安装，因为 PyInstaller 模块还依赖于其他模块，pip 在线安装 PyInstaller 模块时会先安装它的依赖模块。运行上面命令，应该看到如下输出结果：

```
successfully installed pyinstaller-x.x.x
```

其中，x.x.x 代表 PyInstaller 的版本。

在 PyInstaller 模块安装成功之后，在 Python 安装目录的 Scripts 目录下会增加一个 pyinstaller.exe 文件，接下来就可以使用该文件将 Python 程序生成.exe 文件了。

2. PyInstaller 生成可执行文件

命令语法如下：

```
pyinstaller 选项 Python 源文件
```

不管当前的 Python 应用是单文件的应用，还是多文件的应用，只要在使用 pyinstaller 命令时，编译作为程序入口的 Python 程序即可。

PyInstaller 模块是跨平台的，它既可以在 Windows 平台上使用，也可以在 macOS 平台上运行。在不同的平台上使用 PyInstaller 模块的方法是一样的，它们支持的选项也是一样的。

下面先创建一个 app 目录，在该目录下创建一个 app.py 文件，文件中包含如下代码：

```
1   def main():
2       print('程序开始执行')
3       print(('Python,Hello!'))
4       # 增加调用main()函数
5   if __name__ =='__main__':
6       main()
```

接下来使用命令行工具进入此 app 目录，执行如下命令：

```
1   pyinstaller -F app.py
```

将看到详细的生成过程，如图 2-37 所示。

```
(python39) G:\book\2.6>pyinstaller -F app.py
1116 INFO: PyInstaller: 4.8
1117 INFO: Python: 3.9.7 (conda)
1141 INFO: Platform: Windows-8.1-6.3.9600-SP0
1144 INFO: wrote G:\book\2.6\app.spec
1169 INFO: UPX is not available.
1176 INFO: Extending PYTHONPATH with paths
['G:\\book\\2.6']
1763 INFO: checking Analysis
1765 INFO: Building Analysis because Analysis-00.toc is non existent
1765 INFO: Initializing module dependency graph...
1769 INFO: Caching module graph hooks...
1786 INFO: Analyzing base_library.zip ...
6021 INFO: Processing pre-find module path hook distutils from 'G:\\software_set
up\\anaconda3\\envs\\python39\\lib\\site-packages\\PyInstaller\\hooks\\pre_find_
module_path\\hook-distutils.py'.
6023 INFO: distutils: retargeting to non-venv dir 'G:\\software_setup\\anaconda3
\\envs\\python39\\lib'
```

图 2-37　打包生成过程

当生成完成后，在此 app 目录下将会增加一个 dist 目录，并在该目录下有一个 app.exe 文件，这就是使用 PyInstaller 模块生成的.exe 文件。如图 2-38 所示。

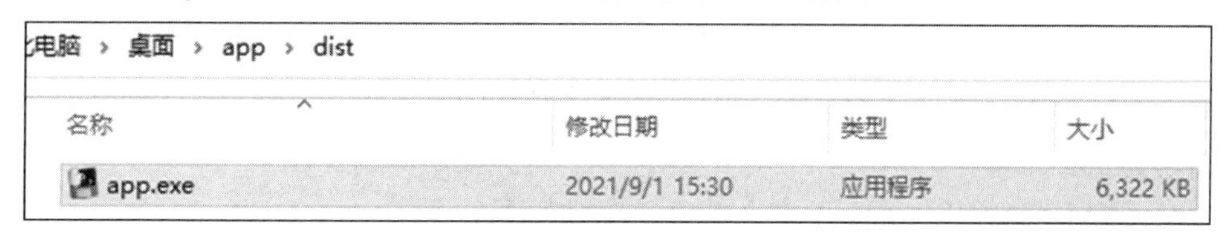

图 2-38　app.exe 文件

在命令行窗口中进入 dist 目录，执行 app.exe 程序，程序输出结果如图 2-39 所示。

```
(python39) G:\book\2.6\dist>app.exe
程序开始执行
Python,Hello!
```

图 2-39　app.exe 程序的运行结果

由于该程序没有图形用户界面，因此如果读者试图通过双击来运行该程序，则只能看到程序窗口一闪就消失了，这样将无法看到该程序的输出结果。读者可以采用命令方式来运行。表 2-12 中列出了 PyInstaller 模块支持的常用选项。

表 2-12　PyInstaller 模块支持的常用选项

选　项	功　能
-h, --help	查看该模块的帮助信息
-F，-onefile	产生单个的可执行文件
-D，--onedir	产生一个目录（包含多个文件）作为可执行程序
-a，--ascii	不包含 Unicode 字符集支持
-d，--debug	产生 Debug 版本的可执行文件
-w，--windowed，--noconsolc	指定程序运行时不显示命令行窗口（仅对 Windows 有效）
-c，--nowindowed，--console	指定使用命令行窗口运行程序（仅对 Windows 有效）
-o DIR，--out=DIR	指定 spec 文件的生成目录。如果没有指定，则默认使用当前目录来生成 spec 文件
-p DIR，--path=DIR	设置 Python 导入模块的路径，也可使用路径分隔符（Windows 使用分号，Linux 使用冒号）来分隔多条路径
-n NAME，--name=NAME	指定项目（产生的 spec）名字。如果省略该选项，那么第一个脚本的主文件名将作为 spec 的名字

实例 2.5：打包我的爱

【实例描述】

本例是以例 2-20 中“绘制多彩的心”打包为例介绍打包过程，通过本例帮助读者掌握打包自定义模块的具体方法。

【实例分析】

在本例中，将之前“绘制多彩的心”打包成.exe 文件，在实现过程中，首先为项目准备一个图标文件，扩展名必须是.ico，并将其和 Python 程序（.py 文件）放入同一个文件夹中，如图 2-40 所示。

图 2-40　添加一个.ico 文件

实例 2.5 视频

【实例实现】

在命令行窗口下进入 heart.py 所在文件夹，执行如下命令：

```
pyinstaller  -i heart.ico  -F heart.py
```

得到的打包过程和打包结果如图 2-41 和图 2-42 所示。

在 dist 目录下会生成相应的.exe 文件，该文件是一个可执行文件，可以发送到其他的计算机上，不需要 PyCharm、Anaconda 等环境也能执行。该.exe 文件的运行结果如图 2-43 所示。

```
(python39) G:\book\第2章\打包>pyinstaller  -i heart.ico  -F heart.py
909 INFO: PyInstaller: 4.8
910 INFO: Python: 3.9.7 (conda)
919 INFO: Platform: Windows-8.1-6.3.9600-SP0
920 INFO: wrote G:\book\第2章\打包\heart.spec
928 INFO: UPX is not available.
930 INFO: Extending PYTHONPATH with paths
['G:\\book\\第2章\\打包']
1512 INFO: checking Analysis
1513 INFO: Building Analysis because Analysis-00.toc is non existent
1513 INFO: Initializing module dependency graph...
1517 INFO: Caching module graph hooks...
1534 INFO: Analyzing base_library.zip ...
4645 INFO: Processing pre-find module path hook distutils from 'G:\\software_set
up\\anaconda3\\envs\\python39\\lib\\site-packages\\PyInstaller\\hooks\\pre_find_
module_path\\hook-distutils.py'.
4647 INFO: distutils: retargeting to non-venv dir 'G:\\software_setup\\anaconda3
\\envs\\python39\\lib'
```

图 2-41　打包过程

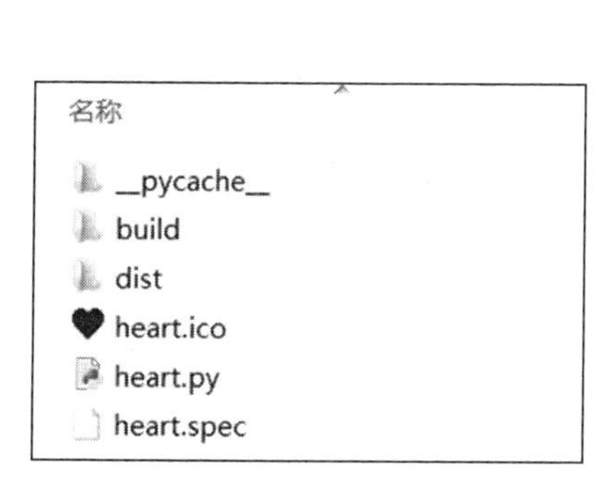

图 2-42　打包结果

图 2-43　“打包我的爱”的运行结果

2.7　项目实战：美丽的星空

2.7.1　项目描述

在本章中读者学习到了导入模块的方法和 turtle 模块的使用方法，本项目将利用导入模块及其方法实现美丽星空的绘制。

2.7.2　项目分析

在本项目中，使用 turtle 模块绘制了美丽的星空，在实现过程中，分别使用了 pencolor()、fillcolor()、speed()、penup()、goto()、begin_fill()、pendown()、left()、forward()、right()、end_fill()、done()、randint()、hideturtle()等函数，实现对美丽星空的绘制。

第 2 章项目实战视频

2.7.3　项目实现

“美丽的星空”的具体程序如下：

```
1    import turtle as t
2    import random
```

```
3
4    def starts(x,y,left_angle,edge_len):
5        #设置五角星起始的(x,y)值、五角星逆时针旋转度数及长度
6        t.pencolor('blue')#设置画笔的颜色
7        t.fillcolor('blue')#设置填充的颜色
8        t.speed(0)#绘画速度
9        t.penup()#抬起画笔
10       t.goto(x,y)#移动到起始位置
11       t.begin_fill()#开始填充颜色
12       t.pendown()#落下画笔
13       t.left(left_angle)#逆时针旋转
14
15       t.forward(edge_len)#画一条直线
16       t.right(144)#顺时针旋转144度
17       t.forward(edge_len)#画一条直线
18       t.right(144)#顺时针旋转144度
19       t.forward(edge_len)#画一条直线
20       t.right(144)#顺时针旋转144度
21       t.forward(edge_len)#画一条直线
22       t.right(144)#顺时针旋转144度
23       t.forward(edge_len)#画一条直线
24       t.right(144)#顺时针旋转144度
25       t.end_fill()#结束填充
26       t.left(-left_angle)#将画笔回归至水平放心
27
28   if __name__ =="__main__":
29       t.pensize(1)#设置画笔的大小
30       t.delay(1)#绘画延迟，数值越小，绘画越快
31       t.hideturtle()#隐藏画笔
32       t.screensize(800,800,'white')#设置画布大小及颜色
33
34       x = random.randint(-450,450)#在-450到450之间随机移动x的起始位置
35       y = random.randint(-150,400)#在0到700之间随机移动y的起始位置
36       edge_len = random.randint(3,8)#在3到8之间随机选取长度
37       left_angle = random.randint(0,180)#在0到180之间随机逆时针旋转
38       starts(x, y, left_angle, edge_len)
39
40       x = random.randint(-450,450)#在-450到450之间随机移动x的起始位置
41       y = random.randint(-150,400)#在0到700之间随机移动y的起始位置
42       edge_len = random.randint(3,8)#在3到8之间随机选取长度
43       left_angle = random.randint(0,180)#在0到180之间随机逆时针旋转
44       starts(x, y, left_angle, edge_len)
45
46       x = random.randint(-450,450)#在-450到450之间随机移动x的起始位置
47       y = random.randint(-150,400)#在0到700之间随机移动y的起始位置
48       edge_len = random.randint(3,8)#在3到8之间随机选取长度
49       left_angle = random.randint(0,180)#在0到180之间随机逆时针旋转
50       starts(x, y, left_angle, edge_len)
51
```

```
52          x = random.randint(-450,450)#在-450到450之间随机移动x的起始位置
53          y = random.randint(-150,400)#在0到700之间随机移动y的起始位置
54          edge_len = random.randint(3,8)#在3到8之间随机选取长度
55          left_angle = random.randint(0,180)#在0到180之间随机逆时针旋转
56          starts(x, y, left_angle, edge_len)
57
58          t.done()
```

在上述代码中，第 2 行和第 3 行分别导入了 turtle 模块和 random 模块，第 4 行定义了一个函数 starts()，第 6～13 行设置了五角星起始的（x,y）值、五角星逆时针度数及长度、画笔位置、颜色等信息，第 15～26 行绘制五角星的边。程序的入口在第 28 行，第 29～32 行设置了画笔的大小、延迟、画布等信息，第 34～38 行绘制了第 1 颗星，随机选取了坐标进行绘制。同理，第 40～44 行、第 46～50 行、第 52～56 行分别绘制了第 2、3、4 颗星。

项目实战的运行结果如图 2-44 所示。

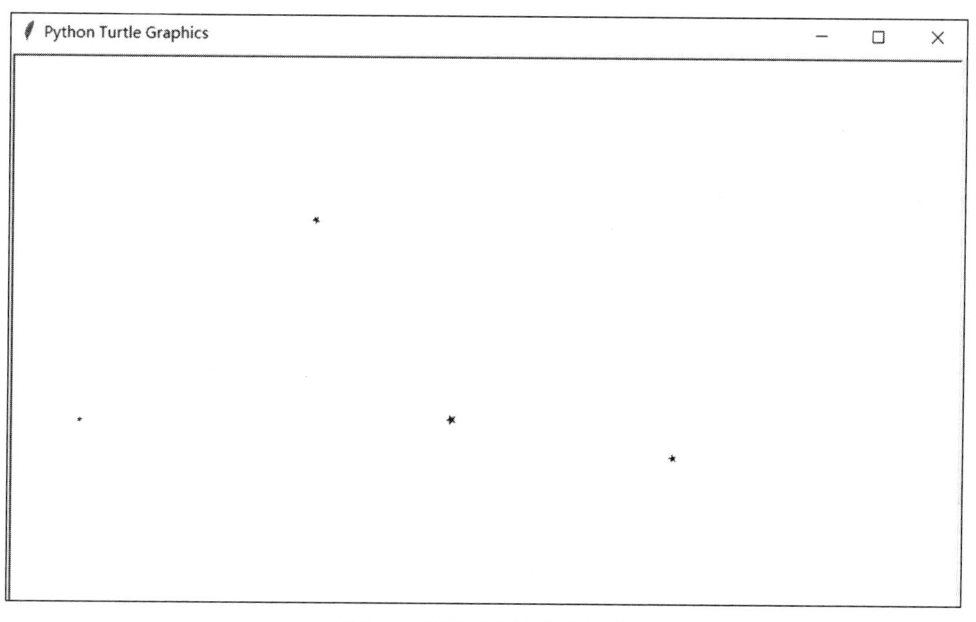

图 2-44　项目实战的运行结果

本 章 小 结

本章内容包括项目引导、Python 基础知识、Python 代码规范、Python 的__name__属性、编写自己的包、Python 程序打包和项目实战。

在项目引导中，提供一个“教你科学减肥”案例用于 Python 的基础知识简介。

在 Python 基础知识中，介绍了 Python 对象模型、Python 变量、数字、字符串、数据类型转换、输入与输出、运算符、模块导入与使用，并通过“实例 2.1：我与 Python 对象的邂逅”、“实例 2.2：数据类型大变身”、“实例 2.3：一颗红星”进一步巩固 Python 的基础编程。

在 Python 代码规范中，介绍了缩进、标识符的命名、留白、注释等内容。

在 Python 的__name__属性中，介绍了__name__属性的使用方法。

在编写自己的包中，介绍了编写自定义包的方法，并介绍了“实例 2.4：送你一朵玫瑰花”。

在 Python 程序打包中，介绍了 PyInstaller 模块的使用方法，并介绍了“实例 2.5：打包我

的爱”的实现思路。

在“美丽的星空”项目实战中，介绍了该项目的具体描述、项目分析及项目实现思路。

习　题　2

1．选择题

（1）关于 Python 程序格式框架，以下选项中描述错误的是（　　）。

A．Python 语言不采用严格的缩进来表明程序的格式框架

B．Python 单层缩进代码属于之前最邻近的一行非缩进代码

C．Python 语言的缩进可以采用 Tab 键实现

D．多层缩进代码可以根据缩进关系决定所属的范围

（2）以下选项中不符合 Python 语言变量命名规则的是（　　）。

A. TempStr　　B. I　　C. 3_1　　D. _AI

（3）关于 Python 语言的注释，以下选项中描述错误的是（　　）。

A. Python 语言的单行注释以#开头

B. Python 语言的单行注释以单引号'开头

C. Python 语言的多行注释以'''(3 个单引号)开头和结尾

D. Python 语言有两种注释方式：单行注释和多行注释

（4）关于 import 引用，以下选项中描述错误的是（　　）。

A. 使用 import turtle 引入 turtle 模块

B. 可以使用 from turtle import setup 引入 turtle 模块

C. 使用 import turtle as t 引入 turtle 模块，取别名为 t

D. import 关键字用于导入模块或者模块中的对象

2．填空题

（1）自定义的标识符名称（　　）使用系统已占用的关键字。

（2）当前目录下存在的（　　）文件用于标识当前文件夹是一个包。

（3）在 Python 中，函数（　　）将对象 x 转换为字符串。

第3章　程序控制结构

程序设计需要利用流程控制实现与用户的交流，并根据用户的需求决定程序做什么、怎么做。流程控制对任何一门编程语言来说都是至关重要的，它提供了控制程序如何执行的方法。如果没有控制语句，整个程序将按照顺序依次执行，而不能根据用户的需求决定程序执行的顺序。

本章将详细介绍 Python 中的流程控制内容，其中包含程序的 3 种控制结构、程序流程图、分支结构、循环结构等，并通过一系列的实例和项目实战帮助读者掌握 Python 中的流程控制语句。

3.1　项目引导：安静的小球

3.1.1　项目描述

读者在学习 Python 时，通常需要了解 Python 的控制结构。在本项目中，通过一个“安静的小球”案例帮助读者体会 Python 中常见的控制结构处理方法。本例中通过设置小球的位置、挡板的坐标，绘制场景信息，再结合循环语句，设置退出事件。

3.1.2　项目分析

在本项目中，首先设计 startGame()函数，用于初始化设置、画布设置、小球设置、事件处理等，此处通过循环结构和分支结构配合实现。

本项目中首次使用了 pygame 包，在第一次运行程序时，将提示如图 3-1 所示的错误。

```
(python39) G:\book\代码\03>python 01安静的小球.py
Traceback (most recent call last):
  File "G:\book\代码\03\01安静的小球.py", line 2, in <module>
    import pygame
ModuleNotFoundError: No module named 'pygame'
```

图 3-1　运行提示错误

此时，可以通过以下命令，安装 pygame 包：

```
pip install pygame
```

安装过程如图 3-2 所示。

```
(python39) G:\book\代码\03>pip install pygame
WARNING: Ignoring invalid distribution -illow (g:\software_setup\anaconda3\envs\
python39\lib\site-packages)
WARNING: Ignoring invalid distribution -illow (g:\software_setup\anaconda3\envs\
python39\lib\site-packages)
Collecting pygame
  Using cached pygame-2.1.2-cp39-cp39-win_amd64.whl (8.4 MB)
WARNING: Ignoring invalid distribution -illow (g:\software_setup\anaconda3\envs\
python39\lib\site-packages)
Installing collected packages: pygame
WARNING: Ignoring invalid distribution -illow (g:\software_setup\anaconda3\envs\
python39\lib\site-packages)
Successfully installed pygame-2.1.2
```

图 3-2　pygame 包安装过程

因此，通过实现本项目引导，本章需要掌握的相关知识点如表 3-1 所示。

表 3-1　相关知识点

序号	知识点	详见章节
1	3 种控制结构	3.2.1 节
2	程序流程图	3.2.2 节
3	单分支结构	3.3.1 节
4	双分支结构	3.3.2 节
5	多分支结构	3.3.3 节
6	分支嵌套结构	3.3.4 节
7	遍历循环：for 循环	3.4.1 节
8	无限循环：while 循环	3.4.2 节
9	循环控制关键字：break 和 continue	3.4.3 节

第 3 章项目引导视频

3.1.3　项目实现

实现本项目的源程序如下：

```
1    # -*- coding: utf-8 -*-
2    import pygame
3    import random
4    import sys
5    def startGame():
6        pygame.init()# 初始化
7        win = pygame.display.set_mode((600, 600)) # 画布窗口的大小
8        pygame.display.set_caption("我的弹球游戏") # 窗口标题
9        x, y = 300, 15 # 小球的起点
10       baffle = 250 #挡板的x坐标
11       while True:
12         # 刷新频率，小球的移动速度
13         pygame.time.Clock().tick(200)
14           #退出事件处理
15         for event in pygame.event.get():
16             if event.type == pygame.QUIT:
17                 pygame.quit()
18                 sys.exit()
19         win.fill((64, 158, 255))
20         pygame.draw.circle(win, (246,249,3), (x,y), 15)
21         pygame.draw.rect(win, (255, 255, 255), (baffle, 500, 100, 5))
22         pygame.display.update()
23    if __name__ == '__main__':
24        startGame()
```

在上述代码中，第 2～4 行分别引入了 pygame、random 和 sys 包，第 5 行定义了一个函数 startGame()，第 6 行实现了函数初始化，第 7 行定义了画布窗口的大小，第 8 行确定了窗口标题，第 9 行和第 10 行分别确定了小球的起点和挡板的 x 坐标。第 11 行设计了循环结构，此处的循环在第 22 行结束，其中涉及了小球的事件响应方法。第 19 行填充了屏幕颜色，第 20 行和第 21 行分别绘制了小球和挡板。第 22 行刷新了数据。程序的入口在第 23 行，其中调用了函数 startGame()。

本项目的运行结果如图 3-3 所示。

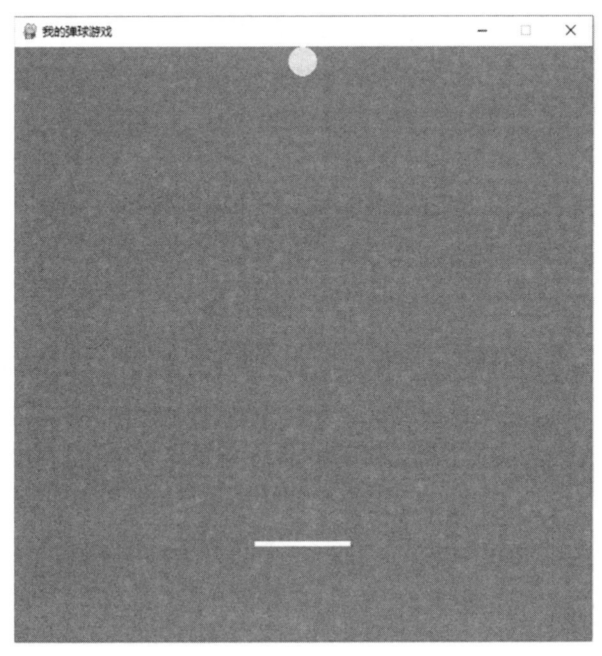

图 3-3　项目的运行结果

3.2　程序的基本结构

3.2.1　3 种控制结构

Python 语言支持 3 种控制结构，分别是顺序结构、循环结构和分支结构，如图 3-4 所示。在完成一个项目时，可根据项目中不同的需求，应用不同的结构。

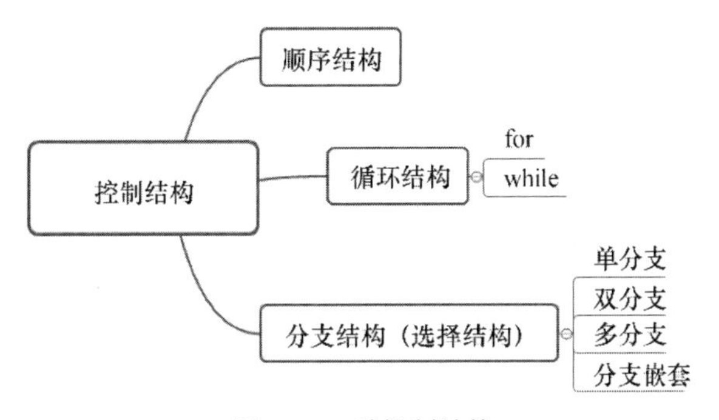

图 3-4　3 种控制结构

顺序结构的代码运行时，会逐行向下执行，每个语句块都会得到执行；循环结构通过 for 或 while 关键字来实现，这种结构反复执行一段程序，直到不满足某些指定的条件才退出，继续执行循环后面的语句；分支结构又称为选择结构，主要分为单分支、双分支、多分支和分支嵌套，分支结构运行程序时根据条件是否成立的结果只执行其中的一个分支，其他分支中的代码得不到执行。

3.2.2　程序流程图

软件开发的详细设计阶段可以使用多种工具来描述算法的详细流程，如流程图、盒图（N-S 图）、程序分析图（PAD），本节讲述流程图。例如，把大象放进冰箱里分为 3 个步骤：

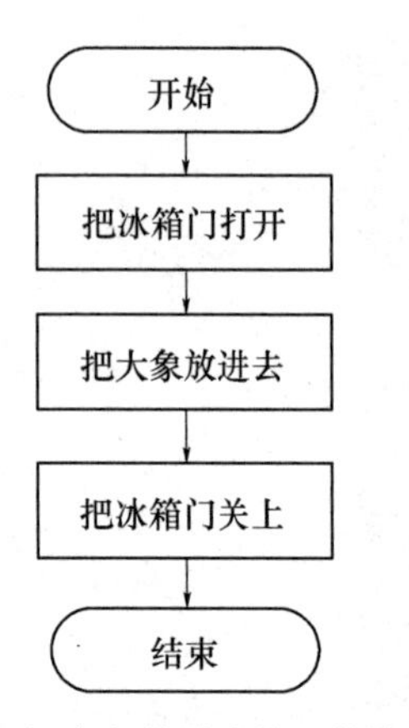

图 3-5　把大象放进冰箱里的流程图

第一步，把冰箱门打开；第二步，把大象放进去；第三步，把冰箱门关上。把这些步骤使用流程图描述，如图 3-5 所示，这个流程图有开始、结束、中间的执行步骤，通过有方向的线表示流程行进方向。如果一个任务的流程图画好之后，就可以通过各种编程语言来编写程序了。

流程图中常见的图例如表 3-2 所示。

有时需要从文件中读入数据或将数据输出到文件中，可以使用文档图形；如果需要调用另外一个存在的流程，可以使用子流程图形；在编写程序过程中，涉及与数据库进行交互时，可以使用数据库图形；流程到一个位置，需要做一个执行说明时，可以使用注释图形；如果复杂的任务需要多个流程图进行连接，可以使用连接点图形。流程图中特殊的图例如表 3-3 所示。

表 3-2　流程图中常见的图例

编号	图　例	名　称	定　　义
1		起止框	表示流程图的开始或结束
2		执行框	表示具体某一个步骤或操作
3		输入/输出	表示数据输入或结果的输出
4		判断框	表示方案名或者条件标准
5		流程符号	表示流程行进方向

表 3-3　流程图中特殊的图例

编号	图　例	名　称	定　　义
1		文档	表示输入或输出的文件
2		子流程	即已定义流程，表示决定下一个步骤的子进程
3		数据库	表示数据库存储
4	注释说明	注释	表示注释说明
5		连接点	表示流程图之间的接口

如图 3-6 所示为一个垃圾短信拦截任务的流程图。流程图都是有开始和结束的，首先画一个开始图形，短信都是通过手机上的 GPRS 模块获取的，所以要初始化短信监听程序。然后执行监听操作，因为要一直等待判断是否有短信到来，所以我们用菱形图形（判断框）表示，判断框只有两种判断结果，第一种是没有收到短信，那么就会继续监听，程序一直循环等待；第二种是收到了短信，则执行读取短信内容操作。判断是否为垃圾短信，通过发过来短信的号码来判断，如果是垃圾短信就直接删除，如果不是就显示短信内容，提醒用户查看。接下来判断是否继续监听，如果不监听，执行关闭监听操作，并结束程序；如果继续监听，则执行监听操作。

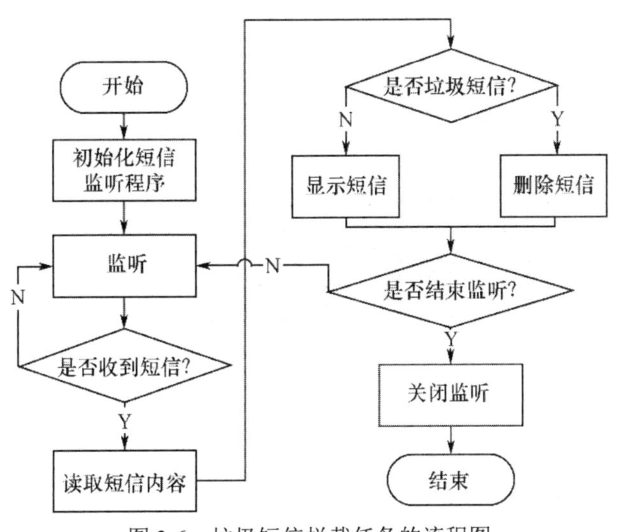

图 3-6　垃圾短信拦截任务的流程图

3.3 分支结构

3.3.1 单分支结构

如 3.2.1 节所述，分支结构包括单分支、双分支、多分支和分支嵌套。在单分支语句中，if 后面是一个表达式，如果表达式的值为 True，就认为分支条件满足，那么就执行语句块中的内容，否则不执行任何内容。其语法结构和流程图如图 3-7 所示。

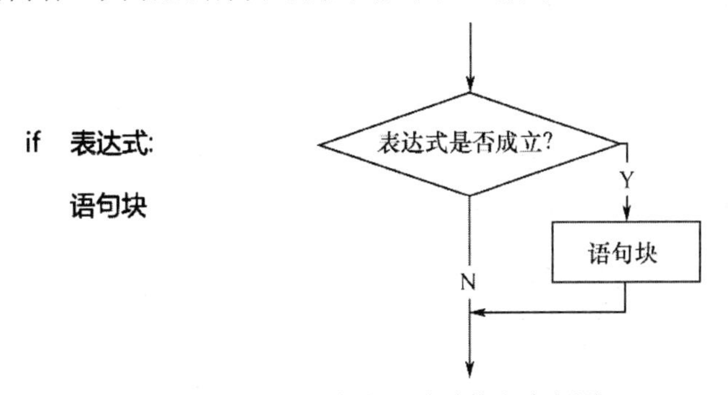

图 3-7　单分支语句的语法结构和流程图

【例 3-1】单分支结构示例——比大小。

```
1    x = input('请输入两个整数:\n')
2    num1, num2 = map(int, x.split())
```

```
3    print('原num1的值={},原num2的值={},'.format(num1,num2))
4    if num1 > num2:
5        num1, num2 = num2, num1#序列解包，交换两个变量的值
6    print('新num1的值={},新num2的值={},'.format(num1,num2))
```

在本例中，用户输入两个数，如果第一个数比第二个数大，就交换这两个数。在上述代码中，第 1 行输入两个整数，两个整数之间用空格隔开，通过 input()函数得到的是一个字符串。第 2 行调用字符串的 split()函数按空白字符对字符串进行分割，然后把分割后的结果作为一个参数传给 map()函数。map()函数的第一个参数是 int，map()函数会把传入的数据变成两个整数，再分别赋值给两个变量 num1 和 num2。这种同时给多个变量赋值的方式称为序列解包。第 3 行输出刚才输入的两个整数。第 4 行通过单分支结构来判断，如果表达式 num1>num2 成立，就执行第 5 行，将 num2 的值赋值给 num1，同时将 num1 的值赋值给 num2，这条语句也是序列解包的一个应用。第 6 行将结果输出。

例 3-1 的运行结果如图 3-8 所示。

```
请输入两个整数:
56 8
原num1的值=56,原num2的值=8,
新num1的值=8,新num2的值=56,
```

图 3-8　例 3-1 的运行结果

实例 3.1：按键检测

【实例描述】

本例是“按键检测”，在本章项目引导的基础上，增加按键的检测与判断，通过设计单分支结构，帮助读者了解 Python 中分支结构的设计方法。

实例 3.1 视频

【实例分析】

本例的功能是通过键盘按键控制挡板的左右移动。

在本例中，设计了按键检测的方法，通过单分支结构语句，分别判断各个方向箭头，并且通过按键的检测实现对挡板的控制。

【实例实现】

```
1    # -*- coding: utf-8 -*-
2    import pygame
3    import random
4    import sys
5    def startGame():
6        pygame.init()#初始化
7        win = pygame.display.set_mode((600, 600)) # 画布窗口的大小
8        pygame.display.set_caption("我的弹球游戏") # 窗口标题
9        x, y = 300, 15 # 小球的起点
10       baffle = 250 #挡板的x坐标
11       speed = 1 # 按键检测：速度
12       while True:
13           # 刷新频率，小球的移动速度
14           pygame.time.Clock().tick(200)
15           keys = pygame.key.get_pressed()
16               #退出事件处理
17           for event in pygame.event.get():
```

```
18            if event.type == pygame.QUIT:
19
20                pygame.quit()
21                sys.exit()
22        #按键检测：方向箭头响应
23        if keys[pygame.K_LEFT]:
24          baffle -= speed
25          if baffle < 0:
26            baffle = 0
27
28        if keys[pygame.K_RIGHT]:
29          baffle += speed
30          if baffle > 500:
31            baffle = 500
32
33        win.fill((64, 158, 255))
34        pygame.draw.circle(win, (246,249,3), (x,y), 15)
35        pygame.draw.rect(win, (255, 255, 255), (baffle, 500, 100, 5))
36        pygame.display.update()
37  if __name__ =='__main__':
38      startGame()
```

实例 3.1 在引导项目的基础上，增加了按键控制内容，程序主要使用单分支结构实现。其中，第 23～26 行用于检测左箭头按键，如果按下此键，设置 baffle 的值，即挡板的左顶点位置。同理，第 28～31 行用于检测右箭头按键，如果按下此键，设置 baffle 的值，当达到右侧边界时，不再向右移动。其余的程序与引导项目相似，此处不再赘述。

实例 3.1 的运行结果如图 3-9 所示。

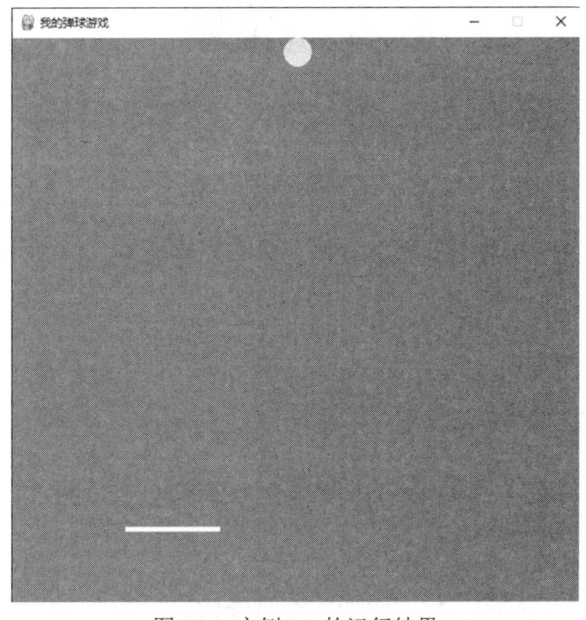

图 3-9　实例 3.1 的运行结果

3.3.2 双分支结构

在双分支结构中，如果表达式的值等价于 True，就会执行语句块 1 中的内容，否则就会执行语句块 2 中的内容。也就是说，语句块 1 和语句块 2 只能有一个被执行。双分支语句的语法结构和流程图如图 3-10 所示。

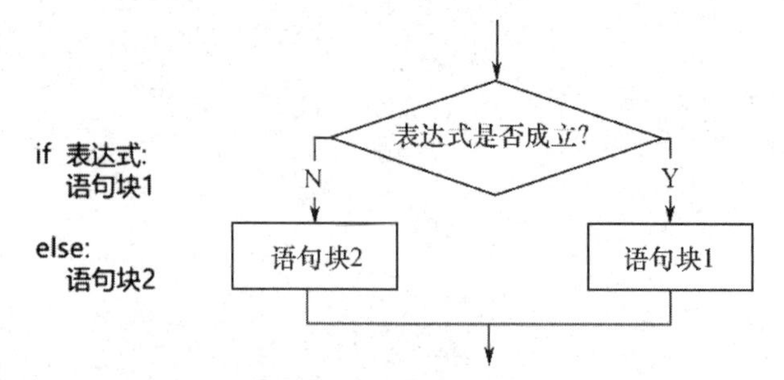

图 3-10　双分支语句的语法结构和流程图

【例 3-2】双分支结构示例——找大数。

```
1    x = input('请输入两个整数:\n')
2    num1, num2 = map(int, x.split())
3    if num1>num2:
4        print('最大值为：{}'.format(num1))
5    else:
6        print('最大值为：{}'.format(num2))
```

在本例中，用户输入两个整数，系统判断后输出两个整数中的较大者。在上述代码中，第 1 行获取两个整数的输入，x 是一个字符串，所以第 2 行通过字符串的分割函数，再通过 map() 函数得到两个整数 num1 和 num2。第 3 行开始就是双分支结构，判断 num1 是否大于 num2，如果大于就执行第 4 行语句，否则执行第 6 行语句。

例 3-2 的运行结果如图 3-11 所示。

```
请输入两个整数:
45 5
最大值为：45
```

图 3-11　例 3-2 的运行结果

此外，双分支结构的另外一种写法为：

value1 if condition else value2

当表达式 condition 的值为 True 时，最终的结果为 value1；否则，最终的结果为 value2。这个结构的表达式具有 Python 中惰性求值的特点。所谓惰性求值，又称为短路求值，简单来说，就是只计算必须要计算的表达式的值。如果 condition 的条件满足，那么直接返回的结果就是 value1，不再计算 value2 的值。这种结构能够提高程序的运行效率。

因此例 3-2 可以修改为：

```
1    x = input('请输入两个整数:\n')
2    num1, num2 = map(int, x.split())
3    print("最大值为:{}".format(num1 if num1>num2 else num2))
```

【例 3-3】惰性求值示例。

程序如图 3-12 所示。

```
25 import math
26 x = math.sqrt(49) if 10>=3 else random.randint(1, 10)
27 print(x)
```

图 3-12　惰性求值示例

在本例中，导入了 math 模块。math 模块包含很多数学函数，如平方、开方、正弦、余弦等，第 26 行左侧有警告的标志，表示程序有问题，random 下面的线提示这个错误是 random 模块没有导入，但程序是可以执行的。判断 10>= 3 的表达式值为 True，所以 x 的值设置为 49 开平方的结果 7.0，而 else 之后的代码完全不会执行，这就是惰性求值。例 3-3 的运行结果如图 3-13 所示。

```
7.0
```

图 3-13　例 3-3 的运行结果

如果将上例调整为如下代码：

```
1    import math
2    x = math.sqrt(49) if 10>=30 else random.randint(1,10)
3    print(x)
```

此时将出现如下错误提示，如图 3-14 所示。

```
Traceback (most recent call last):
  File "3-3.py", line 7, in <module>
    x = math.sqrt(49) if 10>=30 else random.randint(1,10)
NameError: name 'random' is not defined
```

图 3-14　错误提示

出现这个错误的原因是对 if 条件的修改，此处将条件修改为 10>=30，因为此条件为 False，所以将执行 random 模块的 randint()函数，因为此模块尚未导入，所以程序运行错误。

此时，将例 3-3 的程序进一步完善，导入 random 模块，正确的程序如下所示：

```
1    import math
2    import random
3    x = math.sqrt(49) if 10>=30 else random.randint(1,10)
4    print(x)
```

此时的运行结果如图 3-15 所示。

```
10
```

图 3-15　正确的运行结果

实例 3.2：有生命的小球

【实例描述】

本例是“有生命的小球”，在实例 3.1 的基础上，增加小球的弹跳动作，通过设计双分支结构，帮助读者了解 Python 中分支结构的设计方法。

实例 3.2 视频

【实例分析】

本例的功能是小球自动计算坐标，实现小球的运动。

在本例中，设计了小球移动的规则，通过双分支结构语句，判断小球的位置，决定小球向下弹还是向上弹。

【实例实现】

```
1    # -*- coding: utf-8 -*-
2    import pygame
3    import random
4    import sys
5    def startGame():
6        pygame.init()#初始化
```

```
7           win = pygame.display.set_mode((600, 600)) # 画布窗口的大小
8           pygame.display.set_caption("我的弹球游戏") # 窗口标题
9           x, y = 300, 15 # 小球的起点
10          baffle = 250 #挡板的x坐标
11          speed = 1 # 按键检测：速度
12          top = 0 #有生命的小球：判断小球向下运动还是向上运动，0为向下运动，1为向上运动
13          while True:
14            # 刷新频率，小球的移动速度
15            pygame.time.Clock().tick(200)
16            keys = pygame.key.get_pressed()
17              #退出事件处理
18            for event in pygame.event.get():
19                if event.type == pygame.QUIT:
20
21                    pygame.quit()
22                    sys.exit()
23            #有生命的小球：小球运动
24            if y == 0:
25                top = 0
26            if top == 0:
27                # 向下左弹
28                x-= speed
29                y+= speed
30            else:
31                # 向上左弹
32                x-= speed
33                y-= speed
34             #有生命的小球：防止跑出边界
35            if x > win.get_size()[0]-15:
36                x = win.get_size()[0]-15
37
38            if x < 0:
39                x = 0
40
41            if y > win.get_size()[1]-15:
42
43                y = win.get_size()[1]-15
44
45            if y < 0:
46                y = 0
47            #按键检测：方向箭头响应
48            if keys[pygame.K_LEFT]:
49              baffle -= speed
50              if baffle < 0:
51                baffle = 0
52
53            if keys[pygame.K_RIGHT]:
54              baffle += speed
55              if baffle > 500:
```

```
56                baffle = 500
57
58            win.fill((64, 158, 255))
59            pygame.draw.circle(win, (246,249,3), (x,y), 15)
60            pygame.draw.rect(win, (255, 255, 255), (baffle, 500, 100, 5))
61            pygame.display.update()
62    if __name__ == '__main__':
63        startGame()
```

实例 3.2 在实例 3.1 的基础上，增加了小球的运动，主要使用双分支结构实现。在上述代码中，第 12 行设置 top 表示有生命的小球，它用于判断小球向下运动还是向上运动，其中 0 为向下运动，1 为向上运动。在第 24 行判断 y 是否为 0，如果为 0，则设置 top 为 0。第 26～33 行设计了双分支结构，如果 top 为 0，则设置坐标，使得小球向下左弹；反之，则设置坐标，使得小球向上左弹。

同时，为了防止小球跑出边界，判断小球的横坐标如果大于 win.get_size()[0]−15，则横坐标不再增加；如果小球的横坐标小于 0，则横坐标设置为 0。如果小球的纵坐标大于 win.get_size()[1]−15，则纵坐标不再增加；如果小球的纵坐标小于 0，则纵坐标设置为 0。通过以上方法，可以将小球的移动区域限制在屏幕内，而不会离开当前的区域。其余的程序与实例 3.1 相似，此处不再赘述。

实例 3.2 的运行结果如图 3-16 所示。

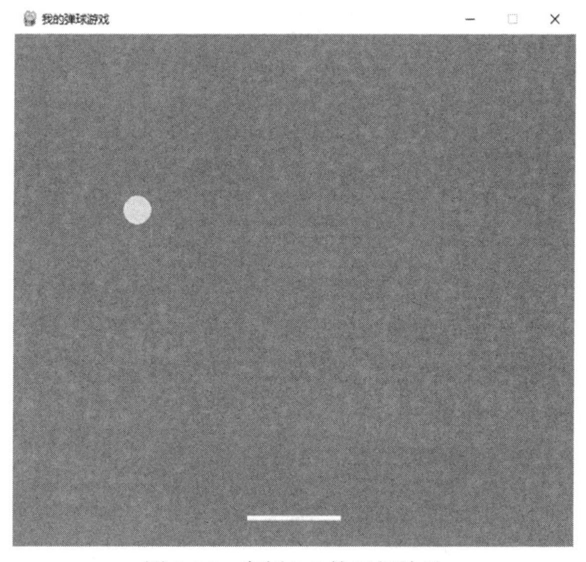

图 3-16　实例 3.2 的运行结果

3.3.3　多分支结构

多分支语句的语法结构和流程图如图 3-17 所示。如果表达式 1 的值为 True，就会执行语句块 1 中的内容，其他分支将不会被判断和执行，否则进一步判断表达式 2 是否成立；如果表达式 2 成立则执行语句块 2 中的内容，后面的分支同样不会被判断和执行；如果表达式 2 不成立，进一步判断表达式 3 是否成立；如果表达式 3 成立则执行语句块 3 中的内容；如果表达式 3 不成立可以一直判断下去，判断表达式 4、表达式 5……就会形成 *n* 个分支；如果所有分支都不成立，就会执行 else 分支的语句块。同理，无论多少个分支，最后只能执行一个分支中的语句块。注意：这里的 elif 就是 else if 的缩写。

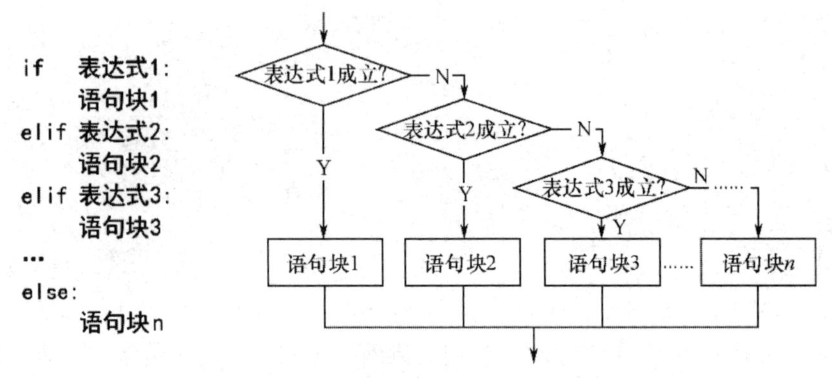

图 3-17　多分支语句的语法结构和流程图

【例 3-4】根据成绩等级给出对应评语。

```
1     score = eval(input('请输入你希望的Python成绩：\n'))
2     if score > 100:
3         print("你别妄想了，成绩不能超过100分")
4     elif score >= 90:
5         print("你真棒")
6     elif score >= 80:
7         print("你还行")
8     elif score >= 70:
9         print("你一般")
10    elif score >= 60:
11        print("你及格了")
12    elif score >= 0:
13        print("你需要重修")
14    else:
15        print("成绩有误")
```

本例实现了输入课程成绩，根据成绩等级给出对应评语的功能。在上述代码中，第 1 行得到用户输入的 Python 这门课的成绩。第 2 行开始判断，如果分数大于 100 分，那么就输出第 3 行的内容；否则进一步判断输入的分数是否大于或等于 90 分，符合条件就输出第 5 行；……如果前面的分支都不符合，就会进入第 14 行 else 分支，执行第 15 行的语句。

例 3-4 的运行结果如图 3-18 所示。

图 3-18　例 3-4 的运行结果

实例 3.3：永不停止的小球

【实例描述】

本例是“永不停止的小球”，在实例 3.2 的基础上，增加小球的反复多次弹跳动作，通过设计多分支结构，帮助读者了解 Python 中分支结构的设计方法。

【实例分析】

本例的功能是小球自动计算坐标，实现小球的反复多次运动。

在本例中，设计了复杂的小球移动规则，通过多分支语句，判断小球的位置，决定小球向下弹还是向上弹。当小球到达边界时，决定如何进行下一步的运动。

实例 3.3 视频

【实例实现】

```
1	# -*- coding: utf-8 -*-
2	import pygame
3	import random
4	import sys
5	#永不停止的小球
6	def _randomOK():
7	  return random.randint(0, 1)
8	
9	def startGame():
10	    pygame.init()#初始化
11	    win = pygame.display.set_mode((600, 600)) # 画布窗口的大小
12	    pygame.display.set_caption("我的弹球游戏") # 窗口标题
13	    x, y = 300, 15 # 小球的起点
14	    baffle = 250 #挡板的x坐标
15	    speed = 1 # 按键检测：速度
16	    top = 0 #有生命的小球：判断小球向下运动还是向上运动，0为向下运动，1为向上运动
17	    _random = _randomOK()#永不停止的小球
18	    while True:
19	      # 刷新频率，小球的移动速度
20	      pygame.time.Clock().tick(200)
21	      keys = pygame.key.get_pressed()
22	        #退出事件处理
23	      for event in pygame.event.get():
24	          if event.type == pygame.QUIT:
25	
26	              pygame.quit()
27	              sys.exit()
28	      #有生命的小球：小球运动
29	      if y == 0:
30	        top = 0
31	      if top == 0:
32	        #永不停止的小球
33	        if _random == 0: # 向下左弹
34	          x -= speed
35	          y += speed
36	        elif _random == 1: # 向下右弹
37	          x += speed
38	          y += speed
39	      else:
40	        if _random == 0: # 向上左弹
41	          x -= speed
42	          y -= speed
43	        elif _random == 1: # 向上右弹
44	          x += speed
45	          y -= speed
46	       #有生命的小球：防止跑出边界
47	      if x > win.get_size()[0]-15:
48	          _random = _randomOK()#永不停止的小球
```

```
49                x = win.get_size()[0]-15
50            if x < 0:
51                _random = _randomOK()#永不停止的小球
52                x = 0
53            if y > win.get_size()[1]-15:
54                _random = _randomOK()#永不停止的小球
55                y = win.get_size()[1]-60
56            if y < 0:
57                _random = _randomOK()#永不停止的小球
58                y = 0
59            #按键检测：方向箭头响应
60            if keys[pygame.K_LEFT]:
61              baffle-= speed
62              if baffle < 0:
63                baffle = 0
64
65            if keys[pygame.K_RIGHT]:
66              baffle += speed
67              if baffle > 500:
68                baffle = 500
69
70            win.fill((64, 158, 255))
71            pygame.draw.circle(win, (246,249,3), (x,y), 15)
72            pygame.draw.rect(win, (255, 255, 255), (baffle, 500, 100, 5))
73            pygame.display.update()
74    if __name__ == '__main__':
75        startGame()
```

实例 3.3 在实例 3.2 的基础上，增加了小球的反复多次运动，主要使用多分支结构实现。在上述代码中，第 6 行设置_randomOK()函数，用于产生随机的整数。第 17 行将_randomOK()函数的返回值赋值给_random。第 33～38 行与第 40～45 行通过多分支结构设置永不停止的小球，_random 的值变化时，小球的横、纵坐标发生变化。此外，第 47～58 行利用单分支结构，设置边界区域的小球坐标，避免小球离开运动区域。其余的程序与实例 3.2 相似，此处不再赘述。

实例 3.3 的运行结果如图 3-19 所示。

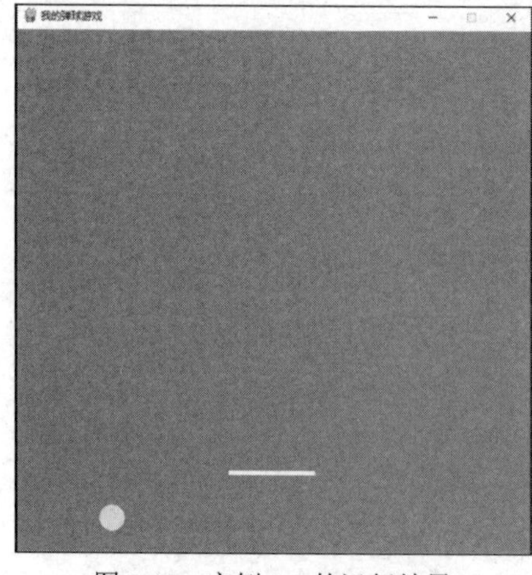

图 3-19　实例 3.3 的运行结果

3.3.4 分支嵌套结构

分支嵌套语句的语法结构和流程图示例如图 3-20 所示。在这个结构中，根据实际的任务需求，可以任意嵌套前面讲过的分支结构。如 2.2 节所述，Python 语言依靠缩进控制程序结构，因此，在所有分支结构语句中都要注意缩进必须正确且一致。

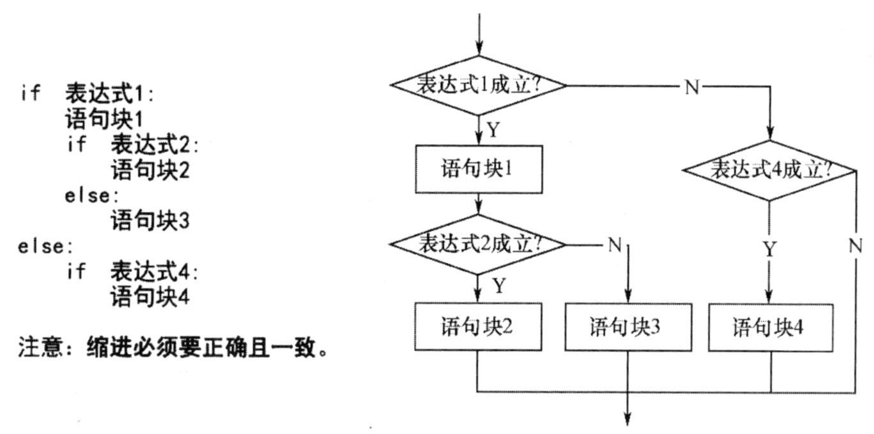

if 表达式1:
语句块1
if 表达式2:
语句块2
else:
语句块3
else:
if 表达式4:
语句块4
注意：缩进必须要正确且一致。
表达式1成立?
N
Y
语句块1
表达式4成立?
表达式2成立?
N
Y
N
Y
语句块2
语句块3
语句块4

图 3-20　分支嵌套语句的语法结构和流程图示例

在图 3-20 中，先判断表达式 1 是否成立，成立则执行语句块 1，进一步判断表达式 2 是否成立，成立则执行语句块 2，否则执行语句块 3；如果表达式 1 不成立，判断表达式 4 是否成立，成立则执行语句块 4。

【例 3-5】分支嵌套结构的示例。

```
1   score = eval(input('请输入你希望的Python成绩：\n'))
2   if score > 80:
3       print("不错，成绩超过80分")
4       if score>=90:
5           print("成绩超过90分，你真棒")
6       else:
7           print("90>成绩>80，你还行")
8   else:
9       if score<60:
10          print("成绩不及格，需要重修")
```

例 3-5 可以对所有大于 80 分的成绩输出“不错，成绩超过 80 分”，并且对[90,∞)的成绩输出“成绩超过 90 分，你真棒”，对(80, 90)区间内的成绩输出“90>成绩>80，你还行”；对小于 60 分的成绩输出“成绩不及格，需要重修”，其他范围的成绩没有输出。例 3-5 的运行结果如图 3-21 所示。

请输入你希望的Python成绩：
50
成绩不及格，需要重修

图 3-21　例 3-5 的运行结果

实例 3.4：碰撞检测

【实例描述】

本例是“碰撞检测”，在实例 3.3 的基础上，增加碰撞检测的判断，帮助读者了解 Python 中复杂的分支结构的设计方法。

实例 3.4 视频

【实例分析】

本例的功能是小球自动计算坐标，判断小球坐标和挡板的坐标是否出现重叠；如果出现，则进行碰撞检测，实现小球的回弹。

【实例实现】

```
1	# -*- coding: utf-8 -*-
2	import pygame
3	import random
4	import sys
5	#永不停止的小球
6	def _randomOK():
7	  return random.randint(0, 1)
8	
9	def startGame():
10	    pygame.init()#初始化
11	    win = pygame.display.set_mode((600, 600)) # 画布窗口的大小
12	    pygame.display.set_caption("我的弹球游戏") # 窗口标题
13	    x, y = 300, 15 # 小球的起点
14	    baffle = 250 #挡板的x坐标
15	    speed = 1 # 按键检测：速度
16	    top = 0 #有生命的小球：判断小球向下运动还是向上运动，0为向下运动，1为向上运动
17	    _random = _randomOK()#永不停止的小球
18	    while True:
19	      # 刷新频率，小球的移动速度
20	      pygame.time.Clock().tick(200)
21	      keys = pygame.key.get_pressed()
22	        #退出事件处理
23	      for event in pygame.event.get():
24	          if event.type == pygame.QUIT:
25	
26	              pygame.quit()
27	              sys.exit()
28	      #有生命的小球：小球运动
29	      if y == 0:
30	        top = 0
31	      if top == 0:
32	        #永不停止的小球
33	        if _random == 0: # 向下左弹
34	          x -= speed
35	          y += speed
36	        elif _random == 1: # 向下右弹
37	          x += speed
38	          y += speed
39	      else:
40	        if _random == 0: # 向上左弹
41	          x -= speed
42	          y -= speed
43	        elif _random == 1: # 向上右弹
44	          x += speed
45	          y -= speed
46	       #有生命的小球：防止跑出边界
47	      if x > win.get_size()[0]-15:
48	          _random = _randomOK()#永不停止的小球
```

```
49              x = win.get_size()[0]-15
50          if x < 0:
51              _random = _randomOK()#永不停止的小球
52              x = 0
53          if y > win.get_size()[1]-15:
54              _random = _randomOK()#永不停止的小球
55              y = win.get_size()[1]-60
56          if y < 0:
57              _random = _randomOK()#永不停止的小球
58              y = 0
59          #按键检测：方向箭头响应
60          if keys[pygame.K_LEFT]:
61              baffle  -= speed
62              if baffle < 0:
63                  baffle = 0
64
65          if keys[pygame.K_RIGHT]:
66              baffle += speed
67              if baffle > 500:
68                  baffle = 500
69
70          # 碰撞检测
71          if 490 <= y <= 515:
72              if baffle <= x <= baffle + 100:
73                  top = 1
74
75          win.fill((64, 158, 255))
76          pygame.draw.circle(win, (246,249,3), (x,y), 15)
77          pygame.draw.rect(win, (255, 255, 255), (baffle, 500, 100, 5))
78          pygame.display.update()
79  if __name__ =='__main__':
80      startGame()
```

实例 3.4 的运行结果如图 3-22 所示。

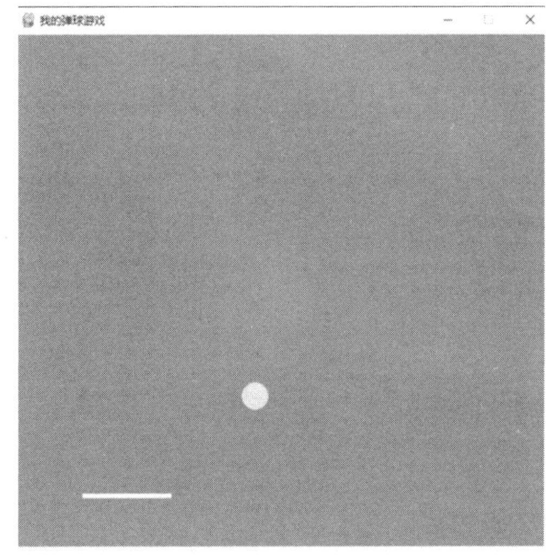

图 3-22　实例 3.4 的运行结果

在上述代码中，第 14 行新增了一个 baffle 变量，作为挡板的 x 坐标；第 71～73 行进行碰撞检测，当 y 坐标处于[490,515]区间时，如果 x 坐标在[baffle, baffle+100]区间，此时 top 的值加 1。其余的程序与实例 3.3 相似，此处不再赘述。

3.4 循环结构

在做计算机项目时，经常会重复性地使用一段代码来完成某个任务，这就需要用到程序控制结构中的循环结构。在 Python 中，主要使用两种循环结构：for 循环和 while 循环。

3.4.1 遍历循环：for 循环

for 循环是通过 for…in…这样一个结构来表达的，如图 3-23 所示。

```
for 循环变量 in 序列或迭代对象:
    循环体
[else:
    else子句的语句块]
```

图 3-23 for 循环语句的语法结构

for 后面是定义的循环变量，in 后面是一个序列或迭代对象，比如字符串、列表这样的序列，或者是字典、集合等；再后面是一个冒号，冒号回车后有缩进，表示循环体开始，也就是循环中要反复执行的语句块。在图 3-23 的下面有一个方括号，方括号里面的代码结构是可以省略的，也就是说，for 循环可以有 else 子句，也可以没有。else 子句中的语句块仅当 for 循环正常退出时才得到执行，如果执行跳转语句退出循环，则 else 子句中的语句块不会得到执行。

【例 3-6】for 循环示例 1。

```
1    #-*- coding: utf-8 -*-
2    for i in range(5):
3        print(i)
```

在本例中，使用 for 循环语句输出[0,5)区间的值，本例的运行结果如图 3-24 所示。

【例 3-7】for 循环示例 2。

```
1    for i in range(0,10,2):
2        print(i)
3    else:
4        print("执行完毕")
```

在本例中，使用 for 循环语句输出[0,10)区间的值，以步长为 2 的形式输出。本例的运行结果如图 3-25 所示。

图 3-24 例 3-6 的运行结果

图 3-25 例 3-7 的运行结果

【例 3-8】for 循环示例 3。

```
1    s = "hello"
2    for c in s:
3        print(c)
```

在本例中，使用 for 循环语句输出字符串的信息，运行结果如图 3-26 所示。第 2 行遍历了字符串中的所有字符，c 表示每一轮循环中当前访问到的字符，第 3 行将 c 对应的字符输出。由运行结果可见，这段代码实现了字符串中每个字符的遍历和输出。

【例 3-9】for 循环示例 4。

```
1    L =['a','b',['c','2'],{1,2,3},(1,3),{1:'2','a':8}]
2    for item in L:
3        print(item)
```

在本例中，for 循环语句遍历了列表 L 中的所有元素，并依次将其输出。第 1 行定义了一个列表 L；第 2 行遍历了 L 中的所有元素，item 是循环变量，表示每一轮循环中访问到的当前列表项；第 3 行将 item 对应的列表元素输出。例 3-9 的运行结果如图 3-27 所示。

图 3-26　例 3-8 的运行结果

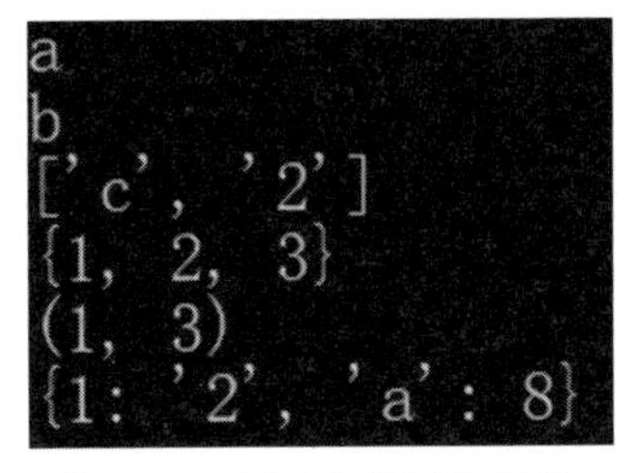

图 3-27　例 3-9 的运行结果

实例 3.5：事件循环检测

【实例描述】

本例是“事件循环检测”，在实例 3.4 的基础上，增加事件循环检测的判断，帮助读者了解 Python 中循环结构的设计方法。

实例 3.5 视频

【实例分析】

本例的功能是，系统判断用户按键事件，判断是否按下回车键，如果按下此键，则小球停止运动，如果再次按下回车键，小球恢复运动。

【实例实现】

```
1    # -*- coding: utf-8 -*-
2    import pygame
3    import random
4    import sys
5    #永不停止的小球
6    def _randomOK():
7        return random.randint(0, 1)
8
9    def startGame():
10       pygame.init()#初始化
11       win = pygame.display.set_mode((600, 600)) # 画布窗口的大小
12       pygame.display.set_caption("我的弹球游戏") # 窗口标题
13       x, y = 300, 15 # 小球的起点
14       baffle = 250 #挡板的x坐标
15       speed = 1 # 按键检测：速度
16       top = 0 #有生命的小球：判断小球向下运动还是向上运动，0为向下运动，1为向上运动
17       _random = _randomOK()#永不停止的小球
18       stop = False#事件循环检测
19       while True:
```

```
20          # 刷新频率，小球的移动速度
21          pygame.time.Clock().tick(200)
22          keys = pygame.key.get_pressed()
23            #退出事件处理
24          for event in pygame.event.get():
25              if event.type == pygame.QUIT:
26
27                  pygame.quit()
28                  sys.exit()
29              elif event.type == pygame.KEYDOWN:#事件循环检测
30
31              # 回车事件
32                  if event.key == 13:
33                    stop = not stop
34          #事件循环检测
35          if stop:
36              continue
37          #有生命的小球：小球运动
38          if y == 0:
39            top = 0
40          if top == 0:
41            #永不停止的小球
42            if _random == 0: # 向下左弹
43              x -= speed
44              y += speed
45            elif _random == 1: # 向下右弹
46              x += speed
47              y += speed
48          else:
49            if _random == 0: # 向上左弹
50              x -= speed
51              y -= speed
52            elif _random == 1: # 向上右弹
53              x += speed
54              y -= speed
55           #有生命的小球：防止跑出边界
56          if x > win.get_size()[0]-15:
57              _random = _randomOK()#永不停止的小球
58              x = win.get_size()[0]-15
59          if x < 0:
60              _random = _randomOK()#永不停止的小球
61              x = 0
62          if y > win.get_size()[1]-15:
63              _random = _randomOK()#永不停止的小球
64              y = win.get_size()[1]-15
65          if y < 0:
66              _random = _randomOK()#永不停止的小球
67              y = 0
68          #按键检测：方向箭头响应
```

```
69            if keys[pygame.K_LEFT]:
70              baffle -= speed
71              if baffle < 0:
72                baffle = 0
73
74            if keys[pygame.K_RIGHT]:
75              baffle += speed
76              if baffle > 500:
77                baffle = 500
78
79            # 碰撞检测
80            if 490 <= y <= 515:
81              if baffle <= x <= baffle + 100:
82                  top = 1
83
84            win.fill((64, 158, 255))
85            pygame.draw.circle(win, (246,249,3), (x,y), 15)
86            pygame.draw.rect(win, (255, 255, 255), (baffle, 500, 100, 5))
87            pygame.display.update()
88    if __name__ == '__main__':
89        startGame()
```

在上述代码中，第 24 行设置事件监听循环，循环判断是否出现 pygame.QUIT，如果出现，则退出程序。同时判断是否按下“13”键，该键是回车键的表示方式，如果按下此键，则反转小球的运动方式，即如果小球是运动的状态，则小球停止运动，反之亦然。其余的程序与实例 3.4 相似，此处不再赘述。

实例 3.5 的运行结果如图 3-28 所示。

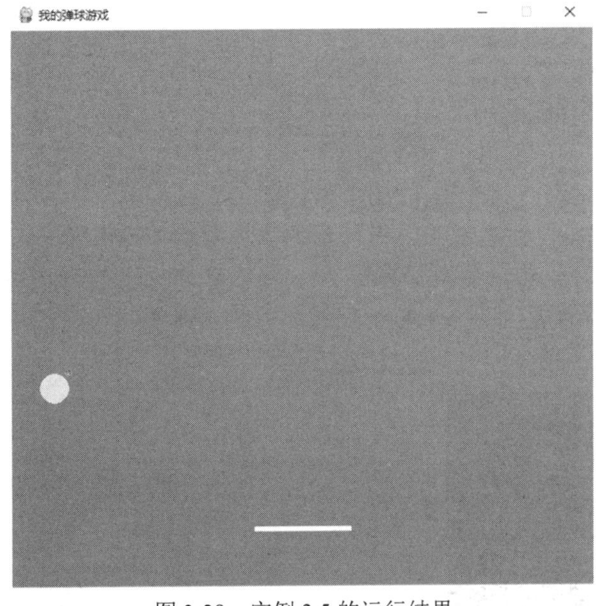

图 3-28　实例 3.5 的运行结果

3.4.2　无限循环：while 循环

while 循环根据条件判断的结果决定循环是否继续。该循环语句的语法结构如图 3-29 所示。

当 while 后面的条件表达式成立时，执行循环体；直到条件表达式不成立，循环结束；如果循环因为条件表达式为假而结束，则执行 else 子句中的语句块；如果在循环体中因为跳转语句而结束循环，则不会执行 else 子句中的语句块。else 子句仍然是可选的，可以有也可以没有。

```
while   条件表达式:
        循环体
[else:
        else子句的语句块]
```

图 3-29　while 循环语句的语法结构

【例 3-10】while 循环示例 1。

```
1   i=8
2   while i>0:
3       print(i)
4       i=i-1
5   else:
6       print("执行完毕")
```

例 3-10 实现了数字 8～1 的递减输出，并在循环结束后输出“执行完毕”的提示。第 1 行定义了一个变量 i，初始值为 8；第 2 行表示只要 i 大于 0，表达式的值为 True，循环就会反复执行；第 3 行输出 i 的值，第 4 行将 i 递减 1；最后由于 i 的值变为 0，循环条件不成立，循环结束，而 else 子句中的输出语句也得到了执行。例 3-10 的运行结果如图 3-30 所示。

需要注意的是，while 循环语句的条件表达式的后面同样要有冒号，冒号回车后的循环体中的代码一定要有缩进，且缩进相同，这代表同一层级的代码。

【例 3-11】while 循环示例 2。

```
1   i=8
2   while i>0:
3       print(i)
4       i=i-1
5       if(i==5):
6           break
7   else:
8       print("执行完毕")
```

修改例 3-10 中的代码得到例 3-11。循环语句中加入了判断条件 i==5，条件成立，则通过 break 退出循环，因此循环语句只输出了 8、7 和 6 就结束了。同时，由于循环语句不是因为 i>0 的条件不满足而结束的，而是因为 break 结束的，因此 else 子句中的输出语句没有得到执行。例 3-11 的运行结果如图 3-31 所示。

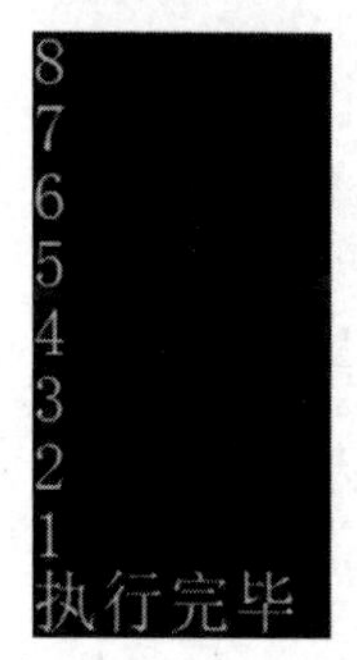

图 3-30　例 3-10 的运行结果

图 3-31　例 3-11 的运行结果

while 循环一般用于循环次数难以提前确定的情况。使用 while 循环，需要对循环条件进行判断，条件表达式不成立才退出循环，或在循环体中有 break 才会退出循环。for 循环一般用于循环次数可以提前确定的情况，比如可以通过 range()函数产生一个有限次数序列，这种情况常用于遍历序列或迭代对象中的元素。

对循环结构的代码进行优化是提升程序时间性能的重要手段，为此在编写循环嵌套语句时，要尽量减少内层循环中不必要的计算。

3.4.3 循环控制关键字：break 和 continue

Python 中的循环控制关键字有两个：continue 和 break。continue 用于终止当前轮次的循环，本轮循环中后面的语句将不会被执行，提前执行下一轮循环。break 用于退出本层循环，继续执行本层循环外后面的语句。

1. continue

【例 3-12】continue 示例 1。

```
1    i=5
2    while i>0:
3        i=i-1
4        if i==3:
5            continue
6        print(i,end='')
7
```

例 3-12 给出了包含 continue 语句的示例。第 4 行判断 i 是否为 3，如果为 3，则停止当前循环，提前进入下一轮循环。所以当 i=3 时，不执行后续的第 6 行语句。例 3-12 的运行结果如图 3-32 所示。

```
4210
```

图 3-32 例 3-12 的运行结果

【例 3-13】continue 示例 2。

```
1    i=5
2    while i>0:
3
4        if i==3:
5            continue
6        print(i,end='')
7        i=i-1
```

如果将例 3-12 中的第 3 行语句调整至第 7 行，如例 3-13 所示，那么这将是一个无法停止的循环，程序会一直陷入死循环中。第 1 行设置 i=5，满足第 2 行设定的循环条件，进入循环，同时 i 不等于 3，第 5 行语句没有得到执行而进入第 6 行，输出的值为 5，再继续执行第 7 行的语句，i 的值递减为 4；循环体结束后，程序会跳转到第 2 行继续进行循环条件的判断，i>0 成立，再次进入循环体，判断 i==3 不成立，第 6 行输出的值为 4，i 的值递减为 3；回到第 2 行进行循环条件的判断并再次进入循环体，此时由于 i==3 的条件成立，执行第 5 行 continue，第 6～7 行都不会得到执行，回到第 2 行再次进行判断；此后 i 的值一直保持为 3，循环永远不会结束，也就是说程序陷入死循环。除非用组合键 Ctrl+C，或者单击控制台窗口的图标■，强制结束这个程序。

【例 3-14】continue 示例 3。

```
1    for i in range(5):
2        if i==3:
3            continue
4        print(5-i, end=' ')
```

可以使用 for 循环修改例 3-13 得到例 3-14。使用 for…in…语句结构，遍历 range()函数会产生[0,5)的整数序列，在这个遍历过程中，i 的值从 0～4 依次变化。首先取第一个值 0，i==3 的条件不成立，所以 continue 语句没有得到执行，执行第 4 行代码，输出的结果为 5；然后程序回到第 1 行，取第二个值 1 赋值给 i，与 i 值为 5 的情况相似，输出的结果为 4；接着 i 取第三个值 2，输出的结果为 3；再回到第 1 行，i 取第四个值 3，在第 2 行进行判断时条件满足，所以第 3 行的语句将会被执行，而 print 语句不会执行，提前进入下一轮循环中，即程序回到第 1 行，i 取第五个值 4，此时 i==3 不成立，输出的结果为 1；再回到第 1 行，序列所有元素都已被遍历完毕，循环结束。

例 3-14 的运行结果如图 3-33 所示。

```
5 4 3 1
```

图 3-33　例 3-14 的运行结果

【例 3-15】continue 示例 4。

```
1    for i in range(5):
2        if i==3:
3            i=i+1
4            continue
5        print(5-i, end=' ')
```

再次修改例 3-14，在第 3 行加入语句 i+=1，可得到例 3-15。例 3-15 的运行结果如图 3-34 所示。当 i 取值为 3 时，if 条件成立，i 在循环内部的值变为 4，执行 continue 语句进入下一轮循环，但根据输出结果 1 可以推断 i 的值并没有继续递增。这就说明当循环进入下一轮时，循环内部会自动修正循环变量的改变，因此例 3-14 与例 3-15 的执行结果是一样的。

```
5 4 3 1
```

图 3-34　例 3-15 的运行结果

2. break

break 用来终止循环语句，即循环条件没有 False 条件或者序列还没被完全遍历结束，也会停止执行循环语句。break 一般用在 while 和 for 循环中。如果使用嵌套循环，break 将停止执行当前层次的循环，并开始执行当前层次循环外的下一行代码。

【例 3-16】break 示例 1。

```
1    s="互联网是信息传递的渠道，构建绿色媒体内容，文章抄袭如同偷窃一样，是恶劣行为!"
2    for c in s:
3        if c=='偷' :
4            break
5        if c=='窃':
6            break
7
8        print(c,end='')
```

例 3-16 展示了 break 的作用。第 2 行 for 循环语句使得 c 依次取字符串 s 中的每个字符，当 c 的值为“偷”时，执行 break 退出循环，当 c 的值为“窃”时，也执行 break 退出循环；否则就输出 c 对应的字符。在字符串 s 中，由于“偷”在“窃”的前面，因此当第一次遇到“偷”时，循环就结束了，文本信息只输出到“同”字为止。

例 3-16 的运行结果如图 3-35 所示。

```
互联网是信息传递的渠道，构建绿色媒体内容，文章抄袭如同
```

图 3-35　例 3-16 的运行结果

【例 3-17】break 示例 2。

```
1  for n in range(5, 1, -1):
2      for i in range(2, n):
3          if n%i == 0:
4              break
5      else:
6          print(n)
7          break
```

例 3-17 展示了利用 break 输出小于或等于 5 的最大素数功能。一个大于 1 的正整数，如果除 1 和它本身外，不能被其他正整数整除，这个正整数就叫素数。

在上述代码中，使用 for 循环遍历 range()函数生成 5、4、3、2 构成的序列，range()函数的第三个参数为-1，表示序列的步长是-1，因此序列元素是从大到小产生的。第 2 行嵌入了一个 for 循环，对从 2 到这个数之间的所有数计算余数。比如，外层循环我们取到的第一个值是 5，5 对内层循环 2、3、4 这几个数字依次取余；如果有一个数取余等于 0，就意味着这个数不是素数，就执行 break 结束内层循环；如果在内层循环没有执行 break，说明外层循环中的循环变量 n 是一个素数。基于此，为内层的 for 循环加入 else 子句，对应内层循环没有 break 正常结束的情况，也就是 n 为素数的情况，此时输出 n 的值，再次 break，即退出外层循环，n 不再继续取下一个值。第 4 行的 break，结束的是第 2 行开始的内层循环，而第 7 行的 break，结束的是第 1 行开始的外层循环。

例 3-17 的运行结果如图 3-36 所示。

```
5
```

图 3-36　例 3-17 的运行结果

3.5　项目实战：弹弹球

3.5.1　项目描述

在本章中读者学习了程序控制结构的使用方法，本项目将利用 3 种控制结构实现弹弹球项目的设计。

3.5.2　项目分析

在本项目中，使用程序控制结构设计了弹弹球，在实现过程中，分别使用了_randomOK()、startGame()等函数，依次实现初始化、画布设置、事件循环检测、小球运动、按键检测、碰撞检测、分数记录等功能，实现对弹弹球的控制。

第 3 章项目实战视频

3.5.3 项目实现

```
1   # -*- coding: utf-8 -*-
2   import pygame
3   import random
4   import sys
5   #永不停止的小球
6   def _randomOK():
7     return random.randint(0, 1)
8
9   def startGame():
10      pygame.init()#初始化
11      win = pygame.display.set_mode((600, 600)) # 画布窗口的大小
12      pygame.display.set_caption("我的弹球游戏") # 窗口标题
13      x, y = 300, 15 # 小球的起点
14      baffle = 250 #挡板的x坐标
15      speed = 1 # 按键检测：速度
16      top = 0 #有生命的小球：判断小球向下运动还是向上运动，0为向下运动，1为向上运动
17      _random = _randomOK()#永不停止的小球
18      stop = False#事件循环检测
19      score = 0#记录分数
20      while True:
21        # 刷新频率，小球的移动速度
22        pygame.time.Clock().tick(200)
23        keys = pygame.key.get_pressed()
24          #退出事件处理
25        for event in pygame.event.get():
26            if event.type == pygame.QUIT:
27
28                pygame.quit()
29                sys.exit()
30            elif event.type == pygame.KEYDOWN:#事件循环检测
31
32            # 回车事件
33                if event.key == 13:
34                  stop = not stop
35        #事件循环检测
36        if stop:
37            continue
38        #有生命的小球：小球运动
39        if y == 0:
40          top = 0
41        if top == 0:
42          #永不停止的小球
43          if _random == 0: # 向下左弹
44            x -= speed
45            y += speed
46          elif _random == 1: # 向下右弹
47            x += speed
```

```
48                  y += speed
49              else:
50                  if _random == 0: # 向上左弹
51                      x -= speed
52                      y -= speed
53                  elif _random == 1: # 向上右弹
54                      x += speed
55                      y -= speed
56              #有生命的小球：防止跑出边界
57              if x > win.get_size()[0]-15:
58                  _random = _randomOK()#永不停止的小球
59                  x = win.get_size()[0]-15
60              if x < 0:
61                  _random = _randomOK()#永不停止的小球
62                  x = 0
63              if y > win.get_size()[1]-15:
64                  _random = _randomOK()#永不停止的小球
65                  y = win.get_size()[1]-15
66              if y < 0:
67                  _random = _randomOK()#永不停止的小球
68                  y = 0
69              #按键检测：方向箭头响应
70              if keys[pygame.K_LEFT]:
71                  baffle -= speed
72                  if baffle < 0:
73                      baffle = 0
74
75              if keys[pygame.K_RIGHT]:
76                  baffle += speed
77                  if baffle > 500:
78                      baffle = 500
79
80              # 碰撞检测
81              if 490 <= y <= 515:
82                  if baffle <= x <= baffle + 100:
83                      top = 1
84                      score+=1
85
86              win.fill((64, 158, 255))
87              pygame.draw.circle(win, (246,249,3), (x,y), 15)
88              pygame.draw.rect(win, (255, 255, 255), (baffle, 500, 100, 5))
89              #显示分数
90              game_font = pygame.font.SysFont('times',16,True)
91
92、             win.blit(game_font.render(u'SCORE:%d' % score,True,pygame.Color(0,255,0),pygame.
            Color(0,0,130)),(10,10))
93              pygame.display.update()
94      if __name__ =='__main__':
95          startGame()
```

在上述代码中，第 6 行设置了_randomOK()函数，用于产生(0, 1)区间的随机数。第 9 行开始设置 startGame()函数，其中，第 10 行进行了初始化，第 11 行设置了画布窗口的大小，第 12 行设置了窗口标题，此后，第 13～19 行依次设置了小球的起点、挡板的 x 坐标、按键检测、有生命的小球、永不停止的小球、事件循环检测、记录分数等。

第 20～93 行进入循环语句，其中，第 25～34 行设置退出事件，第 38～55 行设置永不停止的小球，第 57～68 行设置有生命的小球，为了防止小球跑出边界。第 68～78 行设置按键检测，使其实现方向箭头按键的响应。第 81～84 行设置碰撞检测。同时，第 89～93 设置分数的显示和分数的更新。

项目实战的运行结果如图 3-37 所示。

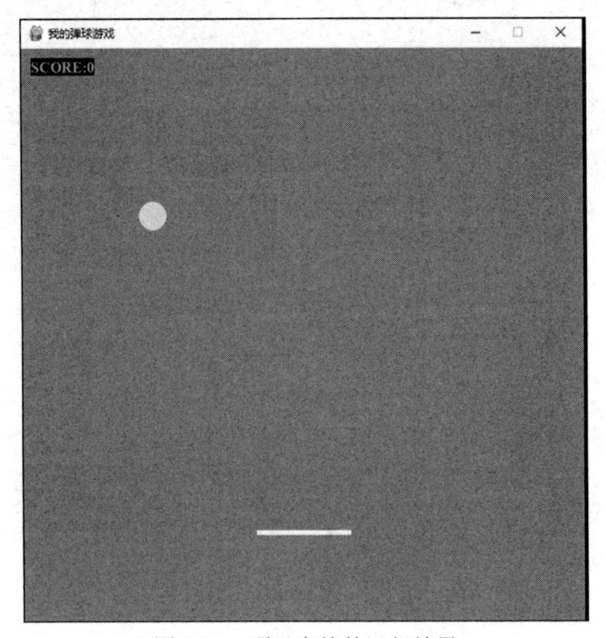

图 3-37　项目实战的运行结果

本章小结

本章内容包括项目引导、程序的基本结构、分支结构、循环结构和项目实战。

在项目引导中，提供一个“安静的小球”案例用于 Python 多种控制结构的简介。

在程序的基本结构中，介绍了 3 种控制结构及程序流程图。

在分支结构中，介绍了单分支结构、双分支结构、多分支结构、分支嵌套结构，其中涉及了按键检测、有生命的小球、永不停止的小球和碰撞检测等实例。

在循环结构中，介绍了遍历循环的 for 语句和无限循环的 while 语句，其中涉及了事件循环检测实例。

在“弹弹球”项目实战中，介绍了该项目的具体描述、项目分析及项目实现思路。

习题 3

1．选择题

（1）以下选项中，不是 Python 语言关键字的是（　　）。

A. while　　B. continue　　C. goto　　D. for

（2）下面的程序段：

```
if k<=10 and k >0:
    if k >5:
        if k>8:
            x=0
        else:
            x=1
    else:
        if k>2:
            x=3
        else:
x=4
```

其中，k 取（　　）时 x =3。

A. 3,4,5　　B. 3,8　　C. 5,6,7　　D. 4,5

（3）下面程序属于哪种结构？（　　）

```
score = 66
if score >= 80:
    print("A")
elif score >= 60:
    print("B")
else:
    print("C")
```

A. 单分支结构　　B. 双分支结构

C. 多分支结构　　D. 分支嵌套结构

（4）对下面程序段描述正确的是（　　）。

```
k=10
while(k):
  k=k-1
```

A. while 循环执行 10 次　　B. 循环是无限循环

C. 循环体语句一次也不执行　　D. 循环体语句执行一次

2．填空题

（1）Python 语言支持 3 种控制结构，分别是（　　）、循环结构和分支结构。

（2）单分支结构语句中，if 后面是表达式，如果表达式的值为（　　），分支条件被满足。

（3）当 while 后面的条件表达式成立时，执行循环体；直到条件表达式不成立，循环（　　）。

第 4 章 Python 容器

Python 中的数值型、布尔型、字符串型等对象，一个变量中只能保存一个元素的值，但在项目开发中，可能需要一种能同时保存多个元素的数据对象，Python 提供了可以保存多个元素的数据对象，如列表、元组、字典、集合等。

本章将详细介绍 Python 中的容器，其中包含列表、元组、字典、集合等，并通过一系列的实例和项目实战帮助读者掌握 Python 语言中的容器。

4.1 项目引导：各省份 5A 景区信息

4.1.1 项目描述

读者在学习数据的展示与存储时，通常需要了解 Python 的数据存储形式，即容器。在本项目中，通过一个“各省份 5A 景区信息”的案例帮助读者体会 Python 中常见的容器使用方法。

4.1.2 项目分析

在本项目中，首先打开一个文件，然后从文件中读取每行的信息，并将其输出。因此，通过实现本项目引导，本章需要掌握的相关知识点如表 4-1 所示。

表 4-1 相关知识点

序号	知识点	详见章节	序号	知识点	详见章节
1	列表的创建	4.2.1 节	11	序列解包	4.3.5 节
2	列表元素的获取	4.2.2 节	12	生成器推导式	4.3.6 节
3	列表元素的修改	4.2.3 节	13	字典的创建	4.4.1 节
4	列表元素的添加和删除	4.2.4 节	14	字典元素的获取	4.4.2 节
5	列表常用的函数和运算符	4.2.5 节	15	字典元素的添加和修改	4.4.3 节
6	列表推导式	4.2.6 节	16	字典及其元素的删除	4.4.4 节
7	元组与列表的区别	4.3.1 节	17	集合的创建	4.5.1 节
8	元组的创建	4.3.2 节	18	集合元素的添加	4.5.2 节
9	元组的访问	4.3.3 节	19	集合元素的删除	4.5.3 节
10	元组常用的内置函数	4.3.4 节	20	集合的操作	4.5.4 节

4.1.3 项目实现

实现本项目的源程序如下：

```
1    # -*- coding: utf-8 -*-
2    with open('5A.txt', 'r') as fp:
3        l = [line for line in fp if not line[0].isdigit()]
4        for item in l:
5            print(item)
```

第 4 章引导
项目视频

在本项目中，5A.txt 文件的内容如图 4-1 所示。

在本项目中，打开 5A.txt 文件，以行为单位，取出起始信息为非数字的行，并将其输出。项目的运行结果如图 4-2 所示。

```
北京（8个）
1、北京市海淀区圆明园景区（2020年）
2、北京奥林匹克公园（2012年）
3、恭王府景区（2012年）
4、明十三陵景区（2011年）
5、八达岭 - 慕田峪长城旅游（2007年）
6、颐和园（2007年）
7、天坛公园（2007年）
8、故宫博物院（2007年）
天津（2个）
1、盘山风景名胜区（2007年）
2、古文化街旅游区（津门故里）（2007年）
河北（11个）
1、承德市金山岭长城景区（2020）
2、保定市清西陵景区（2020年）
3、秦皇岛山海关景区（2018年）
4、保定市白石山景区（2017年）
5、邯郸市广府古城景区（2017年）
6、邯郸市娲皇宫景区（2015年）
7、唐山市清东陵景区（2015年）
8、石家庄市西柏坡景区（2011年）
9、保定野三坡景区（2011年）
10、承德避暑山庄及周围寺庙景区（2007年）
11、保定市安新白洋淀景区（2007年）
山西（9个）
```

图 4-1　5A.txt 文件内容

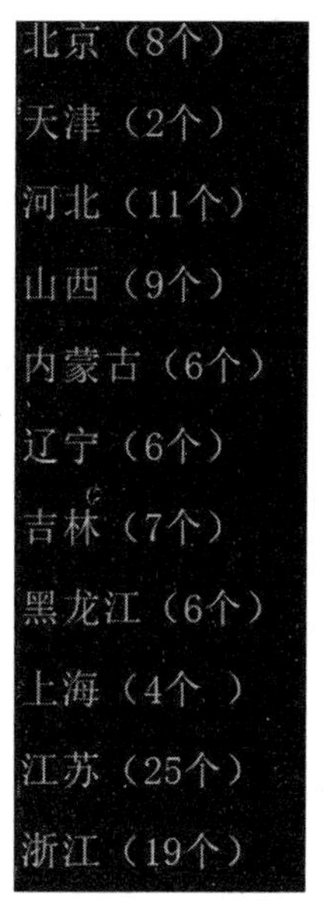

图 4-2　项目的运行结果

4.2　列　　表

序列是 Python 中最基本的数据类型。序列中的每个元素都分配一个数字来表示它的位置或索引，第一个索引是 0，第二个索引是 1，……，以此类推。Python 有 6 种不同的序列，Python 内置对象中的列表、元组和字符串都属于序列。序列可以进行的操作包括索引、切片、加、乘、检查成员。此外，Python 已经内置确定序列的长度及确定最大和最小元素的方法。

列表是最常用的 Python 数据类型，列表中的所有元素使用逗号分隔，放在一个方括号内。列表的数据项不需要具有相同的类型，列表是序列的一种。

例 4-1 给出了列表及其索引的使用。

【例 4-1】列表示例。

```
1    # -*- coding: utf-8 -*-
2    s="HAP"
3    print(s[0])
4    print(s[-1])
5
6    s=[2,5,8]
7    print(s[0])
8    print(s[-1])
9
10   s=(1,5,8)
11   print(s[0])
12   print(s[-1])
```

从例 4-1 中可以看出，对于字符串、列表和元组，访问其中的元素都可以通过“序列[索引]”的形式实现，其中索引 0 对应序列中的第一个元素，索引-1 对应序列中的最后一个元素。例 4-1 的运行结果如图 4-3 所示。实际上，Python 中的序列包含两套索引，分别称为正向索引和反向索引，如图 4-4 所示。正向索引是从 0 开始，按 1、2、…依次递增的。而在反向索引中，最后一个元素的索引是-1，然后依次是-2、-3、…，反向索引是递减的。如果序列中的元素个数为 n，那么正向索引的范围是$[0,n-1]$中的整数，而反向索引的范围是$[-n,-1]$中的整数。

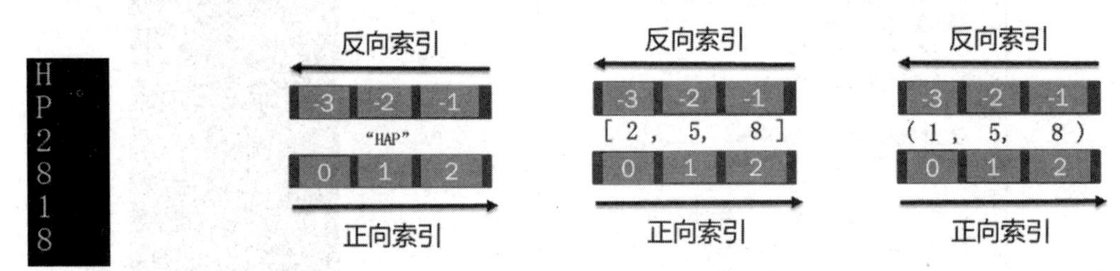

图 4-3　例 4-1 的运行结果　　　　图 4-4　序列的索引示意图

4.2.1　列表的创建

列表是 Python 中内置的有序、可变序列。列表元素增加或删除时，列表自动扩展或收缩内存，列表中的元素可以为各种类型的对象。例 4-2 所示代码中创建了两个列表 list1 和 list2，列表的所有元素放在方括号“[]”中，各元素使用逗号分隔开；列表每个元素的类型可不相同，可以为整型、浮点型、字符串型等基本类型，甚至是列表、元组、字典、集合及其他自定义类型。

【例 4-2】创建列表示例 1。

```
1  list1 = ['Jessica',25,[20,'跳舞'],{80,96},('铁岭',3),{10:'钢琴','数学':88}]
2  list2 = [25,[20,'跳舞'],{80,96},(28,[28,'唱歌'])]
```

例 4-2 给出了创建列表的一种方法。创建列表有两种方法，一种是将初始的列表元素放在[]中以逗号分隔，直接赋值给变量。如例 4-3 所示，示例代码中创建了两个列表，列表 list_a 中没有任何元素，是一个空列表；列表 list_b 中包含两个元素，即数值 2 和字符串'A'。

【例 4-3】创建列表示例 2。

```
1  list_a = []
2  list_b = [2,'A']
```

第二种创建列表的方法是使用 list()函数。例 4-4 所示代码给 list()函数 4 种不同的参数创建列表。

【例 4-4】使用 list()函数创建列表。

```
1  list_a = list(('Jessica',2,[20,'跳舞']))
2  print(list_a)
3  list_a = list(range(0,5,1))
4  print(list_a)
5  list_a = list('Hello world')
6  print(list_a)
7  list_a = list()
8  print(list_a)
```

在上述代码中，第 1 行用元组作为参数，使用 list()函数创建列表，列表中的元素和元组是一样的，实现了将元组转化成列表。第 3 行通过 range()函数产生一个[0,5)区间的整数序列，转化成列表后得到的列表是[0,1,2,3,4]。第 5 行给 list()函数传递一个字符串参数，得到一个字符串列表，列表中的元素就是字符串中的每个字符。第 7 行没有为 list()函数传递任何参数，由此创建了一个空列表。例 4-4 的运行结果如图 4-5 所示。

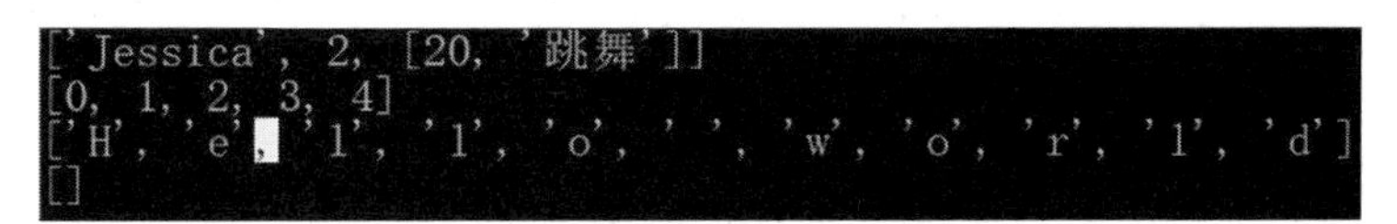

图 4-5　例 4-4 的运行结果

4.2.2　列表元素的获取

1．通过索引获取列表元素

读取列表元素可以通过索引取到对应的单个元素，如图 4-6 所示。

图 4-6　读取列表元素

列表作为一种序列，可以通过正向索引和反向索引访问。以下给出获取列表元素的示例。

【例 4-5】通过索引获取列表元素。

```
1    list1 = ['Jessica',25,[20,'跳舞'],{80,96},('铁岭',3),{10:'钢琴','数学':88}]
2    print(list1[0])
3    print(list1[5])
4    print(list1[-6])
5    print(list1[-1])
6    print(list1[2][0])
7    print(list1[-1][10])
8    print(list1[-1]['数学'])
```

在上述代码中，第 2 行 list1[0]代表这个列表的第一个元素，输出的结果就是 Jessica 字符串；第 3 行 list1[5]代表的是第六个元素，因为索引是从 0 开始的；第 5 行 list1[-1]代表这是列表的最后一个元素；第 6 行 list1[2]代表第三个元素，它又是一个列表，再加一个下标[0]，取出子列表的第一个元素，得到输出结果 20；同样，第 7 行的 list1[-1]访问列表的最后一个元素，该元素是字典对象，字典对象通过键获取对应的值，这里通过键 10 输出对应的值是钢琴；第 8 行给出的键是数学，输出的值是 88。例 4-5 的运行结果如图 4-7 所示。

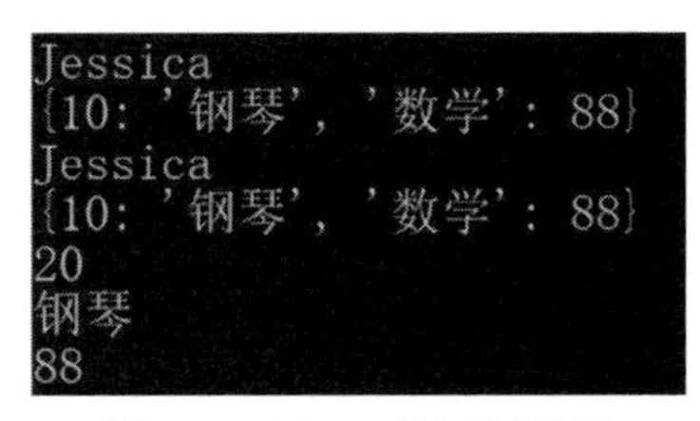

图 4-7　例 4-5 的运行结果

2．通过切片获取列表元素

序列这种数据类型可以通过切片的方式进行访问，也就是通过指定索引范围来访问。标准的切片采用[start:end:step]的形式：第一个冒号前面的数字代表起始索引的值，第一个冒号后面的数字表示终止索引的值，注意终止索引不包含在访问范围内；第二个冒号后面的数字表示步长。

【例 4-6】通过切片获取列表元素。

```
1    list1 = ['Jessica',25,[20,'跳舞'],{80,96},('铁岭',3),{10:'钢琴','数学':88}]
2    str1 = list1[1:4:2]
3    print(str1)
4    str1 = list1[::-1]
5    print(str1)
6    str1 = list1[2:0:-1]
7    print(str1)
```

在上述代码中，第 2 行的切片归纳为：从索引 1 开始到索引 4 结束，但不包括索引 4，步长为 2，所以输出的是索引为 1 和 3 的元素，即 25 和集合{80,96}。第 4 行中开始索引和终止索引都没有，则默认的访问范围是全部元素，由于步长是-1，表示反向访问，因此得到了一个完全逆序的列表。第 6 行从索引 2 开始到索引 0 结束反向访问，因此访问的是列表索引为 2 和 1 的元素，不包括索引为 0 的第一个元素。

例 4-6 的运行结果如图 4-8 所示。

[25, {80, 96}]
[{10: '钢琴', '数学': 88}, ('铁岭', 3), {80, 96}, [20, '跳舞'], 25, 'Jessica']
[[20, '跳舞'], 25]

图 4-8　例 4-6 的运行结果

3．遍历列表元素

有时要求依次访问列表中的每个元素，也就是列表元素的遍历。使用 for 循环语句可以实现列表元素的遍历，如例 4-7 所示，从列表的第 1 个元素开始依次提取，赋值给循环变量 i，在循环内部输出 i 的值，也就实现了把列表的每个元素进行输出。

【例 4-7】遍历列表元素。

```
1    list1 = ['Jessica',25,[20,'跳舞'],{80,96},('铁岭',3),{10:'钢琴','数学':88}]
2    for i in list1:
3        print(i)
```

例 4-7 的运行结果如图 4-9 所示。

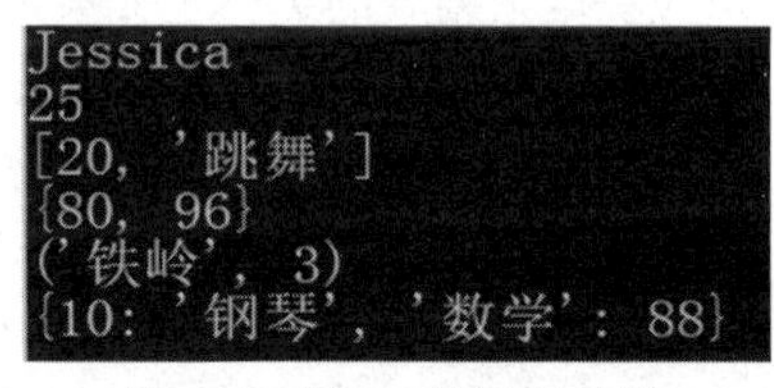
Jessica
25
[20, '跳舞']
{80, 96}
('铁岭', 3)
{10: '钢琴', '数学': 88}

图 4-9　例 4-7 的运行结果

4.2.3　列表元素的修改

4.2.2 节中介绍的是获取列表元素值的方法，实际应用中常常需要对列表元素的值进行修改。指定列表中元素的索引，在赋值语句中将其作为左边的值，就可以修改列表元素的值，如例 4-8 所示。

【例 4-8】修改列表元素示例。

```
1    list3 = [2,3,'abc',(4,5,6),[7,8]]
2    print(list3)
3    list3[3] = 8
4    print(list3)
5    list3[4][1]='k'
6    print(list3)
```

```
7    print(list3[2][1])
8    list3[2][1]='l'
9    print(list3)
```

在上述代码中，第 1 行定义了一个列表；第 2 行将列表整体输出；第 3 行修改列表中索引为 3 的元素值为 8，也就是列表的第四个元素初始值是一个元素，修改后变成数值 8；第 5 行将索引为 4 的元素中索引值为 1 的元素修改为'k'，list3[4]是一个列表，'k'替换的是子列表的第 2 个元素。同理，第 7 行获取了索引为 2 的元素字符串'abc'中索引值为 1 的元素，得到输出结果是'b'。第 8 行尝试将字符串'abc'中的'b'赋值为'l'，运行结果中提示 TypeError 错误，这是因为字符串是一个不可变序列，不支持对其中的元素进行赋值。

例 4-8 的运行结果如图 4-10 所示。

```
[2, 3, 'abc', (4, 5, 6), [7, 8]]
[2, 3, 'abc', 8, [7, 8]]
[2, 3, 'abc', 8, [7, 'k']]
b
Traceback (most recent call last):
  File "4-8.py", line 8, in <module>
    list3[2][1]='l'
TypeError: 'str' object does not support item assignment
```

图 4-10　例 4-8 的运行结果

4.2.4　列表元素的添加和删除

列表作为一个可变序列，其中的元素是可以添加和删除的。随着列表元素的增减，列表占用的内存会自动伸缩。

1．添加列表元素

向列表中添加元素可以采用追加的方式，也可以采用向中间插入的方式；可以一次性加入一个元素，也可以一次性加入多个元素，如例 4-9 所示。

【例 4-9】添加列表元素示例。

```
1    aList = [1,2,3]
2    aList.append(4)
3    print(aList)
4    aList.append([5,6,7])
5    print(aList)
6    aList.insert(2,8)
7    print(aList)
```

在上述代码中，第 1 行创建了一个包含 1、2 和 3 共 3 个元素的列表，第 2 行通过 append() 函数向列表的尾部追加一个新的元素 4，此时列表中包含 4 个元素。第 4 行向列表的尾部增加一组元素，列表值变为[1,2,3,4,[5,6,7]]。第 6 行向索引为 2 的位置插入元素 8，即在元素 3 之前插入数值 8，因此最后得到的列表值为[1,2,8,3,4, [5,6,7]]。

例 4-9 的运行结果如图 4-11 所示。

```
[1, 2, 3, 4]
[1, 2, 3, 4, [5, 6, 7]]
[1, 2, 8, 3, 4, [5, 6, 7]]
```

图 4-11　例 4-9 的运行结果

2．删除列表元素

使用 del 可以删除列表中指定索引的元素，如果 del 操作后面是列表本身，则列表会被整体删除，此后再访问列表中的任何元素或者列表本身都是不可行的，如例 4-10 所示。

【例 4-10】删除列表元素示例。

```
1    list3 = [2,3,'abc',(4,5,6),[7,8]]
2    del list3[2]
3    print(list3)
4    del list3
5    print(list3)
```

上述代码说明了如何删除列表中的元素。第 2 行 del 操作删除了列表中索引 2 对应的元素，即元素'abc'被删除了。第 4 行 del 操作删除的是整个列表，第 5 行使用 print()函数输出这个列表，就产生了 NameError 错误。例 4-10 的运行结果如图 4-12 所示。

```
[2, 3, (4, 5, 6), [7, 8]]
Traceback (most recent call last):
  File "4-9.py", line 5, in <module>
    print(list3)
NameError: name 'list3' is not defined
```

图 4-12　例 4-10 的运行结果

4.2.5　列表常用的函数和运算符

列表中内置了很多函数，使得列表的使用更加方便。本节将对其中常用的函数和运算符进行简单的介绍。

1．append()函数

append()函数可以向列表的尾部追加一个指定的元素，其参数就是要追加的元素的值，增加的元素因为是尾部追加，因此是作为列表的最后一个元素保存的。

【例 4-11】append()函数示例。

```
1    aList = [1,2,3]
2    print(aList)
3    print('原列表内存地址id_list：',id(aList))
4    aList.append(8)
5    print(aList)
6    print('新列表内存地址id_list：',id(aList))
```

在上述代码中，第 4 行向列表 aList 尾部追加了一个元素 8，在 append 操作的前后，分别打印了列表在内存中的地址编号。例 4-11 的运行结果如图 4-13 所示。

```
[1, 2, 3]
原列表内存地址id_list： 2598865686920
[1, 2, 3, 8]
新列表内存地址id_list： 2598865686920
```

图 4-13　例 4-11 的运行结果

从图 4-11 可见，列表的地址没有发生变化，也就是说，append 操作是“就地”完成的。

2．extend()函数

append()函数只能向列表中增加一个元素，如果需要一次性地增加多个元素，可以通过 extend()函数实现。

【例 4-12】extend()函数示例。

```
1    aList = [1,2,3]
2    print("原列表内存地址：",id(aList))
3    aList.extend([8,9,[5,7]])
```

```
4    print(aList)
5    print("新列表内存地址：",id(aList))
```

在上述代码中，第 3 行向列表 aList 尾部追加了一组元素，从输出结果看，这一组元素被依次加到列表的尾部，同时列表的地址在元素增加的前后没有发生变化。extend 操作也是“就地”完成的。例 4-12 的运行结果如图 4-14 所示。

```
原列表内存地址： 2088265929096
[1, 2, 3, 8, 9, [5, 7]]
新列表内存地址： 2088265929096
```

图 4-14　例 4-12 的运行结果

3．insert()函数

如果希望在指定的位置插入元素，可以调用 insert()函数。insert()函数可将指定对象插入列表的指定位置。

【例 4-13】insert()函数示例。

```
1    aList = [1,3,4,2]
2    print("原来元素2内存地址：",id(aList[3]))
3    aList.insert(1,2)
4    print(aList)
5    print("新来元素内存地址：",id(aList[1]))
6    print("原来元素2内存地址：",id(aList[4]))
```

在上述代码中，第 3 行向列表 aList 索引为 1 的位置插入了元素 2，该元素被插入 3 的前面。从 insert 操作前后的元素地址可以看出，insert 操作仍然是“就地”完成的。一般来说，它不会移动列表中原有的数据元素，但元素索引会发生变化，也可以理解为元素“移动”了。如果列表的元素很多，更新索引也会消耗很长时间。例 4-13 的运行结果如图 4-15 所示。

```
原来元素2内存地址： 140726720307648
[1, 2, 3, 4, 2]
新来元素内存地址： 140726720307648
原来元素2内存地址： 140726720307648
```

图 4-15　例 4-13 的运行结果

4．pop()函数

pop()函数用于删除列表中指定索引的元素，如果没有指定索引，则默认删掉最后一个元素，如果指定的索引不存在，会引发 IndexError 错误。

【例 4-14】pop()函数示例。

```
1    aList = [1,3,4,2]
2    s=aList.pop()
3    print(s)
4    b=aList.pop(1)
5    print(b)
6    print(aList)
```

例 4-14 的运行结果如图 4-16 所示。在上述代码中，第 2 行通过 pop()函数删掉了列表中的最后一个元素 2，pop()函数具有返回值，会返回被删除的元素，从图 4-16 中可以看出，最后一个元素 2 和索引为 1 的元素 3 都从列表中被删除了。与 insert 操作类似，pop 操作也是“就地”完成的，但列表中元素索引可能因此而改变，可以认为列表中的元素“移动”了。

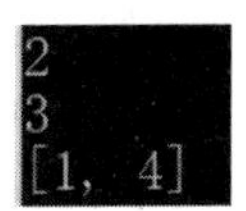

图 4-16　例 4-14 的运行结果

5．remove()函数

remove()函数用于删除列表中与指定元素值相同的第一个元素，如果没有这样的元素，会引发 ValueError 错误。如例 4-15 所示。

【例 4-15】 remove()函数示例 1。

```
1    aList = [1,3,5,8,5,9]
2    aList.remove(5)
3    print(aList)
```

在上述代码中，第 2 行通过 remove()函数删掉了列表中的第一个值为 5 的元素，第二个值为 5 的元素仍然保留。例 4-15 的运行结果如图 4-17 所示。

```
[1, 3, 8, 5, 9]
```

图 4-17　例 4-15 的运行结果

【例 4-16】 remove()函数示例 2。

```
1    aList = [1,5,5,9]
2    for i in aList:
3        if i == 5:
4            aList.remove(i)
5    print(aList)
```

在上述代码中，第 2～4 行通过 remove()函数删掉了列表中的第一个元素 5，并没有删除列表中所有的 5，主要原因是 for 循环按照索引遍历列表中的各个元素，由于删除了第一个元素 5，列表中的元素索引发生了移动，因此连续的第二个元素 5，就没有被删除。例 4-16 的运行结果如图 4-18 所示。

```
[1, 5, 9]
```

图 4-18　例 4-16 的运行结果

6．index()函数

index(object,[start,[stop]])函数获取 object 在指定范围内首次出现的下标，如果查找的对象在指定索引范围内不存在，会引发 ValueError 错误，如例 4-17 所示。

【例 4-17】 index()函数示例。

```
1    aList = [1,5,5,9]
2    i = aList.index(5)
3    print(i)
```

在上述代码中，第 2 行查询值为 5 的元素所对应的索引，所以我们看到的输出结果为 1，代表的是值为 5 的元素首次出现在索引为 1 的位置。例 4-17 的运行结果如图 4-19 所示。

图 4-19　例 4-17 的运行结果

7．count()函数

count()函数可以统计指定元素在列表中出现的次数，如果该元素没有出现，不会引发异常，而是直接返回 0，如例 4-18 所示。

【例 4-18】 count()函数示例。

```
1    aList = [1,5,5,9]
2    i = aList.count(5)
3    print(i)
```

```
4    i = aList.count(8)
5    print(i)
```

在上述代码中，第 2 行为 count()函数传入参数值 5，通过输出可以看到，数字 5 在列表中出现的次数为 2；第 4 行传入参数值是 8，但在列表中是不包含数字 8 的，所以输出的值是 0。例 4-18 的运行结果如图 4-20 所示。

2
0

图 4-20　例 4-18 的运行结果

8．sort()函数

sort()函数对原始列表进行原地排序，也可以按照指定的参数进行比较排序。

【例 4-19】 sort()函数示例。

```
1    import random
2    aList = [1, 4, 2, 6, 55]
3    random.shuffle(aList)
4    print(aList)
5    aList.sort()
6    print(aList)
7    aList.sort(reverse = True)
8    print(aList)
```

在上述代码中，第 2 行定义一个列表；第 3 行通过调用 random 模块中的 shuffle()函数将列表中元素的顺序随机打乱；第 4 行输出乱序后的列表；第 5 行调用 sort()函数，从输出结果中可以看出，原始的列表中的元素顺序发生了变化，已经按照元素大小升序排列了。第 7 行再次调用 sort()函数，但增加了一个参数 reverse=True，从输出结果可以看出，列表中元素的顺序再次变化，已按照元素大小降序排列了。因此，sort()函数是原地排序，会对原始列表中的元素顺序产生影响。例 4-19 的运行结果如图 4-21 所示。

9．reverse()函数

reverse()函数是 Python 中列表的内置函数，这个方法无参数，无返回值，reverse()函数会改变列表（原地反转），因此无须返回值。但是字典、元组、字符串不具有 reverse()函数，如果调用，将会返回一个异常。

【例 4-20】 reverse()函数示例。

```
1    aList = [1, 4, 2, 6, 55]
2    print(aList)
3    aList.reverse()
4    print(aList)
```

在上述代码中，第 1 行创建一个列表，第 3 行调用列表的 reverse()函数，并在第 4 行输出列表。例 4-20 的运行结果如图 4-22 所示。

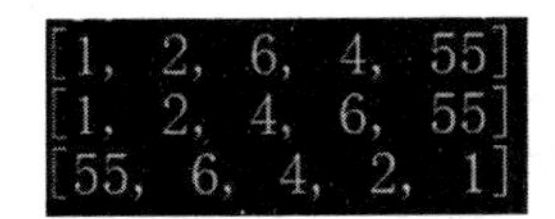
[1, 2, 6, 4, 55]
[1, 2, 4, 6, 55]
[55, 6, 4, 2, 1]

图 4-21　例 4-19 的运行结果

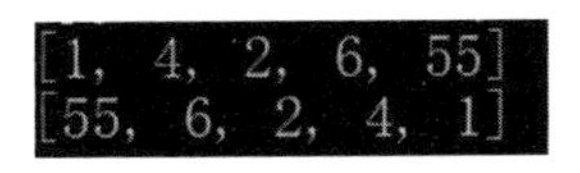
[1, 4, 2, 6, 55]
[55, 6, 2, 4, 1]

图 4-22　例 4-20 的运行结果

从图 4-22 中可以看到，元素的位置发生了逆序。reverse 操作也是一种“就地”操作，列表中的元素在操作中可能会发生“移动”。

10．运算符

列表支持两种运算符："+"和"*"，这两种运算符也是序列所支持的。

（1）"+"操作

两个列表可以执行加法操作，从而得到一个新的列表。

【例 4-21】"+"操作示例。

```
1    #-*- coding: utf-8 -*-
2    aList = [1,2,3]
3    print("原列表内存地址：",id(aList))
4    aList = aList + [8]
5    print(aList)
6    print("新列表内存地址：",id(aList))
```

例 4-21 的运行结果如图 4-23 所示。从输出结果看，新列表较原列表增加了一个元素 8，这就是第 4 行"+"操作的结果。第 6 行输出新列表的内存地址，可以发现原列表的内存地址与新列表的内存地址是不一样的，这就说明列表"+"操作的过程中创建了一个新的列表。由于涉及将原列表中的元素复制到新列表中，使用这种方式增加元素时操作速度很慢，不建议使用。

```
原列表内存地址： 2265813111176
[1, 2, 3, 8]
新列表内存地址： 2265814381128
```

图 4-23　例 4-21 的运行结果

（2）"*"操作

列表和整数可以进行"*"操作，从而得到一个新的列表。

【例 4-22】"*"操作示例 1。

```
1    aList = [1,2,3]
2    print("原列表内存地址：",id(aList))
3    bList = aList*3
4    print(bList)
5    print("新列表内存地址：",id(bList))
6    bList[1] = 8
7    print(bList)
8    print(aList)
```

在上述代码中，第 1 行定义了一个列表；第 2 行输出原列表的地址；第 3 行对列表应用"*"操作，并在第 4 行输出运算结果。例 4-22 的运行结果如图 4-24 所示。从结果中可以看出，"*"操作是将原列表的内容复制了 3 份，得到了一个新的列表。第 5 行输出新列表的内存地址，可以看出原列表的内存地址和新列表的内存地址是相同的。第 6 行将新列表 bList 中索引值为 1 的元素值修改为 8，随后打印新旧两个列表。从结果中可以看出，新列表第二个元素发生了变化，而原列表 aList 相应索引对应的值没有任何变化。

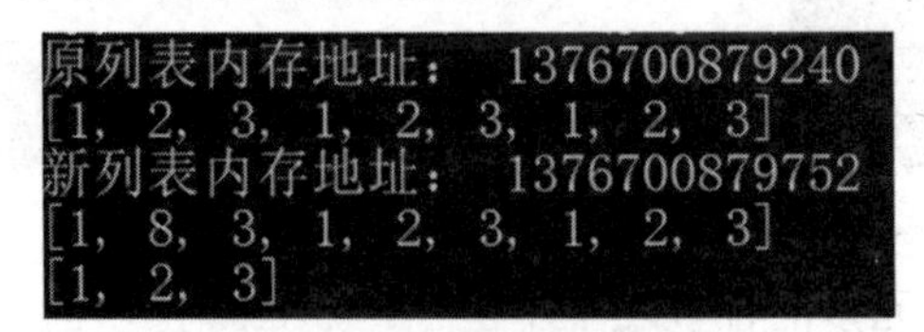

```
原列表内存地址： 1376700879240
[1, 2, 3, 1, 2, 3, 1, 2, 3]
新列表内存地址： 1376700879752
[1, 8, 3, 1, 2, 3, 1, 2, 3]
[1, 2, 3]
```

图 4-24　例 4-22 的运行结果

对上面的示例代码进行修改，如例 4-23 所示。

【例 4-23】“*”操作示例 2。

```
1    aList = [[1,2,3]]
2    print("原列表内存地址：",id(aList))
3    aList = aList*3
4    print(aList)
5    print("新列表内存地址：",id(aList))
6    aList[0][0] = 8
7    print(aList)
```

在上述代码中，第 1 行定义的列表 aList 的元素也是一个列表；同样执行 aList*3 操作，输出新列表；从第 4 行的输出结果可见，列表被复制了 3 份；第 5 行输出新列表的内存地址，可以看出新列表的内存地址发生了变化，产生了一个新列表。第 6 行把列表的第一个元素中索引值为 0 的元素值修改成 8，从输出结果可见，新列表中的每个元素的第一个子元素都发生了变化，这说明“*”操作产生的新列表复制了原列表元素的引用。

例 4-23 的运行结果如图 4-25 所示。

```
原列表内存地址： 1604280537992
[[1, 2, 3], [1, 2, 3], [1, 2, 3]]
新列表内存地址： 1604281086536
[[8, 2, 3], [8, 2, 3], [8, 2, 3]]
```

图 4-25　例 4-23 的运行结果

4.2.6　列表推导式

使用列表推导式可以快速构建一个规则列表。列表推导式的基本语法如下：

```
[表达式 for 循环变量 in 可迭代对象 [if 条件表达式]]
```

遍历可迭代对象中的所有元素，如果满足条件表达式的要求，就计算一个表达式的值作为列表中的一个元素保留。

【例 4-24】列表推导式示例。

```
1    lst_1 = [i**2 for i in range(10) if i % 2 == 0]
2    lst_2 = []
3    for i in range(10):
4        if i % 2 == 0:
5            lst_2.append(i**2)
6    print(lst_1)
7    print(lst_2)
```

在上述代码中，列表 lst_1 和 lst_2 采用不同的方式构建，结果是一样的，也就是说，构建这两个列表的代码是等效的。使用 if 语句可以筛选出对象中符合条件的元素，然后对其执行计算。例 4-24 的运行结果如图 4-26 所示。

```
[0, 4, 16, 36, 64]
[0, 4, 16, 36, 64]
```

图 4-26　例 4-24 的运行结果

列表推导式的嵌套可以帮助实现嵌套列表的平铺和转置，如例 4-25 所示。

【例 4-25】嵌套列表的平铺和转置。

```
1    # -*- coding: utf-8 -*-
2    lst_1 = [[1,4,7,11],[2,5,8,12],[3,6,9,13]]
3    lst_2 = [lst_1[i][j] for i in range(len(lst_1)) for j in range(len(lst_1[i]))]
```

```
4    lst_3 = [[row[i] for row in lst_1] for i in range(len(lst_1[0]))]
5    print(lst_2)
6    print(lst_3)
```

在上述代码中，第 3 行首先遍历所有行的索引 i，再遍历所有列的索引 j，提取 i、j 对应的元素构建新列表，得到嵌套列表的平铺；第 4 行先遍历所有列索引，使用相同列的元素构建子列表并加到新列表中，就得到了原始列表的转置。例 4-25 的运行结果如图 4-27 所示。

```
[1, 4, 7, 11, 2, 5, 8, 12, 3, 6, 9, 13]
[[1, 2, 3], [4, 5, 6], [7, 8, 9], [11, 12, 13]]
```

图 4-27　例 4-25 的运行结果

使用列表推导式可以方便地构建素数列表，如例 4-26 所示。

【例 4-26】构建 30 以内的素数列表。

```
1    lst_prime = [i for i in range(2,30) if not [j for j in range(2,int(i**0.5)+1) if i % j == 0]]
2    print(lst_prime)
```

在上述代码中，第 1 行对所有[2,30)范围内的元素 i，如果使用 i 在$[2,\sqrt{i}+1)$内的所有因子 j，构成的列表为空，则 i 是素数保留在新列表中。例 4-26 的运行结果如图 4-28 所示。

```
[2, 3, 5, 7, 11, 13, 17, 19, 23, 29]
```

图 4-28　例 4-26 的运行结果

实例 4.1：为你私人定制的旅游计划

【实例描述】

本例是“为你私人定制的旅游计划”，在引导项目的基础上，增加列表的一系列操作，通过列表的创建、列表元素的获取、列表元素的修改、列表元素的添加和删除等操作，帮助读者了解 Python 中基础容器的使用方法。

【实例分析】

本例的功能是，使用 Python 中的列表定制了一个旅游计划，对旅游城市列表进行增、删、改、查等相关操作。旅游计划中旅游地点的先后次序是随机的，因此称为“为你私人定制的旅游计划”。

实例 4.1 视频

在本例中，读入 5A.txt 文件，从中获取各个城市的 5A 景区信息，然后在此基础上，设计了添加旅游城市、删除旅游城市、修改旅游城市、随机打乱列表等功能。

【实例实现】

```
1    # -*- coding: utf-8 -*-
2    from random import shuffle
3    with open('5A.txt', 'r') as fp:
4        l = [line for line in fp if line[0].isdigit()]
5    travelList = list()
6    #添加旅游城市
7    for index,i in enumerate(l):
8        temp_l =i[2:-1]
9        temp_l =str(index)+'#'+temp_l
10       travelList.append(temp_l)
11
12   print("旅游计划城市:",travelList)
```

```
13
14    #删除旅游城市
15    city_num = input('输入不想旅游城市的个数:')
16    for i in range(int(city_num)):
17        index = int(input('输入不想旅游城市的序号（第1个城市索引为0）'))
18        travelList.pop(index)
19        print("旅游计划城市:",travelList)
20    #修改旅游城市
21    city_num = input('输入修改计划旅游的城市个数:')
22    for i in range(int(city_num)):
23        index = int(input('输入修改计划旅游的城市序号（第1个城市索引为0）'))
24        city_name = input('输入修改计划旅游的城市名称:')
25        travelList[index] =city_name
26        print("旅游计划城市:",travelList)
27    shuffle(travelList)
28    print("请领取您的TOP5旅游计划：",travelList[:5])
```

在上述代码中，第 3～4 行获取了一个 5A 景区信息的容器。第 5 行创建了一个列表，第 6～10 行将 5A 景区信息加入编号并添加到旅游计划城市列表中；从第 14 行开始，循环删除了旅游城市，第 15 行输入不想旅游城市的个数；通过第 16 行开始的循环结构，逐个输入不想旅游城市的序号并使用 pop 操作删除。

这个实例也可以修改旅游城市。第 21 行输入修改计划旅游的城市个数，从第 22 行开始使用 for 循环，逐个输入修改计划旅游的城市序号和修改计划旅游的城市名称，第 25 行通过索引值对指定列表中的元素进行修改。

第 28 行将最后的旅游地点进行输出。所谓的为你私人定制的旅游计划，主要是通过第 27 行的 shuffle()函数将所有想去的城市进行随机排列的。

实例 4.1 的运行结果如图 4-29 所示。

```
地区喀什噶尔老城景区（2015年）', '298#乌鲁木齐天山大峡谷景区（2014年）', '299#、巴音郭楞蒙古自治州博斯腾湖景区（2014年）', '300#、喀什地区泽普金湖杨景区（2013年）', '301#、阿勒泰地区富蕴可可托海景区（2012年）', '302#、伊犁那拉提旅游风景区（2011年）', '303#、阿勒泰地区喀纳斯景区（2007年）', '304#、吐鲁番市葡萄沟风景区（2007年）', '305#、天山天池风景名胜区（2007年）']
输入不想旅游城市的个数:1
输入不想旅游城市的序号（第1个城市索引为0）0
旅游计划城市：['1#北京奥林匹克公园（2012年）', '2#恭王府景区（2012年）', '3#明十三陵景区（2011年）', '4#八达岭一慕田峪长城旅游（2007年）', '5#颐和园（2007年）', '6#天坛公园（2007年）', '7#故宫博物院（2007年）', '8#盘山风景名胜区（2007年）', '9#古文化街旅游区（津门故里）（2007年）', '10#承德市金山岭长城景区（2020）', '11#保定市清西陵景区（2020
```

```
输入修改计划旅游的城市个数:1
输入修改计划旅游的城市序号（第1个城市索引为0）0
输入修改计划旅游的城市名称:大连
旅游计划城市：['大连', '2#恭王府景区（2012年）', '3#明十三陵景区（2011年）', '4#八达岭一慕田峪长城旅游（2007年）', '5#颐和园（2007年）', '6#天坛公园（2007年）', '7#故宫博物院（2007年）', '8#盘山风景名胜区（2007年）', '9#古文化街旅游区（津门故里）（2007年）', '10#承德市金山岭长城景区（2020）', '11#保定市清西陵景区（2020年）', '12#秦皇岛山海关景区（2018年）', '13#保定市白石山景区（2017年）', '14#邯郸市广府古城景区（2017年）',
```

```
请领取您的TOP5旅游计划：['114#、黄山市黄山风景区（2007年）', '195#佛山市长鹿旅游休博园（2014年）', '237#、广安市邓小平故里旅游区（2013年）', '274#、西安市华清池景区（2007年）', '57#东方明珠广播电视塔 （2007年）']
```

图 4-29　实例 4.1 的运行结果

4.3　元　　组

4.3.1　元组与列表的区别

元组也是 Python 中的序列类型之一，但元组是一种不可变序列。元组定义时，所有元素放在一对圆括号中，元素之间用逗号分隔。由于同属于序列类型，元组和列表的各种操作非常类似，但有如下区别：

① 元组一旦定义就不允许修改，但列表可以；

② 元组一旦定义，无法向元组添加元素，列表添加元素的函数如 append()函数等不可用；

③ del 操作可删除整个元组，无法删除元组中的元素，列表的 remove()和 pop()函数不可用；

④ tuple()函数用于冻结列表，使列表数据变为只读，list()函数用于融化元组，使元组数据可变；

⑤ 元组的执行速度比列表更快。

4.3.2 元组的创建

在圆括号中写入元组的初始元素并使用逗号分隔，即可创建元组。只有一个元素的元组要加上逗号才能被识别为元组，否则就是单个元素而不是元组。

【例 4-27】元组的创建示例 1。

```
1    # -*- coding: utf-8 -*-
2    x=(1,3,'a',5)
3    print(x)
4
5    x=(2,)
6    print(x)
7
8    x=2,
9    print(x)
```

在上述代码中，第 5 行和第 8 行都创建了只包含一个元素 2 的元组。例 4-27 的运行结果如图 4-30 所示。

Python 中可用多个值给一个变量赋值，这实际上是创建元组的一种方式。

【例 4-28】元组的创建示例 2。

```
1    x=1,2,3
2    print(x)
```

在上述代码中，第 1 行创建了一个元组，元组中包含 3 个元素 1、2 和 3。例 4-28 的运行结果如图 4-31 所示。

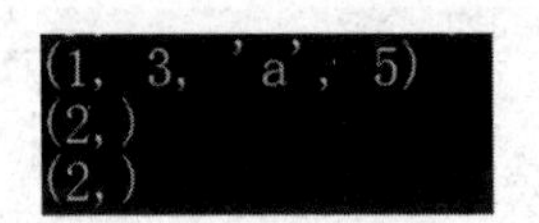

图 4-30 例 4-27 的运行结果

```
(1, 2, 3)
```

图 4-31 例 4-28 的运行结果

我们也可以创建一个复杂的元组，元组中可以包含多种不同的数据类型，如例 4-29 所示。

【例 4-29】复杂元组和空元组的创建。

```
1    x = (1,3,'abc')
2    x1 = [2,'e']
3    x2 =(2,'d',x1,x)
4    print(x2)
5    x=()
6    print(x)
```

在上述代码中，第 3 行定义了元组 x2，此元组中除了包含数值元素 2、字符串元素'd'，还包含一个列表元素 x1 和一个元组元素 x。第 5 行通过给 x 赋值为一对空的圆括号，创建了空元组。例 4-29 的运行结果如图 4-32 所示。

```
(2, 'd', [2, 'e'], (1, 3, 'abc'))
()
```

图 4-32　例 4-29 的运行结果

通过 tuple()函数也可以创建元组。tuple()函数的参数可以是任何的可迭代对象，比如一个字符串、一个列表等。如例 4-30 所示。

【例 4-30】tuple()函数创建元组。

```
1    x = tuple('hello')
2    print(x)
3
4    aList = [1,'b',['a',2]]
5    x = tuple(aList)
6    print(x)
7
8    x = tuple()
9    print(x)
```

在上述代码中，第 1 行将字符串作为 tuple()函数的参数，得到的元组将字符串中的每个元素作为元组中的元素；第 4～5 行将列表作为参数传递给 tuple()函数，可得到一个和列表元素相同的元组；第 8 行通过 tuple()函数不传递任何参数，也可以创建空元组。例 4-30 的运行结果如图 4-33 所示。

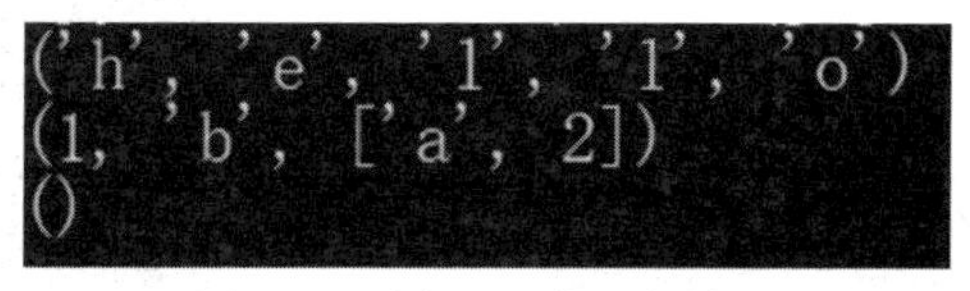

图 4-33　例 4-30 的运行结果

4.3.3　元组的访问

和列表一样，通过指定索引值也可以获取元组中的元素，如例 4-31 所示。

【例 4-31】通过索引值获取元组的元素。

```
1    x=(1,2,3,['a',1,2],3)
2    print(x[1])
3    print(x[3][0])
```

在上述代码中，第 1 行定义了一个元组；第 2 行通过使用 x[1]输出元组索引为 1 的元素，其实就是元组中的第二个元素 2；同样，第 3 行通过索引获得元组中的第四个元素，它是一个列表。所以，可以继续通过指定索引为 0，来得到子列表中的第一个元素'a'。例 4-31 的运行结果如图 4-34 所示。

```
2
a
```

图 4-34　例 4-31 的运行结果

通过指定索引可以修改元组中可变元素的值，但修改不可变元素会引发 TypeError 错误，如例 4-32 所示。

【例 4-32】指定索引修改元组的元素值。

```
1    x=(1,2,3,['a',1,2],3)
2    x[1] = 4
```

在上述代码中，第 2 行对索引为 1 的元素进行修改。但由于 x[1]是 2，是一个数值类型的元素，属于不可变类型。此时程序的运行结果如图 4-35 所示。

```
Traceback (most recent call last):
  File "4-32.py", line 2, in <module>
    x[1] = 4
TypeError: 'tuple' object does not support item assignment
```

图 4-35　指定索引值修改不可变类型的元素

如图 4-35 所示，系统显示 TypeError 错误，提示元组不支持元素赋值。这种修改方式是不可取的。我们可以将程序修改成以下内容：

```
1   x=(1,2,3,['a',1,2],3)
2   print(x)
3   x[3][1] = 4
4   print(x)
```

在上述程序中，第 3 行对 x 中索引为 3 的元素['a',1,2]中的索引为 1 对应的元素 1 进行修改，将其修改为 4，这是可以的，因为索引为 3 的元素是一个列表，属于可变类型。第 4 行输出修改后的结果，此时程序的运行结果如图 4-36 所示。

使用 for 循环也可以遍历元组中的元素，如例 4-33 所示。

【例 4-33】遍历元组元素。

```
1   x=(1,2,3,['a',1,2],3)
2   for i in x:
3       print(i)
```

在上述代码中，使用 for…in…的结构从元组中依次取出第 0 个元素、第 1 个元素、第 2 个元素等，从而输出元组中的所有元素。例 4-33 的运行结果如图 4-37 所示。

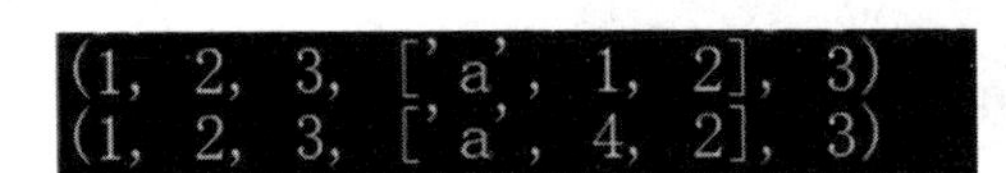

图 4-36　正确修改元组元素的方法

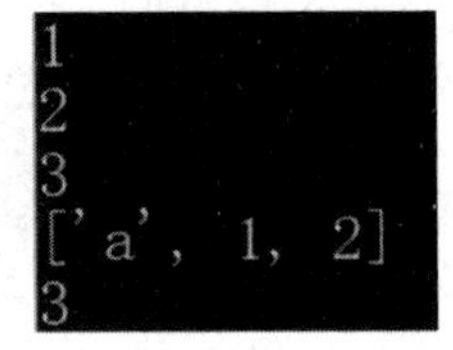

图 4-37　例 4-33 的运行结果

序列的数据是可以通过切片进行访问的，这是项目开发中经常使用的一种方式。元组作为一种序列，也可以通过切片进行访问，如例 4-34 所示。

【例 4-34】切片访问元组。

```
1   x = (1,2,3,['a',1,2],3)
2   x1 = x[2:-1]
3   print(x1)
4
5   x = (1,2,3,['a',1,2],3)
6   x1 = x[1:][2][0]
7   print(x1)
```

在上述代码中，第 1 行定义了一个元组；第 2 行通过切片对元组元素进行访问，2 代表起始索引，-1 代表终止索引，切片中不包含终止索引对应的元素，第二个冒号省略表示默认步长为 1；因此第 3 行输出切片的结果是(3, ['a',1,2])，包含从索引值为 3 的元素开始到倒数第二个元素为止的所有元素。

第 5 行重新定义了元组 x；第 6 行通过切片访问列表元素，冒号前面的 1 表示从元组中的第二个元素开始，冒号后面省略则表示切片直到最后一个元素为止，此时 x[1:]可得到一个除 x 中第一个元素之外所有其他元素构成的新元组。对这个元组使用 x[1:][2]访问其中索引值为 2 的元素，即可得到['a',1,2]，这是一个列表，再次指定索引 0，可以访问到元素'a'，所以在第 7 行输出的结果是 a。例 4-34 的运行结果如图 4-38 所示。

```
(3, ['a', 1, 2])
a
```

图 4-38　例 4-34 的运行结果

使用 del 操作可以删除整个元组，但不能删除元组中的元素，如例 4-35 所示。

【例 4-35】删除元组。

```
1    x = (1,2,3,['a',1,2],3)
2    del x[1]
```

在上述代码中，当第 2 行试图使用 del 操作删除 x 中索引值为 1 的元素时，会引发 TypeError 错误，提示元组不支持元素删除。此时程序的运行结果如图 4-39 所示。

```
Traceback (most recent call last):
  File "4-35.py", line 2, in <module>
    del x[1]
TypeError: 'tuple' object doesn't support item deletion
```

图 4-39　删除元组元素的运行结果

由图 4-39 可以看出，删除元组的单个元素是不可取的，我们可以将程序修改为：

```
1    x = (1,2,3,['a',1,2],3)
2    del x
3    print(x)
```

在上述代码中，第 2 行通过删除整个元组 x 是可以的，但删除后的元组就不能再访问了，因此第 3 行打印 x 会引发 NameError 错误，提示 x 没有定义，实际上是因为 x 已被删除。此时程序的运行结果如图 4-40 所示。

```
Traceback (most recent call last):
  File "4-35.py", line 6, in <module>
    print(x)
NameError: name 'x' is not defined
```

图 4-40　删除元组的运行结果

4.3.4　元组常用的内置函数

同为序列，作用于列表的部分内置函数也可以应用到元组上，比如，len()函数可以取得元组的长度，即元组中元素的个数，如例 4-36 所示。

【例 4-36】len()函数示例。

```
1    x=(1,2,3,['a',1,2],3)
2    L=len(x)
3    print(L)
```

在上述代码中，元组 x 中包含 1、2、3、['a',1,2]和 3 这 5 个元素，因此 L 的值为 5。例 4-36 的运行结果如图 4-41 所示。

图 4-41　例 4-36 的运行结果

函数 min()和 max()可以分别计算元组中最大和最小元素的值，如例 4-37 所示。

【例 4-37】min()和 max()函数示例。

```
1    x = (3,2,5,8,99)
2    min_1 = min(x)
3    print(min_1)
4    max_1 = max(x)
5    print(max_1)
```

本例利用函数 min()和 max()分别计算元组中最大和最小元素的值，可以看出元组 x 的最小值是 2、最大值是 99。例 4-37 的运行结果如图 4-42 所示。

图 4-42　例 4-37 的运行结果

4.3.5　序列解包

序列解包是使用 Python 进行项目开发时常用的方法，它可以将序列中的元素从容器中分离出来以得到单个的元素，再将其赋值给指定的变量或函数的参数等。

1．同时对多个变量赋值

序列解包的重要功能之一就是可以同时对多个变量赋值，这是具有 Python 语言特色的一种编程方式。

【例 4-38】同时对多个变量赋值。

```
1    x,y = input().split()
2    print(x,y)
3    x,y = y,x
4    print(x,y)
```

在上述代码中，第 1 行将用户输入的数据按照空白字符拆分成字符串列表，赋值给 x 与 y 两个变量，这就是序列解包。同样，第 3 行给多个变量赋值。例 4-38 的运行结果如图 4-43 所示。

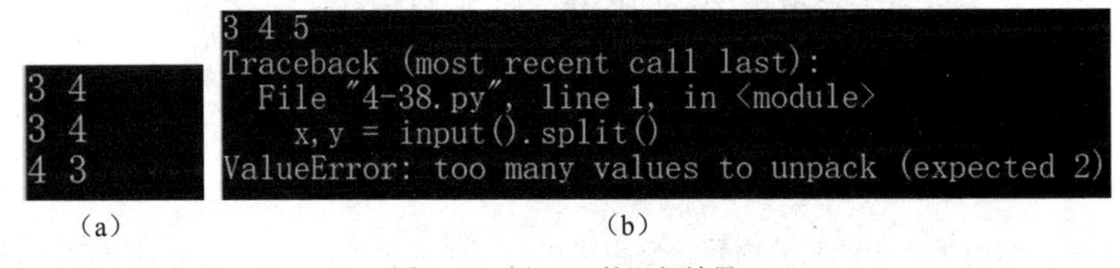

图 4-43　例 4-38 的运行结果

如图 4-43（a）所示，当输入 3 4 时，x 和 y 的值分别取为 3 和 4。序列解包还可以方便地实现元素值的交换，如第 3 行中将 x 和 y 的值互换，实际上赋值语句右侧的“y, x”是一个包含两个元素的元组，这个赋值操作将其解包，得到两个独立的元素并分别赋值给变量 x 和 y，从而实现了元素的互换。

如图 4-43（b）所示，序列解包时如果变量个数少于序列中元素的个数，就会引发 ValueError 错误，提示待解包元素太多。当输入 3 4 5 时，调用 split()函数之后得到的列表中有 3 个元素，第 1 行试图将其赋值给 x 和 y 两个变量，所以产生了错误。

2．序列遍历中的解包

应用解包可以方便地同时遍历多个序列，如例 4-39 所示。

【例 4-39】序列遍历中的解包。

```
1    lst_1 = [1,2,3]
2    tup_2 = [4,5,6]
3    str_3 = '789'
4    for x,y,z in zip(lst_1,tup_2,str_3):
5        print(x,y,z)
```

在上述代码中，第 1～3 行分别设置了列表、元组和字符串，第 4 行同时遍历列表 lst_1、元组 tup_2 和字符串 str_3，将 zip()函数中的元素解包并分别赋值给 x、y 和 z，对元组应用了序列解包，同时实现了对 3 个序列的遍历。例 4-39 的运行结果如图 4-44 所示。

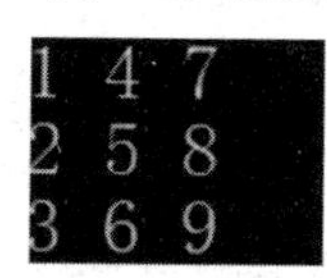

图 4-44　例 4-39 的运行结果

3．函数调用时的序列解包

在调用函数时，在序列类型的实参前面加一个“*”号，也可以实现序列解包，如例 4-40 所示。

【例 4-40】“*”序列解包。

```
1    print(*range(10))
```

在上述代码中，第 1 行将 range 序列解包，相当于为 print()函数传递了 10 个参数。例 4-40 的运行结果如图 4-45 所示。

0 1 2 3 4 5 6 7 8 9

图 4-45　例 4-40 的运行结果

4.3.6　生成器推导式

生成器推导式与列表推导式的原理基本一致，都是通过遍历和条件保留可迭代对象中的部分元素再对其进行计算后构建一个可迭代对象。有所区别的是，列表推导式得到的是列表，而生成器推导式得到的结果是生成器；语法上，列表推导式使用方括号[]，生成器推导式使用圆括号()。

【例 4-41】推导式示例 1。

```
1    lst = [i for i in range(10,100) if i // 10 + i % 10 == 9]
2    gen = (i for i in range(10,100) if i // 10 + i % 10 == 9)
3    print(type(lst), *lst)
4    print(type(gen), *gen)
5    print(*lst)
6    print(*gen)
```

在上述代码中，第 1 行使用列表推导式构建了个位与十位数值相加等于 9 的所有两位数的列表，同理，第 2 行使用生成器推导式构建了相同元素的生成器。从第 3 行和第 4 行的打印结果可以印证，两个可迭代对象中包含的元素值是一样的。但第 5 行和第 6 行再次输出两个可迭代对象中的元素时，列表元素正常输出，而生成器中的元素却一个也没有输出。这是因为生成器中的元素只能访问一次，访问后的元素就被自动丢弃，无法再访问。要想保留生成器中的元素，可以通过 tuple()或 list()函数将其转换成列表或元组类型的元素再访问。例 4-41 的运行结果如图 4-46 所示。

```
<class 'list'> 18 27 36 45 54 63 72 81 90
<class 'generator'> 18 27 36 45 54 63 72 81 90
18 27 36 45 54 63 72 81 90
```

图 4-46　例 4-41 的运行结果

生成器中的元素不能通过指定索引值进行访问，但可以通过 for…in…结构的循环进行遍历，也可以通过 next()函数提取下一个元素。生成器中的元素始终遵循一旦访问过就不能再访问的原则。

【例 4-42】推导式示例 2。

```
1    gen = (i for i in range(10,100) if i // 10 + i % 10 == 9)
2    for i in range(3):
3        print(next(gen), end = ' ')
4    print()
5    for i in gen:
6        print(i,end = ' ')
```

在上述代码中，第 1 行使用生成器推导式构建了一个生成器 gen。例 4-42 的运行结果如图 4-47 所示。从图 4-47 可知，gen 中应包含 18、27、36、45、54、63、72、81、90 这 9 个元素。第 2 行和第 3 行 3 次通过 next()函数访问了 gen 中的元素，可以看到输出的结果是 18、27 和 36；第 5 行和第 6 行使用 for 循环遍历 gen 中的元素时，前面 3 个元素没有再次得到输出，是因为它们已经通过 next()函数访问过了，在这一轮的循环中只能访问剩下的没有访问过的元素。

```
18 27 36
45 54 63 72 81 90
```

图 4-47　例 4-42 的运行结果

实例 4.2：寻找你上学那一年获批的 5A 景区

【实例描述】

本例是“寻找你上学那一年获批的 5A 景区”，在实例 4.1 的基础上，增加列表和元组的一系列操作，通过列表的创建、列表元素的获取、列表元素的查找、元组的创建等操作，帮助读者了解 Python 中基础容器的使用方法。

【实例分析】

本例的功能是，使用 Python 中的列表和元组寻找你上学那一年获批的 5A 景区，对旅游城市列表进行查找等相关操作。

在本例中，读入 5A.txt 文件，从中获取了各个城市的 5A 景区信息，然后在此基础上，设计了按照年份查找旅游城市的功能。

实训 4.2 视频

【实例实现】

```
1    # -*- coding: utf-8 -*-
2    from random import shuffle
3    with open('5A.txt', 'r') as fp:
4        l = [line for line in fp if line[0].isdigit()]
5    travelList = list()
6    #添加旅游城市
7
8    city_year = input('输入上学的年份:')
9    new_travelList = list()
10   for i in l:
```

```
11          index = i.find(city_year)
12          if index!=-1:
13              new_travelList.append(i)
14
15
16      for index,i in enumerate(new_travelList):
17          temp_l =i[2:-1]
18          temp_l =str(index)+'#'+temp_l
19          travelList.append(temp_l)
20      shuffle(travelList)
21      travelList = tuple(travelList)
22
23      print("请领取您的旅游计划，开启说走就走的旅行：\n",travelList)
```

在上述代码中，第 3～4 行获取了一个 5A 景信息的容器。第 5 行创建了一个列表，在第 8 行输入上学的年份，将其保存在 city_year 中，第 9 行创建了一个列表 new_travelList，第 10～13 行搜索含有输入年份的条目，并将 5A 景区信息添加到 new_travelList 列表中；从第 16 行开始，for 循环对列表信息进行了调整，并将调整后的景区信息添加到 new_travelList 列表中。第 20 行随机打乱了 travelList 列表的顺序，第 21 行利用 tuple()函数生成了元组，并在第 23 行输出该元组的信息。

实例 4.2 的运行结果如图 4-48 所示。

```
输入上学的年份:2011
请领取您的旅游计划，开启说走就走的旅行：
 ('19#烟台龙口南山景区（2011年）', '39#中国科学院西双版纳热带植物园（2011年）', '32#、梅州市雁南飞茶田景区（2011年）', '8#长白山景区（2011年）', '37#大理市崇圣寺三塔文化旅游区（2011年）', '2#保定野三坡景区（2011年）', '31#、广州市白云山风景区（2011年）', '0#明十三陵景区（2011年）', '20#、青岛崂山景区（2011年）', '30#、清远市连州地下河旅游景区（2011年）', '12#安庆市天柱山风景区（2011年）', '34#武隆喀斯特旅游区(天生三桥.仙女山.芙蓉洞)（2011年）', '13#、黄山市皖南古村落—西递宏村（2011年）', '10#黑河五大连池景区（2011年）', '15#三明市泰宁风景旅游区（2011年）', '22#安阳殷墟景区（2011年）', '44#银川镇北堡西部影视城（2011年）', '21#平顶山市尧山-中原大佛景区（2011年）', '38#丽江市丽江古城景区（2011年）', '25#恩施州神龙溪纤夫文化旅游区（2011年）', '41#渭南华山景区（2011年）', '36#、乐山市乐山大佛景区（2011年）', '1#石家庄市西柏坡景区（2011年）', '26#、宜昌市三峡人家风景区（2011年）', '11#、嘉兴市南湖旅游区（2011年）', '40#西安大雁塔·大唐芙蓉园景区（2011年）', '27#、十堰市武当山风景区（2011年）', '43#青海省青海湖景区（2011年）', '4#满洲里市中俄边境旅游区（2011年）', '17#、吉安市井冈山风景旅游区（2011年）', '33#、深圳市观澜湖休闲旅游区（2011年）', '42#天水麦积山景区（2011年）', '16#、上饶市三清山旅游景区（2011年）', '7#长春净月潭景区（2011年）', '24#、开封清明上河园（2011年）', '18#威海刘公岛景区（2011年）', '3#晋城皇城相府生态文化旅游区（2011年）', '35#巫山小三峡-小小三峡（2011年）', '5#鄂尔多斯响沙湾旅游景区（2011年）', '28#湘潭市韶山旅游区（2011年）', '29#岳阳市岳阳楼—君山岛景区（2011年）', '6#大连金石滩景区（2011年）', '45#、伊犁那拉提旅游风景区（2011年）', '14#土楼（永定·南靖）旅游（2011年）', '23#、洛阳白云山景区（2011年）', '9#牡丹江镜泊湖景区（2011年）')
```

图 4-48　实例 4.2 的运行结果

4.4 字　　典

Python 中的哈希结构实现为字典。字典表示的是键值对的一种映射关系，也就是说，字典中的每个元素都包含两部分：键和值。字典可以理解为键值对的无序序列，字典中的元素是可修改的。定义字典时，每个元素的键和值用冒号分隔，元素之间用逗号分隔，所有的元素放在一对花括号{}中。字典中元素的值可以是任意类型，但键只能是不可变类型，使用列表等可变类型作为字典的键都会引发程序错误。

4.4.1　字典的创建

字典可以使用多种方法创建。比如，使用指定元素创建、使用 dict()函数创建、调用 dict()函数的静态方法创建等。

1．使用指定元素创建字典

例 4-43 给出使用指定元素创建字典的方法。

【例 4-43】指定元素创建字典。

```
1    a_dict = {'name':'tom','age':20}
2    print(a_dict)
3
4    x={}
5    print(x)
```

在上述代码中，第 1 行创建了一个包含两个元素的字典：第一个元素的键是字符串'name'，值是字符串'tom'；第二个元素的键是字符串'age'，值是整数 20。第 4 行只给出了一个空的花括号，得到的是一个空字典。例 4-43 的运行结果如图 4-49 所示。

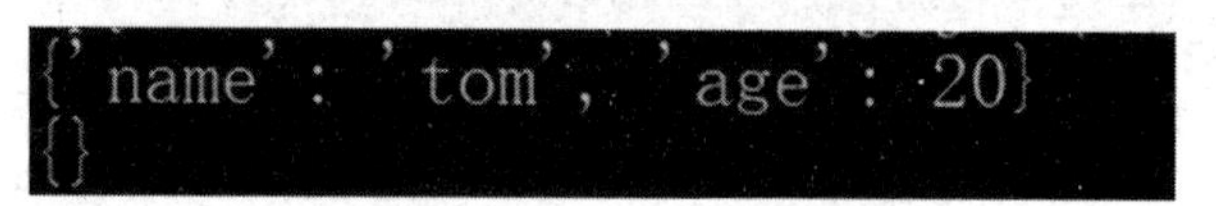

图 4-49　例 4-43 的运行结果

2．使用 dict()函数创建字典

例 4-44 给出使用 dict()函数创建字典的方法。

【例 4-44】使用 dict()函数创建字典。

```
1    dic = dict(name='tom',age=23)
2    print(dic)
3
4    dic = dict()
5    print(dic)
6
7    keys = ['hosts','port']
8    values = ['192.168.100.1','80']
9    dic = dict(zip(keys,values))
10   print(dic)
```

在上述代码中，第 1 行创建了包含两个元素的字典：第一个元素的键是字符串'name'，值是字符串'tom'；第二个元素的键是字符串'age'，值是整数 23。这种方法创建字典会把参数的名称作为字典的键，参数的值作为字典元素的值。第 4 行通过使用无参的 dict()函数，创建了一个空字典。第 9 行将两个序列的 zip 对象传递给 dict()函数，得到以两个序列中对应元素为键值对的字典。例 4-44 的运行结果如图 4-50 所示。

```
{'name': 'tom', 'age': 23}
{}
{'hosts': '192.168.100.1', 'port': '80'}
```

图 4-50　例 4-44 的运行结果

3．调用 dict()函数中的静态方法创建字典

例 4-45 给出调用 dict()函数中的 fromkeys()方法创建字典的示例。

【例 4-45】使用 fromkeys()方法创建字典。

```
1    aDict = dict.fromkeys(['host','port'])
2    print(aDict)
```

在上述代码中，第 1 行为 fromkeys()方法传递了一个列表参数，该列表中的元素就作为新字典的键，每个键对应的值默认为 None。例 4-45 的运行结果如图 4-51 所示。由输出结果可见，字典中包含两个元素，其键分别是列表中的两个元素 host 和 port，两个字典元素的值都是 None。

```
{'host': None, 'port': None}
```

图 4-51　例 4-45 的运行结果

4.4.2　字典元素的获取

1. 用键作为下标读取字典元素值

与列表和元组不同，字典元素没有索引，访问字典元素可以通过指定元素的键来实现，将键像索引一样放在方括号中跟在字典的后面，即可访问对应的元素。如果访问的键不存在，会引发 KeyError 错误。

【例 4-46】使用键访问字典元素。

```
1    a_dict = {'name':'tom','age':20}
2    name_value = a_dict['name']
3    print(name_value)
4    print(a_dict['hello'])
```

在上述代码中，第 1 行创建了一个字典。第 2 行通过键"name"访问字典中的元素并将值提取出来保存在变量 name_value 中，输出变量值，可以看到通过"name"获取了对应的元素值"tom"。第 4 行指定键"hello"访问字典元素时，由于字典中不包含该键，引发了 KeyError 错误，提示键不存在。例 4-46 的运行结果如图 4-52 所示。

```
tom
Traceback (most recent call last):
  File "4-46.py", line 4, in <module>
    print(a_dict['hello'])
KeyError: 'hello'
```

图 4-52　例 4-46 的运行结果

2. 使用 get()方法获取字典元素值

【例 4-47】使用 get()方法获取字典元素值。

```
1    a_dict = {'name':'tom','age':20}
2    name_value = a_dict.get('name')
3    print(name_value)
4
5    name_value = a_dict.get('hello')
6    print(name_value)
7
8    name_value = a_dict.get('hello','world')
9    print(name_value)
```

在上述代码中，第 1 行创建了一个字典；第 2 行指定参数值为键"name"，调用字典的 get()方法提取元素值并保存在变量 name_value 中，输出变量值，可以看到通过"name"获取了对应的元素值"tom"。第 5 行传递参数"hello"给 get()方法，试图获取键"hello"对应的元素值，尽管字典中不包含该键，却并未引发异常，只是得到 None 作为 get()方法的返回值。第 8 行再次将"hello"作为参数传递给 get()方法，同时又传递了一个参数"world"，还是由于字典中不包含值为“hello”的键，该方法返回了指定参数“world”作为结果。例 4-47 的运行结果如图 4-53 所示。

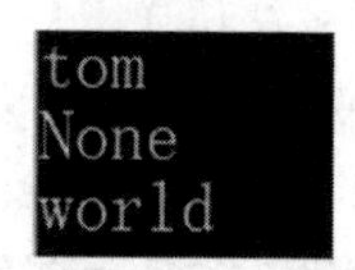

图 4-53　例 4-47 的运行结果

从示例中可以看出，get()方法也可以根据指定的键获取对应的元素值，该方法的容错能力更强：字典中不包含指定键时，该方法会返回 None 或者调用该方法时指定的默认值。

3．items()、keys()和 values()方法

使用字典的 items()方法可以返回字典的键值对，使用字典的 keys()方法可以返回字典的键，使用字典的 values()方法可以返回字典的值。

【例 4-48】 items()、keys()和 values()方法的应用示例。

```
1   a_dict = {'name':'tom','age':20}
2   for i in a_dict.items():
3       print(i)
4   for k in a_dict:
5       print(k)
6
7   k1 = list(a_dict.keys())
8   print(k1)
9
10  k2 = list(a_dict.values())
11  print(k2)
```

在上述代码中，第 1 行创建了一个字典；第 2 行使用 for 循环遍历字典的 items()方法，从输出结果可以看出，items 是一个可迭代对象，其中的元素是字典的键值对构成的元组；第 4 行再次使用 for 循环遍历字典，从输出结果可以看出，直接遍历字典实际上遍历的是字典中所有的键。第 7 行通过字典的 keys()方法获取到字典所有的键；第 10 行则通过字典的 values()方法获取到字典所有的值。程序中将它们分别转化成列表并输出了结果。例 4-48 的运行结果如图 4-54 所示。

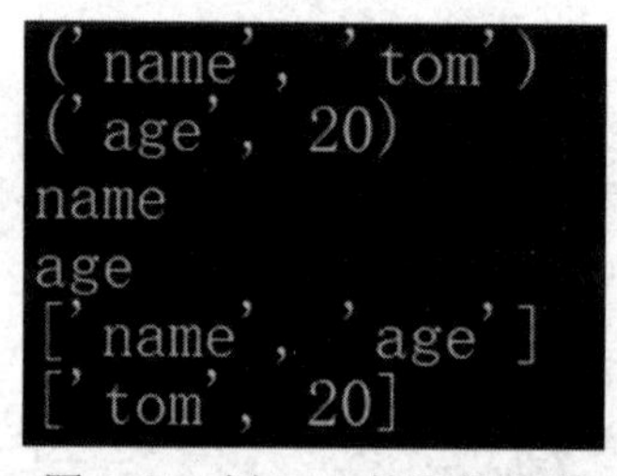

图 4-54　例 4-48 的运行结果

4.4.3　字典元素的添加和修改

字典是可变类型的，其中的元素是可以添加和修改的，且为字典添加和修改元素使用的方法是相同的。

1．指定键添加或修改字典元素

通过键为字典赋值时，若键存在，则可以修改该键的值；否则添加一个键值对。

【例 4-49】指定键添加或修改字典元素示例。

```
1  a_dict = {'name':'tom','age':20}
2  print(a_dict)
3  a_dict['name'] = 'jessica'
4  print(a_dict)
5  a_dict['phone'] = '15644326432'
6  print(a_dict)
```

在上述代码中，第 1 行创建了一个字典，并在第 2 行将其输出；第 3 行给键“name”的元素赋值为“jessica”，“name”键存在，因此修改其对应的元素值为“jessica”，输出结果印证了这个效果；第 5 行再次指定一个键“phone”并为其对应元素赋值，此时字典中并不包含键“phone”，因此就添加了一个键值对，从输出结果看，键“phone”和它对应的值“15644326432”已添加到字典中，成为了字典的一个元素。例 4-49 的运行结果如图 4-55 所示。

```
{'name': 'tom', 'age': 20}
{'name': 'jessica', 'age': 20}
{'name': 'jessica', 'age': 20, 'phone': '15644326432'}
```

图 4-55　例 4-49 的运行结果

2. 使用 update()方法更新字典

【例 4-50】使用 update()方法更新字典的示例。

```
1  a_dict = {'name':'tom','age':20}
2  b_dict = {'phone':'15644326432'}
3  a_dict.update(b_dict)
4  print(a_dict)
```

在上述代码中，第 1～2 行创建了两个字典；第 2 行使用字典 b_dict 作为 update()方法的参数更新字典 a_dict，由于 a_dict 中没有键“phone”，就向 a_dict 中添加了“phone”及其对应值。从输出结果可以看到，字典更新后包含 3 个键值对。如果 update()方法的参数中的字典键和被更新的字典的键有重复，就会用参数中的键值覆盖原始的字典元素值。例 4-50 的运行结果如图 4-56 所示。

```
{'name': 'tom', 'age': 20, 'phone': '15644326432'}
```

图 4-56　例 4-50 的运行结果

4.4.4　字典及其元素的删除

1. 使用 del 操作删除字典及其元素

del 操作可以删除 Python 程序中的任何对象。在字典元素的删除中，指定键的字典元素和字典本身都可以通过 del 操作删除。

【例 4-51】使用 del 操作删除字典及其元素。

```
1  a_dict = {'name':'tom','age':20}
2  del a_dict['name']
3  print(a_dict)
4  del a_dict
5  print(a_dict)
```

从上述代码可以看出，当指定的键存在时，del 操作就删除了对应的元素，输出结果中“name”键和它的值构成的键值对已经不存在了；del 操作也可以删除整个字典，删除后的字典及其任何元素都是不能再次访问的，否则会引发 NameError 错误。例 4-51 的运行结果如图 4-57 所示。

```
{'age': 20}
Traceback (most recent call last):
  File "4-51.py", line 5, in <module>
    print(a_dict)
NameError: name 'a_dict' is not defined
```

图 4-57　例 4-51 的运行结果

2．使用 clear()方法清除字典元素

通过字典调用 clear()方法可以将字典中的所有元素清除。

【例 4-52】使用 clear()方法清除字典元素。

```
1    a_dict = {'name':'tom','age':20}
2    a_dict.clear()
3    print(a_dict)
```

在上述代码中，第 2 行调用了 clear()方法后，第 3 行输出结果为空字典。与 del 操作相比，clear()方法删除了字典中所有的元素，但字典本身仍然存在，还可以继续访问。例 4-52 的运行结果如图 4-58 所示。

图 4-58　例 4-52 的运行结果

3．使用 pop()方法和 popitem()方法删除字典元素

pop()方法也存在于字典中，通过它可以删除字典中指定键的元素。

【例 4-53】使用 pop()方法删除字典元素。

```
1    a_dict = {'name':'tom','age':20}
2    a_dict.pop('age')
3    print(a_dict)
```

在上述代码中，第 2 行调用了字典 a_dict 的 pop()方法，并为其传递参数“age”，从第 3 行的输出结果可以看出，字典中键为“age”的元素已被删除，只剩下一个键值对。例 4-53 的运行结果如图 4-59 所示。

```
{'name': 'tom'}
```

图 4-59　例 4-53 的运行结果

popitem()方法也可以删除字典中的元素，但它不接收任何参数。

【例 4-54】使用 popitem()方法删除字典元素。

```
1    a_dict = {'name':'tom','age':20}
2    b = a_dict.popitem()
3    print(b)
4    print(a_dict)
```

在上述代码中，第 2 行调用了字典 a_dict 的 popitem()方法，该方法返回被删除的键值对构成的元组，从输出结果可以看到，键值对“age”和 20 被删除了。需要注意的是，尽管输出的结果好像 popitem()方法删掉的是字典中的最后一个元素，但字典实际上是无序的，因此 popitem()方法并不能确定删除了哪个元素。例 4-54 的运行结果如图 4-60 所示。

图 4-60　例 4-54 的运行结果

实例 4.3：给我个地点，我推荐你值得去的景区

【实例描述】

本例是“给我个地点，我推荐你值得去的景区”，在实例 4.2 的基础上，增加字典的一系列操作，通过字典的创建、字典元素的获取、字典元素的删除等操作，帮助读者了解 Python 中基础容器的使用方法。

【实例分析】

实例 4.3 视频

本例的功能是，使用 Python 中的字典实现“给我个地点，我推荐你值得去的景区”，对旅游城市列表的字典进行相关操作。

在本例中，读入 5A.txt 文件，从中获取了各个城市的 5A 景区信息，然后在此基础上，输入想要旅游的地点，程序将为你推荐对应的景区信息。

【实例实现】

```
1   # -*- coding: utf-8 -*-
2   from random import shuffle
3   dict_data = {}
4   dict_key =''
5   with open('5A.txt', 'r') as fp:
6       while True:
7           text_line = fp.readline()
8           text_line = text_line[:-1]
9           if text_line and (not text_line[0].isdigit()):
10              dict_key = text_line
11              dict_data[dict_key]=[]
12
13          elif text_line and text_line[0].isdigit():
14
15              dict_data[dict_key].append(text_line)
16          else:
17              break
18
19  print(dict_data.keys())
20  place = input('输入想旅游的地点:')
21  for key in dict_data.keys():
22
23      if place in key:
24          print(dict_data[key])
```

在上述代码中，第 5 行打开了 5A.txt 文件，以行为单位读取数字开头和非数字开头的内容，并分别将其保存在 dict_data 字典中。第 19 行输出了现在 dict_data 字典中的所有键。第 20 行获取了用户输入的旅游地点，第 21 行开始遍历所有的键，从中寻找与用户输入相同的键对应的景区信息。实例 4.3 的运行结果如图 4-61 所示。

```
dict_keys(['北京（8个）', '天津（2个）', '河北（11个）', '山西（9个）', '内蒙古（6个）', '辽宁（6个）'
, '吉林（7个）', '黑龙江（6个）', '上海（4个 ）', '江苏（25个）', '浙江（19个）', '安徽（12个）', '福
建（10个）', '江西（13个）', '山东（13个）', '河南（14个）', '湖北（13个）', '湖南（11个）', '广东（15
个）', '广西（8个）', '海南（6个）', '重庆（10个）', '四川（15个）', '贵州（8个）', '云南（9个）', '西
藏（5个）', '陕西（11个）', '甘肃（6个）', '青海（4个）', '宁夏（4个）', '新疆（16个）'])
输入想旅游的地点:北京
['1、北京市海淀区圆明园景区（2020年）', '2、北京奥林匹克公园（2012年）', '3、恭王府景区（2012年）', '4
、明十三陵景区（2011年）', '5、八达岭一慕田峪长城旅游（2007年）', '6、颐和园（2007年）', '7、天坛公园
（2007年）', '8、故宫博物院（2007年）']
```

图 4-61　实例 4.3 的运行结果

4.5 集　　合

集合是数学中的一个重要概念，Python 中提供 set 类型表示集合，集合是一个可以包含多个元素的容器。集合具有无序和元素不可重复的特点。集合是一种可变类型，但其元素类型只能是数字、字符串、元组等不可变类型，如列表、字典等可变类型不能作为集合元素。

4.5.1　集合的创建

集合可以通过指定元素值创建，也可以使用 set()函数创建。

1．指定元素值创建集合

使用花括号{}把一组元素括起来，元素之间用逗号分隔就创建了集合。

【例 4-55】指定元素值创建集合。

```
1    s = {81,3,4,8,3}
2    print(s)
```

在上述代码中，第 1 行通过指定集合元素创建了一个集合变量 s，输出集合会发现创建时指定的重复元素自动被去除了。集合元素的包装也使用花括号，因此需要注意，空的花括号对应的是空字典而不是集合。例 4-55 的运行结果如图 4-62 所示。

```
{8, 81, 3, 4}
```

图 4-62　例 4-55 的运行结果

2．使用 set()函数创建集合

和列表、元组、字典一样，集合也可以通过特定函数来创建，创建集合使用 set()函数。

【例 4-56】使用 set()函数创建集合。

```
1    s = set("hello world")
2    print(s)
3
4    s = set(('h','e','l','l','o'))
5    print(s)
6
7    s = set(['h','e','l','l','o'])
8    print(s)
9
10   s = set()
11   print(s)
```

在上述代码中，第 1 行将字符串作为参数传递给 set()函数，从执行结果可以看到，字符串中的所有字符去重后构成了集合的元素。第 4 行将元组作为参数传递给 set()函数，从执行结果可以看出，元组中的元素仍然是去重后作为创建集合中的所有元素。第 7 行将列表作为参数传递给 set()函数，结果与前面一致，仍然是去重后的列表元素构建了新集合。第 10 行创建了一个空集合。例 4-56 的运行结果如图 4-63 所示。

```
{'w', 'r', 'd', ' ', 'e', 'l', 'o', 'h'}
{'o', 'e', 'h', 'l'}
{'o', 'e', 'h', 'l'}
set()
```

图 4-63　例 4-56 的运行结果

4.5.2 集合元素的添加

1. 使用 add()方法添加集合元素

使用 add()方法可以向集合中添加指定值的元素。

【例 4-57】使用 add()方法添加集合元素。

```
1    s = set()
2    s.add(2)
3    print(s)
```

在上述代码中，第 2 行向集合中添加了值为 2 的元素，从输出结果可以看到元素已经添加到集合中。例 4-57 的运行结果如图 4-64 所示。

```
{2}
```

图 4-64 例 4-57 的运行结果

如果使用 add()方法添加集合中已有的元素，该方法也不会引发异常，只是集合元素不会增加。

2. 使用 update()方法添加集合元素

使用 update()方法可以向集合中添加一组元素。

【例 4-58】使用 update()方法添加集合元素。

```
1    s = {81,3,4}
2    s1 = [90,4,5]
3    s.update(s1)
4    print(s)
```

在上述代码中，第 1 行创建了一个集合，其中包含 81、3 和 4 共 3 个元素；第 2 行创建了一个包含元素 90、4 和 5 的列表；第 3 行调用 update()方法将列表中的元素全部添加到集合中。例 4-58 的运行结果如图 4-65 所示。

```
{3, 4, 5, 81, 90}
```

图 4-65 例 4-58 的运行结果

update()方法的参数可以是列表、元组、字典等，该方法只会选择不重复元素添加到集合中，重复元素会被自动过滤掉，如图 4-65 所示，s1 中的元素 4 就没有加入集合中。

4.5.3 集合元素的删除

和字典一样，删除集合元素有多种方法。

1. 使用 pop()方法删除集合元素

使用 pop()方法可以随机删除集合中的一个元素。

【例 4-59】使用 pop()方法删除集合元素。

```
1    s = {81,3,4,8,6}
2    a=s.pop()
3    print(s)
```

在上述代码中，第 1 行创建了一个集合；第 2 行调用该集合的 pop()方法，从输出结果可以发现集合中的元素 81 被删除了。例 4-59 的运行结果如图 4-66 所示。

```
{3, 4, 6, 8}
```

图 4-66 例 4-59 的运行结果

使用 pop()方法并不能确定究竟哪个元素会被删除，元素的选择是没有规律的。

2．使用 remove()方法删除集合中的指定元素

使用 remove()方法可以删除集合中指定值的元素。

【例 4-60】使用 remove()方法删除集合元素。

```
1    s = {81,3,4,8,6,3}
2    print(s)
3    s.remove(3)
4    print(s)
```

在上述代码中，第 1 行创建了一个集合；第 3 行删除集合中值为 3 的元素，从输出结果中可以发现元素 3 已被删除。例 4-60 的运行结果如图 4-67 所示。

```
{3, 4, 6, 8, 81}
{4, 6, 8, 81}
```

图 4-67　例 4-60 的运行结果

使用 remove()方法删除集合中不存在的元素时，会引发 KeyError 错误。

3．使用 clear()方法清除集合中的元素

使用 clear()方法可以删除集合中所有的元素。

【例 4-61】使用 clear()方法清除集合元素。

```
1    s = {81,3,4,8,6,3}
2    s.clear()
3    print(s)
```

在上述代码中，第 1 行创建了一个集合；第 2 行调用 clear()方法清除集合元素，从输出结果中可以看到集合元素为空。例 4-61 的运行结果如图 4-68 所示。

```
set()
```

图 4-68　例 4-61 的运行结果

clear()方法只是清空集合中的元素，集合本身并未被删除，还可以对其进行访问。

4．使用 del 操作删除集合

由于集合元素的无序性，无法通过索引值访问集合元素，同时集合元素也没有键值对可以指定，因此无法通过 del 操作删除指定的集合元素，只能删除集合本身。

【例 4-62】使用 del 操作删除集合。

```
1    s = {81,3,4,8,3}
2    del s
3    print(s)
```

在上述代码中，第 1 行创建了一个集合，第 2 行使用 del 操作将其删除。例 4-62 的运行结果如图 4-69 所示。

```
Traceback (most recent call last):
  File "4-62.py", line 3, in <module>
    print(s)
NameError: name 's' is not defined
```

图 4-69　例 4-62 的运行结果

del 操作删除的对象从内存中被删除，因此无法再对集合进行访问，访问删除掉的对象会引发 NameError 错误。

4.5.4 集合的操作

作为数学中的一个常用结构，集合有其固定的运算方法——交、并、补、差。Python 中为这些集合操作提供了相应的方法和运算符。

1. 集合交集

调用集合的 intersection()方法或使用“&”运算符都可以求得集合的交集。

【例 4-63】集合交集示例。

```
1    set_1 = set([1,2,4])
2    set_2 = {1,3.5}
3    set_3 = set_1 & set_2
4    #set_3 = set_1.intersection(set_2)
5    print(set_3)
```

在上述代码中，第 1 行使用列表创建了集合 set_1，第 2 行通过直接指定元素的方式创建了集合 set_2。第 3 行使用“&”运算符计算两个集合的交集，输出结果显示两个集合交集只包含一个元素 1。例 4-63 的运行结果如图 4-70 所示。

```
{1}
```

图 4-70　例 4-63 的运行结果

示例代码中被注释掉的第 4 行代码与第 3 行代码是等效的。

2. 集合并集

调用集合的 union()方法或使用“|”运算符都可以求得集合的并集。

【例 4-64】集合并集示例。

```
1    set_1 = set([1,2,4])
2    set_2 = {1,3.5}
3    #set_3 = set_1 | set_2
4    set_3 = set_1.union(set_2)
5    print(set_3)
```

在上述代码中，第 1 行使用列表创建了集合 set_1，第 2 行通过直接指定元素的方式创建了集合 set_2。第 4 行通过 set_1 对象的 union()方法计算两个集合的并集，输出结果显示两个集合并集中包含 1、2、3.5 和 4 共 4 个元素。例 4-64 的运行结果如图 4-71 所示。

```
{1, 2, 3.5, 4}
```

图 4-71　例 4-64 的运行结果

示例代码中被注释掉的第 3 行代码与第 4 行代码是等效的。

3. 集合差集

调用集合的 difference()方法或使用“-”运算符都可以求得集合的差集。

【例 4-65】集合差集示例。

```
1    set_1 = set([1,2,4])
2    set_2 = {1,3.5}
3    #set_3 = set_1-set_2
4    set_3 = set_1.difference(set_2)
5    print(set_3)
```

集合 A 和 B 的差集指集合 A 中去掉集合 B 包含的所有元素后剩余元素的集合。在上述代码中，第 1 行使用列表创建了集合 set_1，第 2 行通过直接指定元素的方式创建了集合 set_2。第 4 行通过 set_1 对象的 difference()方法计算 set_1-set_2 的结果，输出结果显示元素 2 和 4 是属于 set_1 但不属于 set_2 的，它们构成的集合就是 set_1−set_2 的结果。例 4-65 的运行结果如图 4-72 所示。

```
{2, 4}
```

图 4-72　例 4-65 的运行结果

示例代码中被注释掉的第 3 行代码与第 4 行代码是等效的。集合 A 与 B 的差集跟集合 B 与 A 的差集是不同的。

4．集合对称差

调用集合的 symmetric_difference()方法或使用“^”运算符都可以求得集合的对称差。

【例 4-66】集合对称差示例。

```
1	set_1 = set([1,2,4])
2	set_2 = {1,3.5}
3	set_3 = set_1 ^ set_2
4	#set_3 = set_1.symmetric_difference(set_2)
5	print(set_3)
```

集合 A 和 B 的对称差指 $A-B$ 和 $B-A$ 的并集，是不同时存在于两个集合中的元素的集合。在上述代码中，第 1 行使用列表创建了集合 set_1，第 2 行通过直接指定元素的方式创建了集合 set_2。第 3 行通过应用运算符“^”计算了两个集合的对称差。例 4-66 的运行结果如图 4-73 所示。

```
{2, 3.5, 4}
```

图 4-73　例 4-66 的运行结果

示例代码中被注释掉的第 4 行代码与第 3 行代码是等效的。

5．子集和真子集的判断

使用集合的 issubset()方法可以判断当前集合是否为指定集合参数的子集。

【例 4-67】使用 issubset()方法判断子集。

```
1	set_1 = {1,3}
2	set_2 = {1,3,5}
3	print(set_1.issubset(set_2))
4	print(set_2.issubset(set_1))
```

在上述代码中，对 set_1 对象调用 issubset()方法，传递 set_2 为参数得到结果为 True，说明 set_1 是 set_2 的子集。反过来则不成立。例 4-67 的运行结果如图 4-74 所示。

```
True
False
```

图 4-74　例 4-67 的运行结果

使用比较运算符<、<=也可以判断两个集合是否为真子集或子集关系。

【例 4-68】判断两个集合是否为真子集或子集关系。

```
1	set_1 = {1,3}
2	set_2 = {1,3,5}
3	set_3 = {1,3}
4	print(set_1 < set_2)
5	print(set_2 < set_1)
6	
```

```
7    print(set_1 <= set_3)
8    print(set_3 <= set_2)
```

例 4-68 的运行结果如图 4-75 所示。在上述代码中，第 4 行比较运算的结果为 True，说明 set_1 是 set_2 的真子集，反过来为 False。第 7 行 set_1<=set3 成立，说明前者是后者的子集，第 8 行 set_3<=set1 也成立，说明两个集合是相等的。

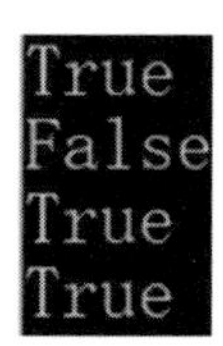

图 4-75　例 4-68 的运行结果

比较运算符>、>=也可以判断两个集合是否为包含和真包含关系。

实例 4.4：我来告诉你各地 5A 景区获批的年份

【实例描述】

本例是“我来告诉你各地 5A 景区获批的年份”，在实例 4.3 的基础上，增加集合的一系列操作，通过集合的创建、集合元素的获取等操作，帮助读者了解 Python 中基础容器的使用方法。

【实例分析】

本例的功能是，使用 Python 中的集合实现“我来告诉你各地 5A 景区获批的年份”，对旅游城市列表形成的集合进行相关操作。

在本例中，读入 5A.txt 文件，从中获取了各个城市的 5A 景区信息，然后在此基础上，输入想要了解的旅游地点，程序将为你显示每个 5A 景区获批的年份。

实例 4.4 视频

【实例实现】

```
1    # -*- coding: utf-8 -*-
2    from random import shuffle
3    dict_data = {}
4    dict_key =''
5    with open('5A.txt', 'r') as fp:
6        while True:
7            text_line = fp.readline()
8            text_line = text_line[:-1]
9            if text_line and (not text_line[0].isdigit()):
10               dict_key = text_line
11               dict_data[dict_key]=set()
12
13           elif text_line and text_line[0].isdigit():
14               text_line = text_line[-6:-2]
15               if text_line.isdigit():
16                   dict_data[dict_key].add(text_line)
17           else:
18               break
19
20   print(dict_data.keys())
21   place = input('输入想了解的旅游地点:')
22   for key in dict_data.keys():
```

```
23
24          if place in key:
25              print(place,"5A景区获批的年份：",dict_data[key])
```

在上述代码中，第 5 行打开了 5A.txt 文件，以行为单位读取数字开头和非数字开头的内容，分别将其保存在 dict_data 集合中。在第 13 行中，如果当前行以数字开头，则取出当前行的[-6:-2]信息；如果仍为数字，把它们添加到 dict_data 集合中。

第 20 行输出了现在 dict_data 字典中的所有键。第 21 行获取了用户输入的旅游地点，第 22 行开始遍历所有的键，从中寻找与用户输入相同的键对应的景区年份信息。实例 4.4 的运行结果如图 4-76 所示。

图 4-76　实例 4.4 的运行结果

4.6　项目实战：一边旅游一边享受美食

4.6.1　项目描述

在本章中读者学习了常见容器的使用方法。本项目将利用列表、元组、字典、集合等容器实现"一边旅游一边享受美食"项目的设计。

4.6.2　项目分析

本例的功能是，使用 Python 中的字典实现"一边旅游一边享受美食"，对旅游城市列表的字典进行相关操作。

在本例中，读入名吃.txt 文件，从中获取各个城市的名吃信息，然后在此基础上，输入想要旅游的地点，程序将为你显示每个城市的名吃信息。名吃.txt 文件内容如图 4-77 所示。

```
1  黑龙江:杀猪菜,马迭尔冰棍
2  吉林:锅包肉,长春酱肉
3  辽宁:鲅鱼饼子,三鲜韭菜盒
4  内蒙古:全鱼宴,秘制天鹅蛋
5  新疆:烤包子,羊肉串,烤鱼
6  西藏:青稞酒,酥油茶,藏面
7  宁夏:烩羊杂碎,涮羊肉
8  青海:羊杂碎,手抓牛肉,杂面片
9  甘肃:兰州酿皮,活糖油糕,糖锅盔
10 陕西:羊肉泡馍,肉夹馍,葫芦头
11 山西:搓鱼钱,太原拉面,面茶,猫耳朵
12 河北:驴肉火烧,煎饼合子,牛肉罩饼
13 四川:担担面,龙抄手,西坝豆腐
14 贵州:肠旺面,荷叶糍粑,丝娃娃
15 重庆:鸡丝豆腐脑,麻圆,过桥抄手
16 云南:小米糕,豆花米线,小锅饵丝
```

图 4-77　名吃.txt 文件内容

第 4 章项目实战视频

4.6.3 项目实现

“一边旅游一边享受美食”的具体程序如下：

```
1    # -*- coding: utf-8 -*-
2    from random import shuffle
3    dict_data = {}
4    dict_key =''
5    with open('名吃.txt', 'r',encoding='UTF-8') as fp:
6        while True:
7            text_line = fp.readline()
8            if text_line:
9                l = text_line.split(':')
10               detail_name = l[1].split(',')
11               detail_name[-1] = detail_name[-1][:-1]
12               dict_data[l[0]] = detail_name
13           else:
14               break
15
16   print(dict_data.keys())
17   place = input('输入想了解的旅游地点:')
18   for key in dict_data.keys():
19
20       if place in key:
21           print(place,"名吃：",dict_data[key])
```

在上述代码中，第 5 行打开了名吃.txt 文件，以行为单位读取文件内容。第 9 行以“:”为单位分割每行的内容，分离出城市名称和名吃信息。城市名称保存在 l[0]中，并将其作为 dict_data 字典中的键，detail_name 作为 dict_data 字典中的值。

第 16 行输出了现在 dict_data 字典中的所有键，第 17 行获取了用户输入的旅游地点，第 18 行开始遍历所有的键，从中寻找与用户输入相同的地点对应的名吃信息。项目实战的运行结果如图 4-78 所示。

```
dict_keys(['北京（8个）', '天津（2个）', '河北（11个）', '山西（9个）', '内蒙古（6个）
', '辽宁（6个）', '吉林（7个）', '黑龙江（6个）', '上海（4个 ）', '江苏（25个）', '浙
江（19个）', '安徽（12个）', '福建（10个）', '江西（13个）', '山东（13个）', '河南（14
个）', '湖北（13个）', '湖南（11个）', '广东（15个）', '广西（8个）', '海南（6个）', '
重庆（10个）', '四川（15个）', '贵州（8个）', '云南（9个）', '西藏（5个）', '陕西（11
个）', '甘肃（6个）', '青海（4个）', '宁夏（4个）', '新疆（16个）'])
输入想了解的旅游地点:北京
北京 5A景区获批的年份：{'2020', '2012', '2011', '2007'}
```

图 4-78　项目实战的运行结果

本 章 小 结

本章内容包括项目引导、列表、元组、字典、集合和项目实战。

在项目引导中，提供了一个“各省份 5A 景区信息”案例用于 Python 容器的简介。

在列表中，介绍了列表的创建、列表元素的获取、列表元素的修改、列表元素的添加和删除、列表常用的函数和运算符、列表推导式，其中涉及了“为你私人定制的旅游计划”实例。

在元组中，介绍了元组与列表的区别、元组的创建、元组的访问、元组常用的内置函数、序列解包、生成器推导式，其中涉及了“寻找你上学那一年获批的 5A 景区”实例。

在字典中，介绍了字典的创建、字典元素的获取、字典元素的添加和修改、字典及其元素的删除，其中涉及了“给我个地点，我推荐你值得去的景区”实例。

在集合中，介绍了集合的创建、集合元素的添加、集合元素的删除、集合的操作，其中涉及了“我来告诉你各地 5A 景区获批的年份”实例。

在“一边旅游一边享受美食”项目实战中，介绍了该项目的具体描述、项目分析及项目实现思路。

习　题　4

1. 选择题

（1）以下不能创建一个字典的语句是（　　）。

A. dict1 = {}　　　　B. dict1 = {3:5}

C. dict1 = {[1,2,3]:"test"}　　　　D. dict1 = {(1,2,3): "test"}

（2）字典 d={'abc':123, 'def':456, 'ghi':789}，len(d)的结果是（　　）。

A. 9　　B. 12　　C. 3　　D. 6

（3）关于 Python 的元组类型，以下选项中描述错误的是（　　）。

A. 元组中元素不可以是不同类型的

B. 元组一旦创建，就不能被修改

C. Python 中元组采用逗号和圆括号（可选）来表示

D. 一个元组可以作为另一个元组的元素，可以采用多级索引获取信息

（4）*S* 和 *T* 是两个集合，对 *S*&*T* 的描述正确的是（　　）。

A. *S* 和 *T* 的并运算，包括在集合 *S* 和 *T* 中的所有元素

B. *S* 和 *T* 的差运算，包括在集合 *S* 但不在 *T* 中的元素

C. *S* 和 *T* 的补运算，包括集合 *S* 和 *T* 中的非相同元素

D. *S* 和 *T* 的交运算，包括同时在集合 *S* 和 *T* 中的元素

（5）以下代码的运行结果是（　　）。

```
lst = [1,2,3,4]
lst[2:9]=[5,6]
print(lst)
```

A. [1,2,5,6]　　B. [1,2,3,4,5,6]　　C. [5,6]　　D. 产生异常

2. 填空题

（1）Python 中的可变数据类型有（　　）和（　　），不可变数据类型有（　　）、（　　）、（　　）。

（2）(　　)表示的是键值对的一种映射关系。

3. 判断题

（1）Python 字典中的“键”不允许重复。　　（　　）

（2）元组中的元素只能是同一种数据类型。　　（　　）

（3）元组中的元素是不可以更改的。　　（　　）

第5章　字 符 串

字符串或串（String）是由数字、字母、下画线组成的一串字符，一般记为 s="$a_1a_2\ldots a_n$"($n \geqslant 0$)。它是编程语言中表示文本的数据类型。在程序设计中，字符串为符号或数值的一个连续序列，如符号串（一串符号）或二进制数字串（一串二进制数字）。字符串在存储上类似于字符数组，每一位的单个元素都是能提取的。

通常以字符串的整体作为操作对象，如在字符串中查找某个子串、截取一个子串、分割字符串等。两个字符串相等的充要条件是：长度相等，并且各个对应位置上的字符都相等。

本章将详细介绍 Python 中的字符串，其中包含字符串编码与驻留机制、字符串格式化、字符串切片、常用的字符串方法等，并通过一系列的实例和项目实战帮助读者掌握 Python 语言中字符串的操作。

5.1　项目引导：开门暗语

5.1.1　项目描述

读者在学习字符串时，通常需要了解 Python 的字符串表达形式。在本项目中，通过一个“开门暗语”案例帮助读者体会 Python 中字符串的处理方法。

5.1.2　项目分析

在本项目中，首先输入一段文字，然后对文字的加密信息进行解读。如果输入正确，则提示：密码正确，门已打开；反之，则提示：密码不正确，已报警。

因此，通过实现本项目引导，本章需要掌握的相关知识点如表 5-1 所示。

表 5-1　相关知识点

序号	知识点	详见章节
1	字符串编码与驻留机制	5.2 节
2	字符串格式化	5.3 节
3	字符串切片	5.4 节
4	常用的字符串方法	5.5 节

第 5 章引导
项目视频

5.1.3　项目实现

实现本项目的源程序如下：

```
1    # -*- coding: utf-8 -*-
2    #天王盖地虎
3
4    s = input("请输入开门暗语:")
5    if s.encode('utf-8')==b'\xe5\xa4\xa9\xe7\x8e\x8b\xe7\x9b\x96\xe5\x9c\xb0\xe8\x99\x8e':
6        print('密码正确,门已打开')
7    else:
8        print('密码不正确,已报警')
```

项目的运行结果如图 5-1 所示。

```
请输入开门暗语:天王盖地虎
密码正确,门已打开
```

```
请输入开门暗语:12345
密码不正确,已报警
```

图 5-1 项目的运行结果

5.2 字符串编码与驻留机制

最早的字符串编码是美国标准信息交换码（ASCII），它仅对 10 个数字、26 个大写英文字母、26 个小写英文字母及一些特殊符号进行了编码。ASCII 码采用 1 字节来对字符进行编码，最多只能表示 256 个字符。GB2312 是我国制定的中文编码，采用 1 字节表示英文字符、2 字节表示中文。GBK 是 GB2312 的补充，采用 2 字节表示中文。CP936 是微软公司在 GBK 基础上开发的编码方式，采用 2 字节表示中文。UTF-8 是将全世界所有国家需要用到的字符进行编码，采用 1 字节表示英文字符，3 字节表示中文，部分语言符号用 2 字节。不同的编码格式意味着不同的表示和存储形式，这几种编码是我们在编写程序时经常使用的编码格式，其中 UTF-8 是用得最多的编码格式。例 5-1 给出了字符串的编码与解码方法。

【例 5-1】字符串编码与解码示例 1。

```
1    s="伟大的中国"
2    print(s.encode('gb2312'))
3    print(s.encode('gb2312').decode('utf-8'))
```

例 5-1 的运行结果如图 5-2 所示。

```
b'\xce\xb0\xb4\xf3\xb5\xc4\xd6\xd0\xb9\xfa'
Traceback (most recent call last):
  File "5-1.py", line 3, in <module>
    print(s.encode('gb2312').decode('utf-8'))
UnicodeDecodeError: 'utf-8' codec can't decode byte 0xb4 in position 2:
 invalid start byte
```

图 5-2 例 5-1 的运行结果

【例 5-2】字符串编码与解码示例 2。

```
1    s="伟大的中国"
2    print(s.encode('gb2312'))
3    print(s.encode('gb2312').decode('gb2312'))
```

例 5-2 的运行结果如图 5-3 所示。

```
b'\xce\xb0\xb4\xf3\xb5\xc4\xd6\xd0\xb9\xfa'
伟大的中国
```

图 5-3 例 5-2 的运行结果

上述示例表明，字符串的编码与解码要相匹配才能输出正确信息。

字符串驻留是一种在内存中仅保存一份相同且不可变字符串的方法。Python 的驻留机制对相同的字符串只保留一份拷贝，后续创建相同字符串时，不会开辟新空间，而是把该字符串的地址赋给新创建的变量，但根据字符串长度的不同，Python 有不同的策略。

系统维护 interned 字典，记录已被驻留的字符串。当字符串 a 需要驻留时，先在 interned 中检测 a 是否存在，若存在，则指向存在的字符串，a 的引用计数减 1；若不存在，则记录 a 到 interned 中。

这里强调交互模式下，Python 的驻留机制有以下几种情况。

① 字符串长度为 0 或 1 时，默认采用驻留机制。

② 字符串长度大于 1 时，且字符串中只包含大小写字母、数字、下画线时，采用驻留机制。

③ 字符串只在编译时进行驻留，而非运行时进行驻留。Python 是解释型语言，但事实上，它的解释器也可以理解为是一种编译器，它负责将 Python 代码翻译成字节码，也就是.pyc 文件。

④ 用乘法得到的字符串，如果结果长度≤20 且字符串只包含数字、大小写字母、下画线，则支持驻留；如果结果长度>20，则不支持驻留。这样的设计是为了保护.pyc 文件不会因错误代码而变得过大。

⑤ 对[−5,256]之间的整数数字，Python 默认驻留。

⑥ Python 提供 intern()方法强制 2 个字符串指向同一个对象。

总的来说，Python 字符串驻留机制针对的是短字符串，多个对象共享该拷贝，也就是说，在内存中只存放一份数据。长字符串不遵守驻留机制，也就是说，在内存中长字符串不只存放一份数据。此外，根据 Python 程序是否运行在交互模式下，采用不同的处理策略。

【例 5-3】短字符串内存驻留机制示例。

```
1    s1 = "今天天气不错"
2    s2 = "今天天气不错"
3    print(id(s1))
4    print(id(s2))
```

例 5-3 的运行结果如图 5-4 所示。在上述代码中，字符串 s1 与 s2 的内容是相同的，分别输出的 s1 与 s2 的地址结果也是相同的，说明短字符串的内容在内存中只存放一份。

```
2211169785984
2211169785984
```

图 5-4　例 5-3 的运行结果

【例 5-4】长字符串内存驻留机制示例。

```
1    s1 = "今天天气不错" * 10000
2    s2 = "今天天气不错" * 10000
3    print(id(s1))
4    print(id(s2))
```

例 5-4 的运行结果如图 5-5 所示。在上述代码中，字符串 s1 与 s2 分别将“今天天气不错”复制了 10000 次，变成了非常长的字符串，但内容也是相同的。将 s1 和 s2 字符串的地址输出，发现地址是不同的。所以在 Python 中，长字符串不遵守驻留机制。

```
1783637040416
1783637160512
```

图 5-5　例 5-4 的运行结果

5.3　字符串格式化

字符串格式化用来把整数、实数、列表等对象转化为特定格式的字符串。Python 中的字符串可通过占位符%、format()方法和 f 格式化方法这 3 种方式实现格式化输出，下面分别介绍这 3 种方式。

1. 占位符%

占位符%格式化的格式如图 5-6 所示。

① 第一个%表示格式化开始。

② [-]表示指定左对齐，字符串靠左对齐。

③ [+]表示正数，也就是说，如果表达的是一个正数，自动加上加号。

④ [0]指定空位填 0，如果位数不足，就用 0 进行填充。

⑤ [m]指定数据的最小宽度。

⑥ [.n]指定数据精度，比如 n 为 2，表示数据要保留两位小数。

⑦ 格式字符指定数据类型。比如，格式化的是一个整型、浮点型的数据。

⑧ 第二个%表示格式运算符。

⑨ X 表示要转换的一个表达式。

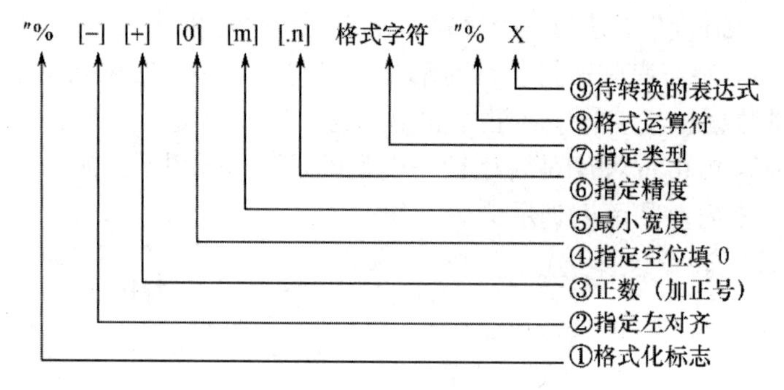

图 5-6　占位符%格式化的格式

常见的字符串格式化符号如表 5-2 所示。

表 5-2　常见的字符串格式化符号

符号	描　述
%c	格式化字符及其 ASCII 码
%s	格式化字符串
%d	格式化整数
%u	格式化无符号整数
%o	格式化无符号八进制数
%x	格式化无符号十六进制数
%X	格式化无符号十六进制数（大写）
%f	格式化浮点数，可指定小数点后的位数
%e	用科学记数法格式化浮点数
%E	作用同%e，用科学记数法格式化浮点数
%g	%f 和%e 的简写
%G	%F 和%E 的简写
%p	用十六进制数格式化变量的地址

常见的格式化操作符辅助指令如表 5-3 所示。

表 5-3　常见的格式化操作符辅助指令

符号	功　能
*	定义宽度或小数点位数
-	用于左对齐

续表

符号	功　能
+	在正数前面显示加号（+）
<sp>	在正数前面显示空格
#	在八进制数前面显示零('0')，在十六进制数前面显示'0x'或'0X'（取决于用的是'x'还是'X'）
0	显示的数字前面填充'0'而不是默认的空格
%	'%%'输出一个单一的'%'
(var)	映射变量（字典参数）
m.n.	m 是显示的最小宽度，n 是小数点后的位数

【例 5-5】%格式化字符串。

```
1    x=5.4567
2    print("%+010.3f" % x)
```

图 5-7 给出了例 5-5 的运行结果。

```
+00005.457
```

图 5-7　例 5-5 的运行结果

在上述代码中，定义了一个浮点数 x，然后用"%+010.3f"格式化这个字符串，其中%代表格式化的开始，如果数据是正数，会加上一个加号（+），后面的 0 代表如果数据位数不足，用 0 来填充，紧接着的 10 代表这个数据共有 10 位，这 10 位是包含小数点和加号的。.3f 代表要保留 3 位小数，此时格式化的是一个浮点型的数据。

2．format()方法

format()方法同样可以对字符串进行格式化输出，与占位符%不同的是，使用 format()方法不需要考虑变量的类型。

format()方法的基本使用格式如下：

```
<字符串>.format(<参数列表>)
```

【例 5-6】使用 format()方法格式化字符串。

```
1    data = (102.11,444.3, 13.3332)
2    print("A:{0[0]};B:{0[1]};C:{0[2]}".format(data))
```

图 5-8 给出了例 5-6 的运行结果。

```
A:102.11;B:444.3;C:13.3332
```

图 5-8　例 5-6 的运行结果

在上述代码中，定义一个元组 data，待格式化的字符串中，A:后面的花括号中的第 1 个 0 代表 format()方法参数中的第 1 个参数，data 为所指定的数据，[0]代表 data 元组中的第 0 个索引值所对应的元素，也就是第一个元素。后面同理。

3．f 格式化方法

f 格式化方法是 Python 3.6 版本之后出现的一种格式化方式，其含义与 format()方法类似，但形式更加简洁。其中，字符串里花括号中的变量名表示占位符，同样不需要关注变量类型。

【例 5-7】f 格式化方法示例。

```
1    width = 3
2    precision = 4
3    value = 19/3
```

```
4    print(f'result:{value:{width}.{precision}f}')
```

图 5-9 给出了例 5-7 的运行结果。

```
result:6.3333
```

图 5-9　例 5-7 的运行结果

上述代码分别定义 value、width 及 precision3 个变量，通过 f 格式化方法来对字符串进行格式化。在 f 后面指定一个字符串的内容，result:后面的花括号中就是要格式化的数据，其中，value 是指定的变量的值，其冒号后面是指定的具体的格式，即采用的宽度和小数点的位置。

5.4　字符串切片

由前面知识可知，Python 的序列对象都是可以用索引号来引用元素的。索引号可以是正数，索引方向由 0 开始从左向右；也可以是负数，索引方向由-1 开始从右向左。在 Python 中，对具有序列结构的数据来说，都可以使用切片（slice）操作，需注意的是，序列对象某个索引位置返回的是一个元素，而切片操作返回的是和被切片对象相同类型对象的副本。

字符串'xxx'和 Unicode 字符串 u'xxx'也可以看成是一种列表，每个元素就是一个字符。因此，字符串也可以采用切片操作，只是操作结果仍是字符串。在很多编程语言中，针对字符串提供了很多截取函数，其目的就是对字符串切片。Python 中没有针对字符串的截取函数，只需要一个切片操作就可以完成，非常简单。

切片操作可以从一个字符串中获取子串（字符串的一部分）。我们使用一对方括号、起始偏移量（start）、结束偏移量（end）及可选的步长（step）来定义一个切片。具体格式如下：

```
[start:end:step]
```

- [:]：提取从开头（默认偏移量为 0）到结尾（默认偏移量为-1）的整个字符串。
- [start:]：从 start 提取到结尾。
- [:end]：从开头提取到 end-1。
- [start:end]：从 start 提取到 end-1。
- [start:end:step]：从 start 提取到 end-1，每 step 个字符提取一个。

总的来说，字符串切片方式与序列切片方式一致。以下给出一些字符串切片的实例。

【例 5-8】字符串切片示例 1。

```
1    s1 = "今天天气不好"
2    print(s1)
3    s2 = s1[::-1]
4    print(s2)
5    s2 = s1[1::2]
6    print(s2)
```

上述代码对字符串 s1 进行切片。切片方式通过冒号相隔，第一个冒号前面代表的是起始偏移量，第一个冒号后面代表的是结束偏移量，注意是不包括结束偏移量的，也就是左闭右开的方式。如果冒号前后都没有数据，此时提取的是从第一个元素到最后一个元素。第二个冒号后面代表步长，如果步长是-1，此时代表的是逆序输出。切片[1::2]的第 1 个数值是 1，表示从第 2 个字开始，第一个冒号后面没有数据，代表一直到最后一个字，第 2 个冒号后面是 2，代表的是步长，所以切片输出的第一个字是“天”，隔两个字再输出，第二个字输出的是“气”，第三个字输出的是“好”。

图 5-10 给出了例 5-8 的运行结果。

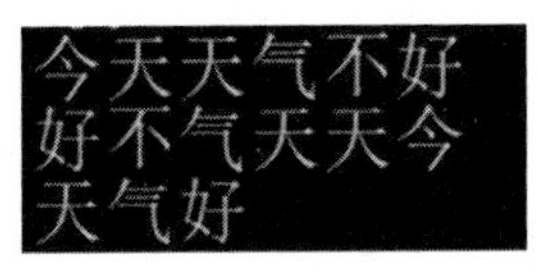

图 5-10　例 5-8 的运行结果

【例 5-9】 字符串切片示例 2。

```
1    s1 = "Python语言程序设计"
2    for i in s1[::2]:
3        print(i, end='')
```

上述代码中，for 循环里面采用了一个切片，切片起始偏移量与结束偏移量都是默认值，步长为 2。图 5-11 给出了例 5-9 的运行结果。

```
Pto语程设
```

图 5-11　例 5-9 的运行结果

实例 5.1：智能家居协议解析

【实例描述】

随着当今科技的飞速发展，智能家居已经进入普通家庭，你知道手机是如何与物联网硬件通信的吗？今天我们就揭开这神秘的通信协议面纱。本例是“智能家居协议解析”，本例中增加了对字符串的一系列操作，通过字符串的切片等操作，帮助读者了解 Python 中字符串的使用方法。

实例 5.1 视频

【实例分析】

本例的功能是，使用 Python 中的字符串实现“智能家居协议解析”，对智能家居中的协议进行相关操作。

【实例实现】

```
1    # -*- coding: utf-8 -*-
2    #AA:协议头；+023.8：温度；35%：湿度；1：有侵入，0无侵入；101，3个灯的状态为开、关、开；
     BB协议尾部
3    s="AA#+028.8#70%#1#100#BB"
4    if s[:2]=='AA' and s[-2:]=='BB':
5        s1 = s.split('#')
6        print("室内温度：",s1[1],"度")
7        print("室内湿度：",s1[2])
8        if  s1[3]=="1":
9            print("防盗检测：  有外人闯入")
10       if  s1[4][0]=='1':
11           print("灯1状态：开")
12       else:
13           print("灯1状态：关")
14
15       if  s1[4][1]=='1':
16           print("灯2状态：开")
17       else:
18           print("灯2状态：关")
19       if  s1[4][2]=='1':
```

```
20          print("灯3状态：开")
21      else:
22          print("灯3状态：关")
23
24  else:
25      print("无效数据")
```

上述代码中，第 3 行的字符串 s 可以看作手机与硬件的通信语言，其中 AA 表示有效数据的起始，第一个#号后面的+028.8 表示室内温度，第二个#号后面的 70%表示室内湿度，第三个#号后面的 1 表示是否有人闯入，如果像现在这样，值为 1，表示有人闯入了，第四个#号后面的 100 表示灯的状态，1 表示灯开着，0 表示灯关着，最后一个#号后面的 BB 表示这组数据结束。在了解这组字符串的含义之后，如何把想要的数据取出来呢？这其中用到了字符串的切片操作和方法。

第 4 行首先对字符串进行切片，取出了前两个字符，注意切片的规则是左闭右开的。判断前两个字符如果是 AA，则进入 if 代码块。在第 5 行中，使用 split()方法按照参数“#”字符进行分割，分割后的结果被保存到列表 s1 中。接下来分别输出列表中下标为 1 和 2 的两个数据元素，分别表示室内温度和湿度。然后，判断 s1 中下标为 3 的元素是否为 1，输出防盗检测有外人闯入。第 15 行依次判断 s1 中下标为 4 的每一个元素是否为 1，如果为 1，表示灯开着，否则表示灯关着。

实例 5.1 的运行结果如图 5-12 所示。

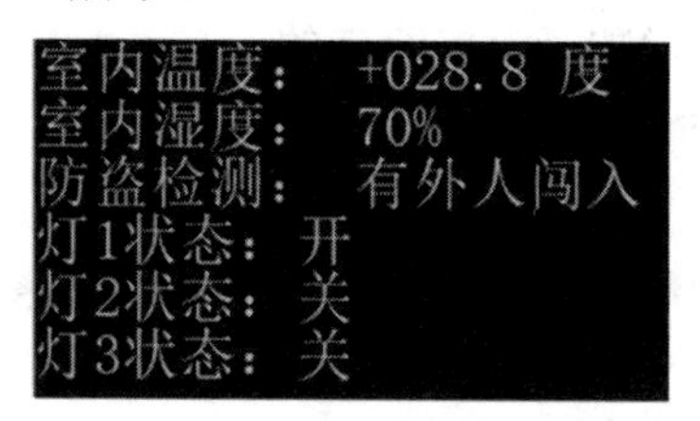

图 5-12　实例 5.1 的运行结果

综上所述，其实可以理解为一组设备的通信协议，只需要按照给定的规范，依次从字符串中取出我们想要的字段，就可以完成对这个通信协议的解析，设备之间就可以完成通信。

5.5　常用的字符串方法

在开发过程中会经常使用字符串，掌握字符串的常用操作有助于提升编码效率。字符串方法是从 Python 1.6 到 Python 2.0 逐步加进来的，这些方法实现了 string 模块的大部分方法，表 5-4 列出了目前常用的字符串方法，所有的方法都包含对 Unicode 的支持，有一些甚至是专门用于 Unicode 的。

表 5-4　常用的字符串方法

方　法	描　　述
string.count(str, beg=0, end=len(string))	返回 str 在 string 里面出现的次数，如果 beg 或 end 指定，则返回指定范围内 str 出现的次数
string.endswith(obj, beg=0, end=len(string))	检查字符串是否以 obj 结束，如果 beg 或 end 指定，则检查指定范围内是否以 obj 结束。如果是，返回 True，否则返回 False
string.find(str, beg=0, end=len(string))	检测 str 是否包含在 string 中，如果 beg 和 end 指定，则检查是否包含在指定范围内。如果是，返回开始的索引值，否则返回-1
string.format()	格式化字符串

续表

方　法	描　　述
string.index(str, beg=0, end=len(string))	与 find()方法一样，如果 str 不在 string 中，会报告一个异常
string.join(seq)	以 string 作为分隔符，将 seq 中所有的元素的字符串表示合并为一个新的字符串
string.partition(str)	find()方法和 split()方法的结合体，从 str 出现的第一个位置起，把 string 分成一个 3 元素的元组(string_pre_str,str,string_post_str)，如果 string 中不包含 str，则 string_pre_str == string
string.replace(str1, str2, num=string.count(str1))	把 string 中的 str1 替换成 str2，如果 num 指定，则替换不超过 num 次
string.split(str="", num=string.count(str))	以 str 为分隔符切片 string，如果 num 指定，则仅分割 num+1 个子串
string.strip([obj])	在 string 上执行 lstrip()方法和 rstrip()方法
string.rstrip()	删除 string 末尾的空格
string.translate(str, del="")	根据 str 给出的表（包含 256 个字符）转换 string 的字符，要过滤掉的字符放到 del 参数中
string.rfind(str, beg=0,end=len(string))	类似于 find()方法，返回字符串最后一次出现的位置，如果没有匹配项，则返回-1
string.rindex(str, beg=0,end=len(string))	类似于 index()方法，不过是从右边开始的

下面介绍字符串常用方法的具体使用规则。

1．find()/rfind()方法

find()/rfind()方法分别用来查找一个字符串在另一个字符串首次和最后一次出现的位置，如果不存在，则返回-1，其中 find()从左向右查找，而 rfind()则从右向左查找。

find()方法的语法如下：

```
str.find(str, beg=0, end=len(string))
```

参数如下：

- str，指定检索的字符串；
- beg，起始索引位置，默认为 0；
- end，结束索引位置，默认为字符串的长度。

如果包含子串，返回开始的索引值，否则返回-1。

rfind()方法的语法如下：

```
str.rfind(str, beg=0 end=len(string))
```

rfind()方法的参数与 find()方法相同，此处不再赘述。

rfind()方法返回字符串最后一次出现的位置，如果没有匹配项，则返回-1。

【例 5-10】find()/rfind()方法使用示例。

```
1    s = "《战狼 II》是吴京执导的动作军事电影,该片讲述了脱下军装的冷锋(吴京)被卷入了一场非洲
     国家的叛乱，本来能够安全撤离的他无法忘记军人的职责，重回战场展开救援的故事"
2    i = s.find("吴京")
3    print(i)
4    i = s.find("吴京", 8)
5    print(i)
6    i = s.find("吴京", 8, 29)
7    print(i)
8    i = s.rfind("吴京")
9    print(i)
```

上述代码中，第 2 行使用 find()方法查找“吴京”这两个字在字符串 s 中首次出现的位置，

也就是下标。输出的结果是 6。find()方法还可以有第 2 个和第 3 个参数，两个参数分别表示要查找的起始位置和结束位置，依然是从左向右进行查找。例如，第 4 行 find()方法的第 1 个参数“吴京”，是待检索的字符串，第 2 个参数是查找的起始位置，第 3 个参数被省略，表示没有右区间，即一直检索到最右边一个字符。于是，此时会从“吴京执导”的“执”这个字开始查找，一直找到字符串的结尾。我们找到在第 31 个下标的位置还有一个“吴京”，输出下标位置 31。

类似地，第 6 行的 find()方法规定查找区域，是下标 8 到 29 之间，也就是从“执导”的“执”这个字开始，到第二行“冷锋”的“冷”字结束，在此区间没有“吴京”这两个字，所以此时未查找到我们要的内容，则返回-1。

rfind()方法实现的功能和 find()方法相似，参数也相似，只不过 rfind()方法的查找顺序是从右向左的。同样在第 8 行查找“吴京”，从右向左找到的第一个“吴京”的下标被输出，返回值为 31。

图 5-13 给出了例 5-10 的运行结果。

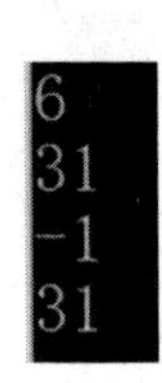

图 5-13　例 5-10 的运行结果

2. index()/rindex()方法

index()/rindex()方法用来返回一个字符串在另一个字符串指定范围中首次和最后一次出现的位置，如果不存在，则抛出异常。

index()方法检测字符串中是否包含子串 str，如果指定 beg 和 end 范围，则检查是否包含在指定范围内。该方法与 Python 中的 find()方法一样，只不过如果 str 不在 string 中，则抛出异常。

index()方法的语法如下：

```
str.index(str, beg=0, end=len(string))
```

参数如下：

- str，指定检索的字符串；
- beg，起始索引位置，默认为 0；
- end，结束索引位置，默认为字符串的长度。

如果包含子串，返回开始的索引值，否则抛出异常。

rindex()方法返回子串 str 在字符串中最后出现的位置，如果没有匹配的字符串，则抛出异常，可以指定可选参数[beg:end]设置查找的区间。

rindex()方法的语法如下：

```
str.rindex(str, beg=0 end=len(string))
```

rindex()方法的参数与 index()方法的相同，此处不再赘述。

【例 5-11】 index()/rindex()方法的使用示例。

```
1    s = "《战狼Ⅱ》是吴京执导的动作军事电影,该片讲述了脱下军装的冷锋(吴京)被卷入了一场非洲
     国家的叛乱，本来能够安全撤离的他无法忘记军人的职责，重回战场展开救援的故事"
2    i = s.index("吴京")
3    print(i)
4    i = s.index("吴京", 8)
5    print(i)
6    i = s.rindex("吴京")
```

```
7    print(i)
8    i = s.index("吴京", 8, 29)
9    print(i)
```

在上述代码中，第 2 行的 index()方法查找字符串 s 中第 1 个出现“吴京”的位置，输出为 6。第 4 行的 index()方法从位置 8 开始查找首次出现“吴京”的位置，输出为 31。在第 6 行，rindex()方法从右向左查找第一个出现“吴京”的位置，输出为 31。如果给出的查找范围没有“吴京”字符串，则会抛出异常。图 5-14 给出了例 5-11 的运行结果。

```
6
31
31
Traceback (most recent call last):
  File "5-11.py", line 8, in <module>
    i = s.index("吴京", 8, 29)
ValueError: substring not found
```

图 5-14　例 5-11 的运行结果

3. count()/len()方法

count()方法用于统计字符串中某个字符或子串出现的次数。可选参数为在字符串中搜索的起始位置与结束位置。

count()方法的语法如下：

```
str.count(sub, start= 0,end=len(string))
```

参数如下：

- sub，搜索的子串；
- start，字符串开始搜索的位置，默认为第一个字符，第一个字符索引值为 0；
- end，字符串中结束搜索的位置，字符串中第一个字符的索引值为 0，默认为字符串的最后一个位置。

该方法返回子串在字符串中出现的次数。

len()方法返回列表元素个数。

len()方法的语法如下：

```
len(list)
```

参数如下：

- list，要计算元素个数的列表。

【例 5-12】 count()方法的使用示例。

```
1    s = "《战狼Ⅱ》是吴京执导的动作军事电影,该片讲述了脱下军装的冷锋(吴京)被卷入了一场非洲
     国家的叛乱，本来能够安全撤离的他无法忘记军人的职责，重回战场展开救援的故事"
2    num = s.count("吴京")
3    print(num)
4
5    num = s.count("吴京演员")
6    print(num)
```

上述代码分别实现了对字符串“吴京”和“吴京演员”在字符串 s 中出现次数的统计。图 5-15 给出了例 5-12 的运行结果。

图 5-15　例 5-12 的运行结果

【例 5-13】len()方法的使用。

```
1    s = "《战狼 II》"
2    l = len(s)
3    print(l)
```

从例 5-13 中可以看出，Python 中一个汉字和一个字符的长度相同，都为 1。图 5-16 给出了例 5-13 的运行结果。

图 5-16　例 5-13 的运行结果

4．split()/rsplit()方法

split()/rsplit()方法用来以指定的零个或多个字符为分隔符，把当前字符串从左往右或从右往左进行分割，并返回包含最终分割结果的列表。如果不指定分隔符，则字符串中任何空白字符（如空格、换行符、制表符等）都将被认为是分隔符。split()/rsplit()方法允许指定最大分割次数。

split()方法的语法如下：

```
str.split(str="", num=string.count(str)).
```

参数如下：

- str，分隔符，默认为所有的空白字符，包括空格、换行符(\n)、制表符(\t)等；
- num，分割次数，默认为-1，即分割所有。

split()方法返回分割后的字符串列表。

rsplit()方法从右侧开始将字符串拆分为列表。如果未指定分割次数，则返回与 split()方法相同的结果；如果指定分割次数，列表将包含指定数量加一的元素。

rsplit()方法与 split()方法的形式类似，此处不再赘述。

【例 5-14】不指定分隔符的 split()方法。

```
1    s = "我爱你 \n中国 \n\n 我爱你 \t 北京"
2    print(s)
3    s1 = s.split()
4    print(s1)
```

在上述代码中，split()方法没有实参传入，所以任何空白字符都将被认为是分隔符。图 5-17 给出了例 5-14 的运行结果。

图 5-17　例 5-14 的运行结果

【例 5-15】指定分隔符的 split()方法。

```
1    s = "AA#23.8#35%#1#BB"
2    if s[:2] == 'AA':
3        s1 = s.split('#')
4        print(s1)
5        s2 = s.split('A#')
6    print(s2)
```

在上述代码中，分别以'#'和'A#'对字符串 s 进行分割，返回分割结果的列表。图 5-18 给出了例 5-15 的运行结果。

```
['AA', '23.8', '35%', '1', 'BB']
['A', '23.8#35%#1#BB']
```

图 5-18　例 5-15 的运行结果

【例 5-16】指定最大分割次数的 split()方法。

```
1    s = "我爱你 \n中国 \n\n 我爱你 \t 北京"
2    s1 = s.split(maxsplit=2)
3    print(s1)
```

在上述代码中，给 split()方法增加了一个参数 maxsplit=2，指明最大分割次数是 2，即将字符串分成 3 部分。所以输出的内容“我爱你”和“中国”正常输出，剩余后面的内容作为第三部分输出。图 5-19 给出了例 5-16 的运行结果。

```
['我爱你', '中国', '我爱你 \t 北京']
```

图 5-19　例 5-16 的运行结果

5.6　项目实战：智能家居设备状态采集

5.6.1　项目描述

在本章中读者学习了字符串的常见使用方法。本项目将利用字符串的编码、格式化、切片等常用操作，实现“智能家居设备状态采集”项目的设计。

5.6.2　项目分析

本例的功能是，使用 Python 中的字符串实现“智能家居设备状态采集”，对设备信息中的字符串进行相关操作。

在本例中，输入了室内温度传感器数据、室内湿度传感器数据、家居控制模式、入侵状态、第 1 个灯的状态、第 2 个灯的状态，最终系统输出了拟发送的指令。

第 5 章项目实战视频

5.6.3　项目实现

“智能家居设备状态采集”的具体程序如下：

```
1    # -*- coding: utf-8 -*-
2    '''
3        用十六进制数表示数据： AA UU TT VV WW BB
4        0XAA表示协议头；
5        0XUU 0XTT,0XUU表示温度的整数部分,0XTT表示温度的小数部分；
6        0XVV表示湿度
7        0XWW高5位表示家居控制模式，第3位表示是否有人入侵，低2位表示两个灯的开关状态
8        0XBB表示协议尾
9        例：0xaa0xd0x80x220xf70xbb
10   '''
11   def sendData():
12       data =[]
13       temperature = input("获取室内温度传感器数据：")
14       while temperature.count('.')==0:
15           temperature = input("数据输入错误，重新输入室内温度传感器数据,如34.2：")
```

```
16          tl = temperature.split('.')
17          data.append(0xAA)#添加协议头
18          uu =int(tl[0])
19          data.append(uu)#添加温度的整数部分
20          tt =int(tl[1])
21          data.append(tt)#添加温度的小数部分
22          humidity = input("获取室内湿度传感器数据：")
23          while not humidity.isdigit():
24              humidity = input("数据输入错误，重新输入湿度传感器数据：")
25          data.append(int(humidity))#添加湿度传感器数据
26
27          control_mode =int(input("获取家居控制模式，31种模式以内："))
28          while control_mode>=32 or control_mode<0:
29              control_mode =int(input("数据输入错误，获取家居控制模式，31种模式以内："))
30          control_mode = control_mode<<3
31
32          alarm =int(input("获取入侵状态：1为入侵，0为无入侵:"))
33          while alarm>=2 or alarm<0:
34              alarm =int(input("数据输入错误，重新获取入侵状态：1为入侵，0为无入侵:"))
35          alarm = alarm<<2&0X04
36          second_light =int(input("获取第2个灯的状态：1为亮，0为灭:"))
37          while second_light>=2 or second_light<0:
38              second_light =int(input("数据输入错误，重新获取第2个灯的状态：1为亮，0为灭:"))
39          second_light = second_light<<1&0X02
40          first_light =int(input("获取第1个灯的状态：1为亮，0为灭:"))
41          while first_light>=2 or first_light<0:
42              first_light =int(input("数据输入错误，重新获取第1个灯的状态：1为亮，0为灭:"))
43          ww=control_mode+alarm+second_light+first_light
44          data.append(ww)#添加WW
45          data.append(0XBB)
46          print('发送指令：
            {0:#x}{1:#x}{2:#x}{3:#x}{4:#x}{5:#x}'.format(data[0],data[1],data[2],data[3],data[4],data[5]))
47      if __name__ == "__main__":
48          sendData()
```

在上述代码中，从第 11 行起，设计了一个函数 sendData()，用于实现本项目的功能。其中，第 13 行依照提示输入室内温度传感器数据，如果输入数据不包含小数点，则按照提示重新输入，如果输入正确，则在第 17 行添加协议头，并把温度的整数部分和小数部分分别加入 data 列表中。第 22 行依照提示输入室内湿度传感器数据，如果输入数据不是数字，则按照提示重新输入，如果输入正确，则在第 25 行把数据添加到 data 列表中，在第 27 行依照提示输入家居控制模式，第 30 行将模式信息左移 3 位。

第 32 行依照提示输入入侵状态（1 为入侵，0 为无入侵），如果输入数据范围错误，则在第 34 行按照提示重新输入，如果输入正确，则在第 35 行将输入数据左移 2 位，与 0X04 进行与操作。第 36 行依照提示输入第 2 个灯的状态（1 为亮，0 为灭），如果输入数据范围不正确，则在第 38 行提示错误。反之，在第 39 行将输入数据左移 1 位，与 0X02 进行与操作。同理，第 40～42 行对第 1 个灯进行类似的操作。第 43 行将家居控制模式、入侵信息、第 2 个灯状态和第 1 个灯状态汇总在 ww 中，并将 ww 加入 data 列表中，最后在第 45 行将尾部信息 0XBB 添加到

data 中，并在第 46 行输出了最终的指令信息。

图 5-20 给出了项目实战的运行结果。

```
获取室内温度传感器数据：34.2
获取室内湿度传感器数据：32
获取家居控制模式，31种模式以内：2
获取入侵状态：1为入侵，0为无入侵:1
获取第2个灯的状态：1为亮，0为灭:1
获取第1个灯的状态：1为亮，0为灭:0
发送指令：0xaa0x220x20x200x160xbb
```

图 5-20　项目实战的运行结果

本 章 小 结

本章内容包括项目引导、字符串编码与驻留机制、字符串格式化、字符串切片、常用的字符串方法和项目实战。

在项目引导中，提供了一个“开门暗语”案例显示正确的暗语如何解码信息。

在字符串编码与驻留机制中，介绍了字符串编码与解码的方法。

在字符串格式化中，介绍了占位符%、format()方法和 f 格式化方法这 3 种方式实现格式化输出。

在字符串切片中，介绍了切片操作的具体实现方法，其中涉及了“智能家居协议解析”的实例。

在常用的字符串方法中，介绍了常见的字符串方法，包括 find()/rfind()方法、index()/rindex()方法、count()/len()方法、split()/rsplit()方法等。

在“智能家居设备状态采集”项目实战中，介绍了该项目的具体描述、项目分析及项目实现思路。

习 题 5

1. 选择题

（1）假设 s='abcdefg'，则 s[3]的值是（　　）。

A. d　　B. de　　C. abcde　　D. defg

（2）假设 s='abcdefg'，则 s[3:5]的值是（　　）。

A. d　　B. de　　C. abcde　　D. defg

（3）假设 s='abcdefg'，则 s[:5]的值是（　　）。

A. d　　B. de　　C. abcde　　D. defg

（4）假设 s='abcdefg'，则 s[3:]的值是（　　）。

A. d　　B. de　　C. abcde　　D. defg

（5）给出如下代码:

```
TempStr ="Hello World"
```

可以输出"World"子串的是（　　）。

A. print(TempStr[–5:0])　　B. print(TempStr[–5:])

C. print(TempStr[–5: –1])　　D. print(TempStr[–4: –1])

2. 填空题

（1）给出如下代码：

```
s = 'Python is Open Source!'
print(s[0:].upper())
```

上述代码的输出结果是（　　　　）。

（2）Python 的字符串可通过（　　）、format()方法和 f 格式化方法实现格式化输出。

第 6 章　正则表达式

正则表达式往往应用于大量的文本处理或网络爬虫等相关的场合。在这些场合中，往往需要我们自己构造一个规则，通过这个规则去找到想要的信息。正则表达式是一些由字符和特殊符号组成的字符串。它描述了这些字符和特殊符号的某种重复方式，并且能够按照某种模式匹配一个或一系列具有相似特征的字符串集合。正则表达式是一种紧凑的表示方法，其功能非常强大。在 Python 中，通过 re 模块来使用正则表达式，re 模块提供了正则表达式操作所需要的功能。

本章将详细介绍 Python 中的正则表达式，其中包含正则表达式的语法、re 模块的常用方法、使用正则表达式对象、子模式与 match 对象等内容，并通过一系列的实例和项目实战帮助读者掌握 Python 语言中正则表达式的具体处理方法。

6.1　项目引导：制作我的第一个爬虫

6.1.1　项目描述

读者在学习正则表达式时，通常需要了解 Python 中正则表达式的相关表达形式。在本项目中，通过一个“制作我的第一个爬虫”案例帮助读者体会在 Python 中正则表达式的使用方法。

6.1.2　项目分析

在本项目中，首先提供一个网址，然后对网址对应网站的信息进行爬取，并获取指定正则表达式的内容，最终输出要查找的全部页面信息。

因此，通过实现本项目引导，本章需要掌握的相关知识点如表 6-1 所示。

表 6-1　相关知识点

序号	知识点	详见章节
1	正则表达式语法	6.2 节
2	re 模块的常用方法	6.3 节
3	使用正则表达式对象	6.4 节
4	子模式与 match 对象	6.5 节

第 6 章引导项目视频

6.1.3　项目实现

实现本项目的源程序如下：

```
1    # -*- coding: utf-8 -*-
2    import requests
3    import re
4    r=requests.get("http://www.baidu.com")
5    r.encoding=r.apparent_encoding
6    s=r.text
7    pat=r'<title>.*</title>'
8    print(s)
9    print(re.findall(pat,s))
```

项目的运行结果如图 6-1 所示。

```
<!DOCTYPE html>
<!--STATUS OK--><html> <head><meta http-equiv=content-type content=text/htm
l;charset=utf-8><meta http-equiv=X-UA-Compatible content=IE=Edge><meta cont
ent=always name=referrer><link rel=stylesheet type=text/css href=http://s1.
bdstatic.com/r/www/cache/bdorz/baidu.min.css><title>百度一下，你就知道</tit
le></head> <body link=#0000cc> <div id=wrapper> <div id=head> <div class=he
ad_wrapper> <div class=s_form> <div class=s_form_wrapper> <div id=lg> <img
hidefocus=true src=//www.baidu.com/img/bd_logo1.png width=270 height=129> <
/div> <form id=form name=f action=//www.baidu.com/s class=fm> <input type=h
idden name=bdorz_come value=1> <input type=hidden name=ie value=utf-8> <inp
ut type=hidden name=f value=8> <input type=hidden name=rsv_bp value=1> <inp
ut type=hidden name=rsv_idx value=1> <input type=hidden name=tn value=baidu
><span class="bg s_ipt_wr"><input id=kw name=wd class=s_ipt value maxlength
=255 autocomplete=off autofocus></span><span class="bg s_btn_wr"><input typ
e=submit id=su value=百度一下 class="bg s_btn"></span> </form> </div> </div
> <div id=u1> <a href=http://news.baidu.com name=tj_trnews class=mnav>新闻<
/a> <a href=http://www.hao123.com name=tj_trhao123 class=mnav>hao123</a> <a
 href=http://map.baidu.com name=tj_trmap class=mnav>地图</a> <a href=http:/
/v.baidu.com name=tj_trvideo class=mnav>视频</a> <a href=http://tieba.baidu
.com name=tj_trtieba class=mnav>贴吧</a> <noscript> <a href=http://www.baid
u.com/bdorz/login.gif?login&amp;tpl=mn&amp;u=http%3A%2F%2Fwww.baidu.com%2f%
3fbdorz_come%3d1 name=tj_login class=lb>登录</a> </noscript> <script>docume
nt.write('<a href="http://www.baidu.com/bdorz/login.gif?login&tpl=mn&u='+ e
ncodeURIComponent(window.location.href+ (window.location.search === "" ? "?
" : "&")+ "bdorz_come=1")+ '" name="tj_login" class="lb">登录</a>');</scrip
t> <a href=//www.baidu.com/more/ name=tj_briicon class=bri style="display:
block;">更多产品</a> </div> </div> </div> <div id=ftCon> <div id=ftConw> <p
 id=lh> <a href=http://home.baidu.com>关于百度</a> <a href=http://ir.baidu.
com>About Baidu</a> </p> <p id=cp>&copy;2017 Baidu <a href=http:/
/www.baidu.com/duty/>使用百度前必读</a>  <a href=http://jianyi.baidu.c
om/ class=cp-feedback>意见反馈</a> 京ICP证030173号  <img src=//ww
w.baidu.com/img/gs.gif> </p> </div> </div> </div> </body> </html>

['<title>百度一下，你就知道</title>']
```

图 6-1　项目的运行结果

6.2　正则表达式语法

正则表达式（regular expression）描述了一种字符串匹配的模式，可以用来检查一个字符串是否含有某种子串、将匹配的子串替换或从某个字符串中取出符合某个条件的子串等。

构造正则表达式的方法与创建数学表达式的方法类似，它们都是使用多种特殊符号和字符（称为元字符）与运算符，将小的表达式结合在一起来创建更大的表达式。正则表达式的组件可以是单个的字符、字符集合、字符范围、字符间的选择或所有这些组件的任意组合。

正则表达式是由普通字符及元字符组成的字符模式。模式描述在搜索文本时要匹配的一个或多个字符串。正则表达式作为一个模板，将某个字符模式与所搜索的字符串进行匹配。

普通字符包括没有显式指定为元字符的所有可打印和非打印字符，包括所有大写和小写字母、所有数字、所有标点符号和一些其他符号。非打印字符也可以是正则表达式的组成部分。表 6-2 列出了非打印字符的转义序列。

表 6-2　非打印字符的转义序列

字符	描　述
\cx	匹配由 x 指明的控制字符。例如，\cM 匹配一个 Control-M 或回车符。x 的值必须为 A～Z 或 a～z 之一，否则将 c 视为一个原义的'c'字符

续表

字符	描　述
\f	匹配一个换页符，等价于\x0c 和\cL
\n	匹配一个换行符，等价于\x0a 和\cJ
\r	匹配一个回车符，等价于\x0d 和\cM
\s	匹配任何空白字符，包括空格、制表符、换页符等，等价于[\f\n\r\t\v]
\S	匹配任何非空白字符，等价于[^ \f\n\r\t\v]
\t	匹配一个制表符，等价于\x09 和\cI
\v	匹配一个垂直制表符，等价于\x0b 和\cK

元字符一般由特殊符号和字符组成，正则表达式常用的元字符见表 6-3。

表 6-3　正则表达式常用的元字符

元字符	说　明
.	匹配除换行符以外的任意单个字符
*	匹配位于*之前的字符或子模式的 0 次或多次出现
+	匹配位于+之前的字符或子模式的 1 次或多次出现
-	在[]之内用来表示范围
|	匹配位于|之前或之后的字符
^	匹配行首，匹配以^后面的字符开头的字符串
$	匹配行尾，匹配以$之前的字符结束的字符串
?	匹配位于？之前的 0 个或 1 个字符。当此字符紧随任何其他限定符号（*、+、?、{n}、{n,}、{n,m}）之后时，匹配模式是“非贪心的”。非贪心的模式匹配搜索尽可能短的字符串
\	表示位于\之后的为转义字符
\f	换页符匹配
\n	换行符匹配
\r	匹配一个回车符
\b	匹配单词头或单词尾
\B	与\b 含义相反
\d	匹配任何数字，相当于[0-9]
\D	与\d 含义相反，等价于[^0-9]
\s	匹配任何空白字符，包括空格、制表符、换页符，与[\f\n\r\t\v]等价
\S	与\s 含义相反
\w	匹配任何字母、数字及下画线，相当于[a-zA-Z0-9_]
\W	与\w 含义相反，与[^A-Za-z0-9_]等价
()	将位于()内的内容作为一个整体来对待
\num	此处的 num 是一个正整数，表示子模式编号
{m,n}	{}前的字符或子模式重复至少 m 次，至多 n 次
[]	表示范围，匹配位于[]中的任意一个字符
[^abc]	反向字符集，匹配除 a、b、c 之外的任何字符
[^a-z]	反向字符范围，匹配除小写英文字母之外的任何字符
[a-z]	字符范围，匹配指定范围内的任何字符

下面通过几个示例对元字符的基本使用方法进行讲解。

【例 6-1】元字符“.”、“*”和“+”的用法。

```
1    import re
2
3    s = '''
4    <!DOCTYPE html>
5    <html>
6    <head>
7     <meta charset="utf-8">
8     <title>我的网页</title>
9    </head>
10   <body>
11       <div></div>
12       <div>A</div>
13       <div>AB</div>
14   </body>
15   </html>
16   '''
17   pat1 = r'<div>.</div>'
18   pat2 = r'<div>.*</div>'
19   pat3 = r'<div>.+</div>'
20   print(re.findall(pat1, s))
21   print(re.findall(pat2, s))
22   print(re.findall(pat3, s))
```

在上述代码中，第 1 行引入正则表达式 re 模块，第 3～16 行定义了一个字符串变量 s，s 的内容可以理解为一个 HTML 页面的全部内容。下面构造了 3 个正则表达式，它们的形式非常相似，只是在<div>开始和结束之间的内容有所区别。构造的正则表达式的起始是字符 r，r 表示引号中的字符串内容，如出现\（反斜杠），则不会以任何方式进行处理，也就是说，正则表达式将使用 Python 的原始字符串来表示。正则表达式 pat1 中元字符“.”用来表示匹配单个字符，所以 r'<div>.</div>'表示只要在 div 标签之间存在单个字符，就会被匹配出来。正则表达式 pat2 中元字符“*”表示两个标签之间可以有 0 个字符或多个字符。正则表达式 pat3 将“*”换成了“+”，“+”表示在它之前的单个字符至少出现一次或多次，匹配的就是第 12 行和第 13 行。

第 20～22 行调用了 re 模块的 findall()方法，该方法的第一个参数用来传递正则表达式，第二个参数用来传递要匹配的字符串，返回结果是一个列表。

例 6-1 的运行结果如图 6-2 所示。

```
['<div>A</div>']
['<div></div>', '<div>A</div>', '<div>AB</div>']
['<div>A</div>', '<div>AB</div>']
```

图 6-2　例 6-1 的运行结果

【例 6-2】元字符“-”、“|”和“^”的用法。

```
1    import re
2
3    s = '''<!DOCTYPE html>
4    <html>
```

```
5     <head>
6       <meta charset="utf-8">
7       <title>我的网页</title>
8     </head>
9     <body>
10          <div>012346</div>
11          <div>a</div>
12          <div>AB</div>
13    </body>
14    </html>
15    '''
16    pat1 = r'<div>[0-2].*</div>'
17    pat2 = r'<div>[a-z|A-Z].*</div>'
18    pat3 = r'^<!.*'
19    print(re.findall(pat1, s))
20    print(re.findall(pat2, s))
21    print(re.findall(pat3, s))
```

在上述代码中，第 3～15 行定义了一个字符串 s。pat1 构建了以<div>开头，后面是 0～2 之间的一个数字，并且之后还带有 0 个或多个字符，最后以</div>结束的正则表达式。pat2 构建了以<div>开头，后面是 1 个字母，范围在小写字母 a 到 z 或大写字母 A 到 Z 之间，后面是 1 个字符，*表示可以存在 0 个或多个字符，最后以</div>结束的正则表达式。pat3 构造的正则表达式以“^”开头，表示匹配字符串以后面的“<”为起始，后面是!，再后面包含 0 个或多个字符。第 19～21 行的 findall()方法将返回的匹配结果以元组的形式返回。

例 6-2 的运行结果如图 6-3 所示。

```
['<div>012346</div>']
['<div>a</div>', '<div>AB</div>']
['<!DOCTYPE html>']
```

图 6-3　例 6-2 的运行结果

【例 6-3】元字符“$”和“？”的用法。

```
1     import re
2
3     s = "Kafka是由Apache软件基金会开发的一个开源流处理平台，由Scala和Java编写"
4     pat1 = r'J.+'
5     pat2 = r'J.+?'
6     pat3 = r'.写$'
7     print(re.findall(pat1, s))
8     print(re.findall(pat2, s))
9     print(re.findall(pat3, s))
```

在上述代码中，第 3 行定义了字符串 s。pat1 是以大写字母 J 开头，而后紧跟一个或多个字符的正则表达式，输出结果为'Java 编写'。pat2 构造的正则表达式是以大写字母 J 开头，而后紧跟一个或多个字符，'.+?'相连表示的是非贪心的匹配模式，即搜索尽可能短的字符串，输出结果为'Ja'。pat3 构造的正则表达式表示要匹配的是以前一个字符'写'为结束的、长度为 2 的字符串，此时输出结果为'编写'。

例 6-3 的运行结果如图 6-4 所示。

图 6-4　例 6-3 的运行结果

【例 6-4】元字符\、\f、\n 及\r 的用法。

```
1    import re
2
3    s = '''Kafka
4
5    是一种高吞吐量的分布式发布订阅\r消息系统\f，它可以处理消费者在网站中的所有动作流数据。'''
6    pat1 = r'[\r\n\f]'
7    result = re.sub(pat1, '#', s)
8    print(result)
```

在上述代码中，第 6 行的正则表达式 pat1 的方括号中的内容是等待匹配的 3 种转义字符\r\n\f，其中\r 是回车符的匹配，\n 是换行符的匹配，\f 是换页符的匹配。第 7 行调用了 re 模块的 sub()方法，用以实现指定字符的替换，其中第一个参数是正则表达式，第二个参数'#'将过滤出来的内容替换成#，最后一个参数是被匹配的字符串 s。输出结果表明，s 中的\n 及\r 和\f 都被替换成了#。

例 6-4 的运行结果如图 6-5 所示。

```
Kafka##是一种高吞吐量的分布式发布订阅#消息系统#，它可以处理消费
者在网站中的所有动作流数据。
```

图 6-5　例 6-4 的运行结果

【例 6-5】元字符\b、\B、\d 及\D 的用法。

```
1    import re
2    s = "name:jessica,phone:138,age:30"
3    pat1 = r'\b[n|p].'
4    pat2 = r'\B[n|p].'
5    pat3 = r'\d.'
6    pat4 = r'\D.'
7    print(re.findall(pat1, s))
8    print(re.findall(pat2, s))
9    print(re.findall(pat3, s))
10   print(re.findall(pat4, s))
```

在上述代码中，第 3 行的正则表达式 pat1 中的\b 表示匹配单词的头，以字母 n 或 p 开头，后面再加入一个字符，匹配的字符串有 na 和 ph。第 4 行的正则表达式 pat2 匹配 n、p 不在单词起始位置出现的字符串，找到了字符串'ne'。第 5 行的正则表达式 pat3 中的\d 用来匹配任何的数字，同时数字后还有一个字符，匹配的字符有'13'，'8，'和'30'。第 6 行的正则表达式 pat4 刚好相反，要匹配的是非数字开头的字符及下一个任意的字符，于是找到所有不是以数字开头的和下一个字符的组合形式。

例 6-5 的运行结果如图 6-6 所示。

```
['na', 'ph']
['ne']
['13', '8,', '30']
['na', 'me', ':j', 'es', 'si', 'ca', ',p', 'ho', 'ne', ':1', ',a
', 'ge', ':3']
```

图 6-6　例 6-5 的运行结果

【例 6-6】元字符\s、\S、\w 及\W 的用法。

```
1   import re
2
3   s = "name: jessica,phone:138,age:30"
4   pat1 = r'\s'
5   pat2 = r'\S'
6   pat3 = r'\w'
7   pat4 = r'\W'
8   print(re.sub(pat1, '#', s))
9   print(re.sub(pat2, '#', s))
10  print(re.sub(pat3, '#', s))
11  print(re.sub(pat4, '#', s))
```

在上述代码中，第 4 行的正则表达式 pat1 中的\s 表示匹配任何的空白字符，包括空格、制表符、换页符等，re 模块的 sub()方法将字符串 s 中冒号右面的一个空白字符替换成#。第 5 行的正则表达式 pat2 表示把非空白的字符全部匹配出来，然后被替换成了#。第 6 行的正则表达式 pat3 则是匹配任何的字母、数字及下画线，把其替换成#，但保留了标点符号，如冒号、逗号等。第 7 行的正则表达式 pat4 刚好相反，是将非字母、数字及下画线匹配出来，这里只匹配出了冒号和逗号，并将其替代成对应的#。

例 6-6 的运行结果如图 6-7 所示。

```
name:#jessica,phone:138,age:30
##### ########################
####: #######,#####:###,###:##
name##jessica#phone#138#age#30
```

图 6-7　例 6-6 的运行结果

【例 6-7】元字符()、\num、{m,n}及[]的用法。

```
1   import re
2   s = "ZZ ABA2GG"
3   pat1 = r'(.)\1'
4   pat2 = r'[A-Z]{2,4}'
5   print(re.findall(pat1, s))
6   print(re.findall(pat2, s))
```

在上述代码中，第 3 行的正则表达式 pat1 的圆括号中包含一个点，表示将“()”内的内容作为一个整体来对待，后面的“\1”则表示子模式的编号，这里面匹配的是“连续的两个字母”。第 4 行的正则表达式 pat2 是要匹配 A～Z 中任意的字母，同时要求指定字符重复的次数为 2～4 次。

例 6-7 的运行结果如图 6-8 所示。

```
['Z', 'G']
['ZZ', 'ABA', 'GG']
```

图 6-8　例 6-7 的运行结果

【例 6-8】^与[]组合使用。

```
1   import re
2   s = "zz 159aba2gg"
3   pat1 = r'[^0-9]'
4   pat2 = r'[^ab]'
```

```
5    print(re.sub(pat1, '#', s))
6    print(re.sub(pat2, '#', s))
```

在上述代码中，第 3 行的正则表达式 pat1 针对的是数字的反向字符集，匹配的是全部非数字的字符。第 4 行的正则表达式 pat2 匹配除小写字母 a、b 外的全部其他字符。输出结果中，把所有被匹配出来的内容替换成#。

例 6-8 的运行结果如图 6-9 所示。

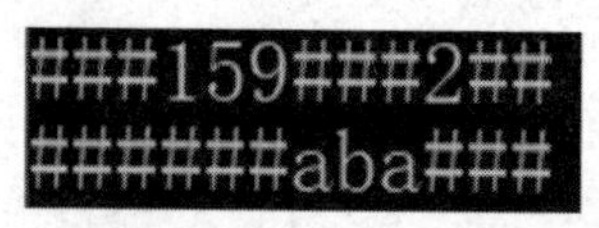

图 6-9　例 6-8 的运行结果

实例 6.1：获取某网站的链接

【实例描述】

本例是“获取某网站的链接”，本例中增加了对该网站信息的字符串类型数据的一系列操作，通过正则表达式的使用，帮助读者了解 Python 中使用正则表达式提取指定信息的方法。

实例 6.1 视频

【实例分析】

本例的功能是，使用 Python 中的正则表达式实现“获取某网站的链接”。

【实例实现】

```
1    # -*- coding: utf-8 -*-
2    import requests
3    import re
4    r=requests.get("https://www.baidu.com/more/")
5    r.encoding=r.apparent_encoding
6    s=r.text
7    # print(s)
8
9    pat = r'<div class="con"><div>.*百度学术'
10   r1=re.findall(pat,s)
11   pat1 = r"href=.*class"
12   r2=re.findall(pat1,r1[0])
13   r3 = r2[0].split('\"')
14   print(r3[1])
```

在上述代码中，第 3 行导入了 re 模块，第 4 行使用 get()方法获取某网站信息的字符串表达，第 5 行设置了字符编码格式，第 9 行设计了正则表达式“r'<div class="con"><div>.*百度学术'”，第 10 行提取了所有符合当前正则表达式的信息，第 11 行设计了正则表达式“href=.*class”，第 12 行在现有信息的基础上，提取了所有符合当前正则表达式的信息，第 13 行对获得的信息进行切片，并在第 14 行进行输出。

实例 6.1 的运行结果如图 6-10 所示。

```
http://xueshu.baidu.com/
```

图 6-10　实例 6.1 的运行结果

6.3 re 模块的常用方法

re 模块常用的方法有 6 个，分别是 search()、match()、findall()、finditer()、split()和 sub()，下面分别介绍。

1. search()方法

search()方法扫描整个字符串，搜索匹配的第一个位置并返回 match 对象。其语法格式如下：

```
re.search(pattern, string, flags=0)
```

search()方法的参数含义如下：

- pattern，要匹配的正则表达式；
- string，要匹配的字符串；
- flags，控制正则表达式的匹配方式。

【例 6-9】 search()方法的使用。

```
1    import re
2
3    s = "selenium可以模拟真实浏览器，自动化测试工具，支持多种浏览器，爬虫中主要用来解决
     JavaScript渲染问题"
4    r = r'J\w*'
5    result = re.search(r, s)
6    if (result is not None):
7        print(result)
8        print(result.group(0))
9    else:
10       print("未匹配成功")
11   result = re.search(r, s, re.A)
12   if (result is not None):
13       print(result)
14       print(result.group(0))
15   else:
16   print("未匹配成功")
```

在上述代码中，第 4 行规定了要匹配的正则表达式 r 以字母 J 开头，然后\w 表示匹配字母、数字或下画线，之后的*表示匹配之前出现的字符 0 次或多次。正则表达式实际上匹配出来的是以字母 J 开头的内容。第 5 行调用 re 模块的 search()方法，第一个参数指定正则表达式，第二个参数为要匹配的字符串，判断结果 result 是否为空，如果不为空，则输出 result 内容，输出结果得知类型是 match 对象，匹配内容是：JavaScript 渲染问题。可以调用 result 的 group()方法，group()方法的参数为 0 时表示获取到结果中第 1 个匹配项的内容。第 11 行再次调用 search()方法，在原来基础上增加了一个参数 re.A，该参数的含义是汉字不会被匹配输出。

例 6-9 的运行结果如图 6-11 所示。

```
<re.Match object; span=(43, 57), match='JavaScript渲染问题'>
JavaScript渲染问题
<re.Match object; span=(43, 53), match='JavaScript'>
JavaScript
```

图 6-11　例 6-9 的运行结果

2. match()方法

match()方法从字符串的起始位置匹配正则表达式，并返回 match 对象。同样是匹配字符串，

match()方法是从字符串的起始位置开始进行匹配，如果在起始位置没有匹配成功，match()方法就返回 None。语法格式如下：

```
re.match(pattern, string, flags=0)
```

match()方法的参数含义如下：

- pattern，要匹配的正则表达式；
- string，要匹配的字符串；
- flags，控制正则表达式的匹配方式。

【例 6-10】match()方法的使用。

```
1   import re
2
3   s = "selenium可以模拟真实浏览器，自动化测试工具，支持多种浏览器，爬虫中主要用来解决
    JavaScript渲染问题"
4   r = r'J\w*'
5   result = re.match(r, s, re.A)
6
7   if (result is not None):
8       print(result)
9       print(result.group(0))
10  else:
11      print("未匹配成功")
12  r1 = r's\w*'
13  result = re.match(r1, s, re.A)
14
15  if (result is not None):
16      print(result)
17      print(result.group(0))
```

在上述代码中，第 5 行调用 re 模块的 match()方法，返回的结果存储在 result 中。由于 match()方法只是匹配字符串的起始位置，如果不匹配，正则表达式就会输出匹配失败。显然，此例就属于匹配失败的情况，result 确实是 None，此时未匹配成功，输出相应的内容。而第 13 行正则表达式 r1 匹配成功，正常返回 match 对象。

例 6-10 的运行结果如图 6-12 所示。

```
未匹配成功
<re.Match object; span=(0, 8), match='selenium'>
selenium
```

图 6-12　例 6-10 的运行结果

3．findall()方法

findall()方法用于搜索字符串，在字符串中找到正则表达式所匹配的所有子串，并返回一个列表。如果没有找到匹配的子串，则返回空列表。正如它的名字 findall 一样，该方法能够在给定的字符串中找到所有匹配的子串。语法格式如下：

```
re.findall(pattern, string, flags=0)
```

findall()方法的参数含义如下：

- pattern，要匹配的正则表达式；
- string，要匹配的字符串；
- flags，控制正则表达式的匹配方式。

【例 6-11】findall()方法的使用。

```
1    import re
2
3    s = "selenium可以模拟真实浏览器，自动化测试工具，支持多种浏览器，爬虫中主要用来解决
     JavaScript渲染问题"
4    r = r'\w*\w'
5    result = re.findall(r, s, re.A)
6    print(result)
```

在上述代码中，第 4 行的正则表达式 r 表示匹配以字母、数字、下画线为起始（\w 的含义），以字母、数字、下画线为结束，中间的字符不限制数量的字符串。第 5 行使用 findall()方法，从字符串 s 中找到符合正则表达式要求的内容，同时过滤掉所有的中文字符，并返回，结果存在 result 中。输出结果为全部以字母、数字、下画线为起始的内容，同时过滤掉全部的中文字符，即两个英文单词。

例 6-11 的运行结果如图 6-13 所示。

```
['selenium', 'JavaScript']
```

图 6-13　例 6-11 的运行结果

4．finditer()方法

和 findall()方法类似，finditer()是在字符串中找到正则表达式所匹配的所有子串，并将其作为一个迭代器返回。每个迭代元素是一个 match 对象，因此可以通过循环的方式来匹配相关操作。finditer()方法的参数类型及参数数量和 findall()方法相同，只是返回的对象是一个迭代器。语法格式如下：

```
re.finditer(pattern, string, flags=0)
```

finditer()方法的参数含义如下：

- pattern，要匹配的正则表达式；
- string，要匹配的字符串；
- flags，控制正则表达式的匹配方式。

【例 6-12】finditer()方法的使用。

```
1    import re
2
3    s = "selenium可以模拟真实浏览器，自动化测试工具，支持多种浏览器，爬虫中主要用来解决
     JavaScript渲染问题"
4    r = r'\w*\w'
5    result = re.finditer(r, s, re.A)
6    if (result is not None):
7        for i in result:
8            print(i.group())
```

上述代码实现与例 6-11 相同的功能，只是把 findall()方法换成 finditer()方法，参数的值维持不变。第 5 行返回值 result 是一个迭代类型。接下来进行判断，如果 result 不为空，则对其循环，输出当前对象的 group 内容。

例 6-12 的运行结果如图 6-14 所示。

```
selenium
JavaScript
```

图 6-14　例 6-12 的运行结果

5．split()方法

split()方法能够将一个字符串按照正则表达式的要求进行分割，分割后返回子串的列表类型。语法格式如下：

```
re.split(pattern, string, maxsplit=0, flags=0)
```

split()方法的参数含义如下：

- pattern，要匹配的正则表达式；
- string，要匹配的字符串；
- maxsplit，最大分割次数；
- flags，控制正则表达式的匹配方式。

其中，maxsplit 表示的是最大分割次数，用户可以约定将一个字符串分割为几个子串，超过最大分割次数的部分作为一个整体，成为最后一个元素。

【例 6-13】 split()方法的使用。

```
1    import re
2
3    s = "selenium可以模拟真实浏览器，自动化测试工具，支持多种浏览器，爬虫中主要用来解决
     JavaScript渲染问题"
4    r = r'J.*t'
5    result = re.split(r, s, maxsplit=1)
6    print(result)
```

在上述代码中，第 4 行的正则表达式 r 表示匹配的是以字母 J 开头，以字母 t 结束，中间的字符数量不限制的字符串。第 5 行调用 re 模块的 split()方法，其中参数 maxsplit =1，表示分割一次，也就是分成两部分。从输出结果可以得知，实际上是将 s 字符串按照 JavaScript 这个单词进行分割，JavaScript 单词左边作为字符串分割后的第一部分，“渲染问题”这 4 个字作为分割后的第二部分。

例 6-13 的运行结果如图 6-15 所示。

```
['selenium可以模拟真实浏览器，自动化测试工具，支持多种浏览器，爬
虫中主要用来解决', '渲染问题']
```

图 6-15　例 6-13 的运行结果

6．sub()方法

sub()方法能够在一个字符串中替换所有匹配正则表达式的子串，并返回替换后的字符串。简单来说，就是用一个新的字符串，去替换符合正则表达式条件的那个字符串，并与原来的字符串进行组合，从而产生一个新的字符串。语法格式如下：

```
re.sub(pattern, repl, string, count=0 , flags=0)
```

sub()方法的参数含义如下：

- pattern，要匹配的正则表达式；
- repl，替换的字符串；
- string，要匹配的字符串；
- count，替换的最大次数；
- flags，控制正则表达式的匹配方式。

其中，参数 pattern、string、flags 和之前的方法相同，参数 repl 表示当找到匹配正则表达式的字符串后，用于替换掉它的字符串，也可以是一个函数。参数 count 表示匹配后替换的最大次数，默认值为 0，表示替换所有的匹配。

【例 6-14】sub()方法的使用。

```
1    import re
2
3    s = "selenium可以模拟真实浏览器，自动化测试工具，支持多种浏览器，爬虫中主要用来解决
     JavaScript渲染问题"
4    r = r'J.*t'
5    result = re.sub(r, 'JS', s)
6    print(result)
```

在上述代码中，第 4 行构造了正则表达式 r，它仍旧以字母 J 开头，以 t 结尾，此时筛选出来的内容是字符串 s 中的 JavaScript。第 5 行调用 sub()方法，使用 JS 字母替代被筛选出的 JavaScript 这个单词。输出结果发现 JavaScript 已经被 JS 所取代。

例 6-14 的运行结果如图 6-16 所示。

```
selenium可以模拟真实浏览器，自动化测试工具，支持多种浏览器，爬虫
中主要用来解决JS渲染问题
```

图 6-16　例 6-14 的运行结果

6.4　使用正则表达式对象

如果需要对一个正则表达式重复使用，可以使用 re 模块的 compile()方法将正则表达式编译生成正则表达式对象，然后使用正则表达式对象提供的方法进行字符串处理。compile()方法的语法格式如下：

```
re.compile(patten,flags=0)
```

其中，pattern 表示一个正则表达式，flags 表示控制正则表达式的匹配方式，方法的返回值是一个正则表达式对象。参数 flags 的常用取值如表 6-4 所示。

表 6-4　参数 flags 的常用取值

flags	说明
re.I	忽略大小写
re.S	匹配所有字符，包括换行符
re.A	根据 ASCII 字符集解析字符
re.M	多行匹配

【例 6-15】compile()方法的使用。

```
1    import re
2
3    reg_obj = re.compile(r'[a-z]+', re.I)
4    s = 'Python是一种跨平台的计算机程序设计语言。'
5    result = reg_obj.findall(s)
6    print(result)
```

在上述代码中，第 3 行中匹配方式'[a-z]+'表示最少匹配一次小写英文字母，当设置 re.I 之后，该匹配方式会忽略英文字母的大小写。第 3 行通过 compile()方法创建一个正则表达式对象，并在第 5 行调用 findall()方法，输出结果匹配出 Python。例 6-15 的运行结果如图 6-17 所示。

```
['Python']
```

图 6-17　例 6-15 的运行结果

使用编译后的正则表达式对象可以提高字符串的处理速度，同时提供了更强大的文本处理功能。正则表达式对象常用的 6 种方法与 re 模块的常用方法一样，分别是 search()、match()、findall()、finditer()、split()和 sub()方法，下面分别介绍。

1．search()方法

search()方法可以扫描指定位置区间的字符串，搜索匹配第一个位置。

```
search(string[,pos[,endpos]])
```

search()方法的参数含义如下：

- string，待匹配的字符串；
- pos，可选参数，指定字符串的起始位置，默认为 0；
- endpos，可选参数，指定字符串的结束位置，默认为字符串的长度。

【例 6-16】正则表达式对象 search()方法的使用。

```
1    import re
2
3    s = "selenium可以模拟真实浏览器，自动化测试工具，支持多种浏览器，爬虫中主要用来解决
     JavaScript渲染问题"
4    r = r'J\w*'
5    pat = re.compile(r)
6    result = pat.search(s)
7    if (result is not None):
8        print(result)
9        print(result.group(0))
10   else:
11       print("未匹配成功")
12
13   pat1 = re.compile(r, re.A)
14   result = pat1.search(s)
15   if (result is not None):
16       print(result)
17       print(result.group(0))
18   else:
19   print("未匹配成功")
```

在上述代码中，第 6 行将 re 模块的 search()方法改成使用正则表达式对象的 search()方法。先通过 re.compile 创建正则表达式对象，再将 re 模块的 search()方法修改为正则表达式对象的 search()方法，可以看出，输出结果与 re 模块的 search()方法输出的结果相同。例 6-16 的运行结果如图 6-18 所示。

```
<re.Match object; span=(43, 57), match='JavaScript渲染问题'>
JavaScript渲染问题
<re.Match object; span=(43, 53), match='JavaScript'>
JavaScript
```

图 6-18　例 6-16 的运行结果

2. match()方法

match()方法从字符串的开头或指定位置匹配正则表达式，语法格式如下：

```
match(string[,pos[,endpos]]])
```

match()方法的参数含义如下：

- string，待匹配的字符串；
- pos，可选参数，指定字符串的起始位置，默认为 0；
- endpos，可选参数，指定字符串的结束位置，默认为字符串的长度。

【例 6-17】正则表达式对象 match()方法的使用。

```
1    import re
2
3    s = "selenium可以模拟真实浏览器，自动化测试工具，支持多种浏览器，爬虫中主要用来解决
```

```
    JavaScript渲染问题"
4   r = r'J\w*'
5   pat = re.compile(r)
6   result = pat.match(s, re.A)
7
8   if (result is not None):
9       print(result)
10      print(result.group(0))
11  else:
12      print("未匹配成功")
13  r1 = r's\w*'
14  pat1 = re.compile(r1, re.A)
15  result = pat1.match(s)
16
17  if (result is not None):
18      print(result)
19  print(result.group(0))
```

在上述代码中，第 6 行将 re 模块的 match()方法替换成正则表达式对象的 match()方法，输出结果不变。例 6-17 的运行结果如图 6-19 所示。

```
未匹配成功
<re.Match object; span=(0, 8), match='selenium'>
selenium
```

图 6-19 例 6-17 的运行结果

3. findall()方法

findall()方法用于搜索整个字符串，返回形式为列表，语法格式如下：

```
findall(string[,pos[,endpos]])
```

findall()方法的参数含义如下：

- string，待匹配的字符串；
- pos，可选参数，指定字符串的起始位置，默认为 0；
- endpos，可选参数，指定字符串的结束位置，默认为字符串的长度。

【例 6-18】 正则表达式对象 findall()方法的使用。

```
1   import re
2
3   s = "selenium可以模拟真实浏览器，自动化测试工具，支持多种浏览器，爬虫中主要用来解决
    JavaScript渲染问题"
4   r = r'\w*\w'
5   pat = re.compile(r, re.A)
6   result = pat.findall(s)
7   print(result)
```

在上述代码中，第 6 行将 re 模块的 findall()方法替换成正则表达式对象的 findall()方法，输出结果不变。例 6-18 的运行结果如图 6-20 所示。

```
['selenium', 'JavaScript']
```

图 6-20 例 6-18 的运行结果

4．finditer()方法

finditer()方法用于搜索字符串，返回匹配字符串的迭代器。

```
finditer(string[,pos[,endpos]])
```

finditer()方法的参数含义如下：

- string，待匹配的字符串；
- pos，可选参数，指定字符串的起始位置，默认为 0；
- endpos，可选参数，指定字符串的结束位置，默认为字符串的长度。

【例 6-19】正则表达式对象 finditer()方法的使用。

```
1    import re
2
3    s = "selenium可以模拟真实浏览器，自动化测试工具，支持多种浏览器，爬虫中主要用来解决
     JavaScript渲染问题"
4    r = r'\w*\w'
5    pat = re.compile(r, re.A)
6    result = pat.finditer(s)
7    if (result is not None):
8        for i in result:
9            print(i.group())
```

在上述代码中，第 6 行将 re 模块的 finditer()方法替换成正则表达式对象的 finditer()方法，输出结果不变。例 6-19 的运行结果如图 6-21 所示。

```
selenium
JavaScript
```

图 6-21　例 6-19 的运行结果

5．split()方法

split()方法可以按照匹配的子串将字符串进行分割，并返回列表。

```
split(string, maxsplit=0)
```

split 方法的参数含义如下：

- string，要匹配的字符串；
- maxsplit，最大分割次数。

【例 6-20】正则表达式对象 split()方法的使用。

```
1    import re
2
3    s = "selenium可以模拟真实浏览器，自动化测试工具，支持多种浏览器，爬虫中主要用来解决
JavaScript渲染问题"
4    r = r'J.*t'
5    pat = re.compile(r)
6    result = pat.split(s, maxsplit=1)
7    print(result)
```

在上述代码中，第 6 行将 re 模块的 split()方法替换成正则表达式对象的 split()方法，输出结果不变。例 6-20 的运行结果如图 6-22 所示。

```
['selenium可以模拟真实浏览器，自动化测试工具，支持多种浏览器，爬
虫中主要用来解决', '渲染问题']
```

图 6-22　例 6-20 的运行结果

6. sub()方法

sub()方法用于替换所有匹配正则表达式的字符串，返回替换后的字符串。

```
sub(repl, string, count=0)
```

sub()方法的参数含义如下：

- repl，替换的字符串；
- string，待匹配的字符串；
- count，替换的最大次数。

【例 6-21】正则表达式对象 sub()方法的使用。

```
1    import re
2
3    s = "selenium可以模拟真实浏览器，自动化测试工具，支持多种浏览器，爬虫中主要用来解决
      JavaScript渲染问题"
4    r = r'J.*t'
5    pat = re.compile(r)
6    result = pat.sub('JS', s)
7    print(result)
```

在上述代码中，第 6 行将 re 模块的 sub()方法替换成正则表达式对象的 sub()方法，输出结果不变。例 6-21 的运行结果如图 6-23 所示。

```
selenium可以模拟真实浏览器，自动化测试工具，支持多种浏览器，爬虫
中主要用来解决JS渲染问题
```

图 6-23　例 6-21 的运行结果

通过上述程序可以发现，正则表达式对象 search()、match()、findall()、finditer()、split()和 sub()方法的作用与 re 模块对应方法的功能相同，只是需要先编译创建正则表达式对象，再通过正则表达式对象去调用相应方法，而且通过正则表达式对象方法的效率更高。

实例 6.2：获取某网站更多功能

【实例描述】

本例的任务是“获取某网站更多功能”，本例在实例 6.1 的基础上增加了对该网站信息的代理设置等操作，再结合正则表达式的使用，帮助读者了解 Python 中正则表达式与爬虫结合提取指定信息的方法。

实例 6.2 视频

【实例分析】

本例的功能是，使用 Python 中的正则表达式实现“获取某网站更多功能”。

【实例实现】

```
1    # -*- coding: utf-8 -*-
2    import requests
3    import re
4    from random import choice
5
6    user_agents = [
7        "Mozilla/5.0 (Macintosh; Intel Mac OS X 10_7_0) AppleWebKit/535.11 (KHTML, like Gecko)
     Chrome/17.0.963.56 Safari/535.11",
8        "User-Agent:Opera/9.80 (Macintosh; Intel Mac OS X 10.6.8; U; en) Presto/2.8.131 Version/11.11",
9        "Mozilla/5.0 (Windows NT 10.0; Win64; x64) AppleWebKit/537.36 (KHTML, like Gecko)
```

```
        Chrome/73.0.3683.103 Safari/537.36"]
10  headers = {
11      "User-Agent":choice(user_agents)
12      }
13  r=requests.get("https://www.baidu.com/more/",headers=headers)
14  r.encoding=r.apparent_encoding
15  s=r.text
16  pat = r'<h3.*</h3>'
17  result=re.finditer(pat,s)
18  if result is not None:
19      for i in result:
20          print(i.group())
```

在上述代码中，第 3 行导入了 re 模块，第 4 行导入了 random 模块，第 6～12 行设置了爬虫的代理信息和头部信息，第 13 行使用 get()方法获取某网站信息的字符串表达，第 14 行设置了字符编码格式，第 16 行设计了正则表达式'<h3.*</h3>'，第 17 行提取了所有符合当前正则表达式的信息，第 18 行判断提取信息是否为空，如果存在信息，则在第 20 行输出对应的结果。

实例 6.2 的运行结果如图 6-24 所示。

```
<h3  class="new">新上线<sup>最新</sup></h3>
<h3 >搜索服务</h3>
<h3 >导航服务</h3>
<h3 >社区服务</h3>
<h3 >游戏娱乐</h3>
<h3 >移动服务</h3>
<h3 >站长与开发者服务</h3>
<h3 >软件工具</h3>
```

图 6-24　实例 6.2 的运行结果

6.5　子模式与 match 对象

1. 子模式

在正则表达式中，可以使用“(”和“)”将模式中的子串括起来，以形成一个子模式。将子模式视为一个整体时，那么它就相当于单个字符，括号中的内容作为一个整体处理。

子模式通过使用圆括号给整个匹配模式进行分组，默认情况下，每个分组会自动拥有一个组号，规则是：从左到右，以分组的左括号为标志，第一个出现的分组为组号 1，第二个为组号 2，……，以此类推。其中，分组 0 对应整个正则表达式。

对整个匹配模式进行分组以后，就可以进一步使用“向后引用”来重复搜索前面的某个分组匹配的数据。

【例 6-22】子模式的使用。

```
1   import re
2   s1 = 'Life is short, I use Python!'
3   pat = re.compile(r'Life(.*)Python!')
4   result = pat.findall(s1)
5   print(result)
```

在上述代码中，第 3 行匹配 Life 和 Python 之间的所有字符，第 4 行中寻找满足条件的所有信息。例 6-22 的运行结果如图 6-25 所示。

```
[' is short, I use ']
```

图 6-25　例 6-22 的运行结果

2．match 对象

使用 search()和 match()方法进行正则表达式匹配时，返回的不是单一的匹配结果，而是如下形式的字符串：

```
<re.Match object; span=(0, 8), match='selenium'>
```

该字符串表示返回结果是一个 match 对象。match 对象主要包括两项内容，分别是 span 和 match。其中，span 表示本次获取的匹配对象在目标中所处的位置，目标字符串下标从 0 开始；match 表示匹配对象的内容。属性 span 是一个有两个元素的元组，第一个元素表示匹配对象在目标字符串中的起始位置，第二个元素表示匹配对象在目标字符串中的结束位置。如上语句所示的字符串中，匹配对象'selenium'在匹配字符串中的起始位置为 0、结束位置为 8。

re 模块中提供了一些与 match 对象相关的方法，用于获取匹配结果中的各项数据，具体如表 6-5 所示。

表 6-5　match 对象的常用方法

方　法	功 能 说 明
group(num)	获取匹配的字符串，或获取 num 分组的匹配结果
start()	获取匹配对象的起始位置
end()	获取匹配对象的结束位置
span()	获取表示匹配对象位置的元组
groups()	获取包含所有匹配分组对象的元组

【例 6-23】match 对象各方法的使用。

```
1   import re
2
3   pat = re.compile(r'([a-z]+) ([a-z]+)', re.I)
4   result = pat.match('I love China!')
5   print(result)
6   print(result.group(0))
7   print(result.span(0))
8
9   print(result.group(1))
10  print(result.span(1))
11  print(result.group(2))
12  print(result.span(2))
13  print(result.start(2))
14  print(result.end(2))
15  print(result.groups())
```

在上述代码中，第 3 行指定正则表达式的模式，第 4 行利用 match()方法匹配字符串“I love China!”，第 5 行输出匹配的结果。第 6 行返回匹配成功的整个子串，第 7 行返回匹配成功的整个子串的索引，第 9 行返回第 1 个分组匹配成功的子串，第 10 行返回第 1 个分组匹配成功的子串的索引元组，第 11 行返回第 2 个分组匹配成功的子串，第 12 行返回第 2 个分组匹配成功的子串的索引元组，第 13 行返回第 2 个分组匹配成功的子串的起始索引，第 14 行返回第 2 个分组匹配成功的子串最后一个字符的索引+1，第 15 行返回含所有匹配分组字符串组成的元组。

例 6-23 的运行结果如图 6-26 所示。

```
<re.Match object; span=(0, 6), match='I love'>
I love
(0, 6)
I
(0, 1)
love
(2, 6)
2
6
('I', 'love')
```

图 6-26　例 6-23 的运行结果

6.6　项目实战：我的英、汉互译

6.6.1　项目描述

在本章中读者学习了正则表达式的常见使用方法。本项目将利用正则表达式的语法、re 模块的常用方法、使用正则表达式对象、子模式与 match 对象等内容，实现“我的英、汉互译”项目的设计。

6.6.2　项目分析

本项目的功能是，使用 Python 中的正则表达式实现“我的英、汉互译”，对网站中的字符串信息进行相关的提取操作。

第 6 章项目实战视频

在本项目实战中，我们输入了待翻译的汉语文字，通过调用接口 https://fanyi.baidu.com/sug，获取到翻译后的英文信息，对其进行解析后，最终得到了准确的翻译后的文本。

6.6.3　项目实现

“我的英、汉互译”的具体程序如下：

```
1	# -*- coding: utf-8 -*-
2	import requests
3	from random import choice
4	import re
5	url='https://fanyi.baidu.com/sug'
6	user_agents = [
7	    "Mozilla/5.0 (Macintosh; Intel Mac OS X 10_7_0) AppleWebKit/535.11 (KHTML, like Gecko) Chrome/17.0.963.56 Safari/535.11",
8	    "User-Agent:Opera/9.80 (Macintosh; Intel Mac OS X 10.6.8; U; en) Presto/2.8.131 Version/11.11",
9	    "Mozilla/5.0 (Windows NT 10.0; Win64; x64) AppleWebKit/537.36 (KHTML, like Gecko) Chrome/73.0.3683.103 Safari/537.36"]
10	headers = {
11	    "User-Agent":choice(user_agents)
12	    }
13	
14	kw=input('请输入要翻译的内容:')
```

```
15 data={
16     'kw':kw
17 }
18 response=requests.post(url=url,headers=headers,data=data)
19 result = response.json()
20 content = {}
21 for i in result['data']:
22     s = i['v']
23     p='[^a-z.]'
24     m=re.findall(p,s)
25     m=''.join(m)
26     content[i['k']]=m
27 print(content)
```

在上述代码中，第 3 行导入了 random 模块，第 4 行导入了 re 模块，第 5 行给定了待访问的服务器地址，第 6～12 行设置了爬虫的代理信息和头部信息，第 14 行获取了待翻译的内容，并在第 15～17 行将其存入 data 字典中，第 18 行使用 post()方法获取 https://fanyi.baidu.com/sug 网站信息的字符串表达，第 19 行将获取的信息转化成 JSON 格式，第 21～26 行设计了正则表达式“'[^a-z.]'”，提取所有符合当前正则表达式的信息，并将结果存储在 content 中，在第 27 行输出对应 content 的结果。

项目实战的运行结果如图 6-27 所示。

```
请输入要翻译的内容:你好
{'你好': '; ; H  !', '你好吗': 'H  ?', '你好，陌生人': '[电影]H S'}
```

图 6-27　项目实战的运行结果

本 章 小 结

本章内容包括项目引导、正则表达式的语法、re 模块的常用方法、使用正则表达式对象、子模式与 match 对象、项目实战。

在项目引导中，提供了一个“制作我的第一个爬虫”案例来介绍使用正则表达式的基础方法。

在正则表达式的语法中，介绍了普通字符、非打印字符、元字符的表示方法，其中涉及了“获取某网站的链接”的实例。

在 re 模块的常用方法中，分别介绍了 search()、match()、findall()、finditer()、split()和 sub()方法。

在使用正则表达式对象中，介绍了正则表达式编译的具体方法，同时介绍了正则表达式对象涉及的方法，包括 search()、match()、findall()、finditer()、split()和 sub()方法，其中涉及了“获取某网站更多功能”的实例。

在子模式与 match 对象中，介绍了子模块的概念和 match 对象中涉及的方法。

在“我的英、汉互译”项目实战中，介绍了该项目的具体描述、项目分析及项目实现思路。

习　题　6

1. 选择题

（1）以下关于正则表达式的说法，错误的是（　　）。

A. 由字符和操作符构成　　　　　　B. 用它来搜索、替换符合某种模式的文本

C. 操作符中不包含()　　　　　　　D. 使用 re 模块来实现正则表达式的功能

（2）以下哪个不是正则表达式的方法？（　　）

A. search()　　B. requests()　　C. match()　　D. findall()

（3）在正则表达式的元字符中，“+”表示（　　）。

A. 匹配前面的子模式 0 次或多次　　B. 匹配前面的子模式 1 次或多次

C. 匹配前面的子模式 0 次或 1 次　　D. 不匹配前面的子模式

（4）在正则表达式的元字符中，“?”表示（　　）。

A. 匹配前面的子模式 0 次或多次　　B. 匹配前面的子模式 1 次或多次

C. 匹配前面的子模式 0 次或 1 次　　D. 不匹配前面的子模式

（5）re.split(pattern, string, maxsplit=0, flags=0)，关于参数的描述，错误的是（　　）。

A. maxsplit：平均分割次数　　B. pattern：要匹配的正则表达式

C. string：要匹配的字符串　　D. flags：控制正则表达式的匹配方式

（6）以下哪个方法可以实现“从起始位置开始匹配”？（　　）

A. match()　　B. search()　　C. split()　　D. findall()

（7）以下哪个方法可以实现“查找字符串中可以匹配成功的子串”？（　　）

A. match()　　B. search()　　C. split()　　D. findall()

（8）以下哪个方法可以实现“匹配子串，并对原始字符串进行切割”？（　　）

A. match()　　B. search()　　C. split()　　D. findall()

（9）以下哪个方法可以实现“搜索字符串，以列表形式返回全部能匹配的子串”？（　　）

A. match()　　B. search()　　C. split()　　D. findal()

（10）在正则表达式的元字符中，（　　）表示数字。

A. \D　　B. \d　　C. \s　　D. \S

（11）在正则表达式的元字符中，（　　）表示非数字。

A. \D　　B. \d　　C. \s　　D. \S

2. 填空题

（1）正则表达式是由（　　）及元字符组成的文字模式。

（2）（　　）字符匹配的是一个回车符。

（3）在正则表达式中，可以使用“(”和“)”将模式中的子串括起来，以形成一个（　　）。

第7章 函　　数

在 Python 中，函数的应用非常广泛。前面我们已经接触过很多次系统函数，例如，print()函数用于输出内容，input()函数用于输入内容，range()函数用于生成一系列的数字。这些都是 Python 内置的标准函数，可以直接使用。除可以直接使用的标准函数外，Python 还支持自定义函数，即通过将一段有规律的、可重复使用的代码定义为函数，来达到一次性编写、多次调用的目的。

所以说，函数是对程序逻辑进行结构化或过程化的一种编程方法，大量的重复代码被放到函数中，不仅能够节省空间，也保证了代码的一致性。只需要改变一次函数，就可以实现大量重复代码的执行。

本章将详细介绍 Python 中的函数编程，其中包含函数定义与调用、参数定义、参数类型、变量作用域、lambda 表达式等内容，并通过一系列的实例和项目实战帮助读者掌握 Python 语言中函数的具体处理方法。

7.1 项目引导：中国共产党历次全国代表大会历程回顾

7.1.1 项目描述

读者在学习函数时，通常需要了解 Python 中函数的基本表达形式。在本项目中，通过一个“中国共产党历次全国代表大会历程回顾”案例帮助读者体会 Python 中函数的使用方法。

7.1.2 项目分析

在本项目中，首先定义了一个函数，在函数中读入一个文件：中国共产党历次全国代表大会回顾.txt，然后以行为单位，依次读入文件内容，最后调用这个函数。文件“中国共产党历次全国代表大会回顾.txt”的内容如图 7-1 所示。

```
1  中共一大_（1921年）_时间：7月23日-8月初 地点：上海、浙江嘉兴
2  中共二大_（1922年）_时间：7月16日-7月23日 地点：上海
3  中共三大_（1923年）_时间：6月12日-6月20日 地点：广州
4  中共四大_（1925年）_时间：1月11日-1月22日 地点：上海
5  中共五大_（1927年）_时间：4月27日-5月9日 地点：武汉
6  中共六大_（1928年）_时间：6月18日-7月11日 地点：苏联莫斯科
7  中共七大_（1945年）_时间：4月23日-6月11日 地点：延安
8  中共八大_（1956年）_时间：9月15日-9月27日 地点：北京
9  中共九大_（1969年）_时间：4月1日-4月24日 地点：北京
10 中共十大_（1973年）_时间：8月24日-8月28日 地点：北京
11 中共十一大_（1977年）_时间：8月12日-8月18日 地点：北京
12 中共十二大_（1982年）_时间：9月1日-9月11日 地点：北京
13 中共十三大_（1987年）_时间：10月25日-11月1日 地点：北京
14 中共十四大_（1992年）_时间：10月12日-10月19日 地点：北京
15 中共十五大_（1997年）_时间：9月12日-9月18日 地点：北京
16 中共十六大_（2002年）_时间：11月8日-11月14日 地点：北京
17 中共十七大_（2007年）_时间：10月15日-10月21日 地点：北京
18 中共十八大_（2012年）_时间：11月8日-11月14日 地点：北京
19 中共十九大_（2017年）_时间：10月18日-10月24日 地点：北京
```

图 7-1　中国共产党历次全国代表大会回顾.txt 文件内容

因此，通过实现本项目引导，本章需要掌握的相关知识点如表 7-1 所示。

表 7-1　相关知识点

序号	知　识　点	详见章节
1	函数定义与调用	7.2 节
2	参数定义	7.3 节
3	必备参数	7.4.1 节
4	关键字参数	7.4.2 节
5	默认参数	7.4.3 节
6	不定长参数	7.4.4 节
7	参数传递的序列解包	7.4.5 节
8	变量作用域	7.5 节
9	lambda 表达式	7.6 节

第 7 章引导
项目视频

7.1.3　项目实现

实现本项目的源程序如下：

```
1    # -*- coding: utf-8 -*-
2    def output():
3        with open('中国共产党历次全国代表大会回顾.txt', encoding='utf-8') as fp:
4            while True:
5                text_line = fp.readline()
6                if text_line:
7                    print(text_line)
8                else:
9                    break
10
11   if __name__ == "__main__":
12       print("中国共产党历次全国代表大会回顾:\n")
13       output()
```

项目的运行结果如图 7-2 所示。

```
中国共产党历次全国代表大会回顾：

中共一大_（1921年）_时间：7月23日-8月初 地点：上海、浙江嘉兴

中共二大_（1922年）_时间：7月16日-7月23日 地点：上海

中共三大_（1923年）_时间：6月12日-6月20日 地点：广州

中共四大_（1925年）_时间：1月11日-1月22日 地点：上海

中共五大_（1927年）_时间：4月27日-5月9日 地点：武汉

中共六大_（1928年）_时间：6月18日-7月11日 地点：苏联莫斯科

中共七大_（1945年）_时间：4月23日-6月11日 地点：延安

中共八大_（1956年）_时间：9月15日-9月27日 地点：北京

中共九大_（1969年）_时间：4月1日-4月24日 地点：北京

中共十大_（1973年）_时间：8月24日-8月28日 地点：北京

中共十一大_（1977年）_时间：8月12日-8月18日 地点：北京
```

图 7-2　项目的运行结果

```
中共十二大_（1982年）_时间：9月1日-9月11日 地点：北京
中共十三大_（1987年）_时间：10月25日-11月1日 地点：北京
中共十四大_（1992年）_时间：10月12日-10月18日 地点：北京
中共十五大_（1997年）_时间：9月12日-9月18日 地点：北京
中共十六大_（2002年）_时间：11月8日-11月14日 地点：北京
中共十七大_（2007年）_时间：10月15日-10月21日 地点：北京
中共十八大_（2012年）_时间：11月8日-11月14日 地点：北京
中共十九大_（2017年）_时间：10月18日-10月24日 地点：北京
```

图 7-2 项目的运行结果（续）

7.2 函数定义与调用

通常我们把需要反复执行的一段代码封装为函数，通过上面的引导项目，我们发现函数只需要撰写一次，就可实现多次调用。所有的高级语言都支持函数这种机制。在 Python 中，有很多灵活的机制来定义函数，可以利用 Python 函数式编程的特点，让自定义的函数尽量符合纯函数式编程的要求，最大限度实现代码的复用。但需要注意的是，设计函数时应尽量不要修改参数本身，不要修改除返回值以外的其他内容。

Python 中定义一个函数，其语法格式如下：

```
1   def 函数名([参数列表]):
2       函数体
3       [return [表达式]]
```

在 Python 中定义一个函数，需要使用 def 语句，依次写出函数名、圆括号、圆括号中的参数（形参）和冒号，然后在缩进块中编写函数体，函数的返回值用 return 语句返回，也可以在其中增加注释。定义函数时，需要注意以下事项：

① 函数形参不需要声明其类型，也不需要指定函数返回值的类型；

② 即使函数不需要接收任何参数，也必须保留一对空的圆括号；

③ 括号后面的冒号必不可少；

④ 函数体相对于 def 关键字，必须保持一定的空格缩进；

⑤ Python 允许嵌套定义函数；

⑥ return [表达式]结束函数，选择性地返回一个值给调用方，不带表达式的 return 相当于返回 None。

定义一个函数只是提供了这个函数的名称，指定了函数中包含的参数和函数体结构。这个函数的基本结构完成以后，可以通过另一个函数调用执行，也可以直接从 Python 提示符执行。

7.3 参 数 定 义

函数定义时，圆括号内为形参，一个函数可以有多个形参，形参之间用逗号隔开，也可以没有形参，但是必须要有圆括号。

Python 中一切都是对象，从严格意义上说，在函数中并不是“值传递”或“引用传递”的问题，而是传递“不可变对象”和“可变对象”的问题。在 Python 中，字符串、元组和整数是不可更改的对象，而列表、字典等则是可以修改的对象。在 Python 中，参数包括以下类型。

① 不可变类型：变量赋值 a=5 后再赋值 a=10，这里实际是新生成了一个 int 型的对象 10，再让 a 指向它，而 5 被丢弃了，所以说，这里不是改变 a 的值，而是新生成了一个 a。

② 可变类型：变量赋值 la=[1,2,3,4] 后，再赋值 la[2]=5，这里是将列表 la 的第三个元素值更改了，la 本身并没有改变，只是其内部的一部分值被修改了。

需要说明的是，Python 函数的参数传递遵循如下的规则。

① 不可变类型：类似 C++的值传递，如整数、字符串、元组。如 fun(a)，传递的只是 a 的值，没有影响 a 对象本身。在 fun(a)内部修改 a 的值，只是修改另一个复制的对象，不会影响 a 本身。

② 可变类型：类似 C++的引用传递，如列表、字典。如 fun(la)，则是将 la 真正地传过去，修改后 fun 外部的 la 也会受影响。

总之，函数调用时向其传递实参，当传递的是不可变类型对象时，如整数、字符串、元组，传递的只是参数的值，不会影响对象本身。函数调用时传递的是可变类型对象，如列表、字典等，函数内部的对象改变后，函数外部的对象也会受影响。

【例 7-1】传递不可变类型参数。

```
1   def changeValue(a, b):
2       a = 10
3       b = 12
4   if __name__ == "__main__":
5       a = 1
6       b = 2
7       changeValue(a, b)
8       print(a, b)
```

在上述代码中，在 main 函数中定义两个整数变量 a=1，b=2，属于不可变类型对象，将其作为实参传入函数 changeValue()中。在 changeValue()函数中，改变了 a 和 b 的值。由于传递的只是参数的值，而不是参数本身，因此并不会改变参数本身。从输出结果可以看到，a 和 b 的值没有发生变化。

例 7-1 的运行结果如图 7-3 所示。

```
1 2
```

图 7-3 例 7-1 的运行结果

【例 7-2】传递可变类型参数。

```
1   def changeValue(aList):
2       aList[0] = 100
3       aList[1] = 200
4   if __name__ == "__main__":
5       l = [1, 2, 3, 4]
6       changeValue(l)
7       print(l)
```

在上述代码中，在 main 函数中定义一个列表 l，列表属于可变类型对象，并将其作为实参传入函数 changeValue()中。在 changeValue()函数中，将列表 l 下标为 0 和 1 的元素赋予了新值。针对可变类型对象，如果在函数内部改变它的值，那么外部对象也会被改变。调用函数 changeValue()后，输出列表的值，发现列表内部元素值发生了变化。

例 7-2 的运行结果如图 7-4 所示。

```
[100, 200, 3, 4]
```

图 7-4　例 7-2 的运行结果

实例 7.1：查询中国共产党历次全国代表大会的召开时间

【实例描述】

本例是“查询中国共产党历次全国代表大会的召开时间”，本例中增加了对字符串的切片操作，还添加了传递参数的操作，帮助读者了解 Python 中函数的使用方法。

实例 7.1 视频

【实例分析】

本例的功能是，输入要查找的中国共产党历次全国代表大会，如'中共一大'等信息，通过函数实现查询对应的召开时间。

【实例实现】

```
1   # -*- coding: utf-8 -*-
2   def output(data):
3       with open('中国共产党历次全国代表大会回顾.txt', encoding='utf-8') as fp:
4           while True:
5               text_line = fp.readline()
6               if text_line:
7                   l = text_line.split('_')
8                   if data in l[0]:
9                       print(data,'召开时间为:',l[1])
10                      break
11              else:
12                  break
13  if __name__ == "__main__":
14      print("中国共产党历次全国代表大会回顾:\n")
15      s = input("输入要查找的中国共产党历次全国代表大会，如'中共一大'：")
16      output(s)
```

在上述代码中，第 2～12 行定义了一个函数 output()，参数是 data，在第 3 行打开文件“中国共产党历次全国代表大会回顾.txt”，在第 5 行依次读入每行内容。第 7 行对当前内容进行分割，如果分割后的信息包含待检索的信息，则输出结果。整个程序的入口在第 13 行，第 15 行输入了待检索的信息，第 16 行调用 output()函数，并传入待检索的信息，从而实现了本例的功能。实例 7.1 的运行结果如图 7-5 所示。

```
中国共产党历次全国代表大会回顾:

输入要查找的中国共产党历次全国代表大会，如'中共一大'：中共一大
中共一大 召开时间为:（1921年）
```

图 7-5　实例 7.1 的运行结果

7.4　参数类型

在 Python 中，函数的参数有很多种，大致可以分为必备参数、关键字参数、默认参数和不定长参数。本节将分别解释这些参数的特殊用法。

7.4.1 必备参数

所谓必备参数，也称为位置参数，指的是在函数调用时，实际参数的数量、位置及类型必须与定义时完全一致。

【例 7-3】必备参数示例。

```
1   def changeValue(a, b):
2       a = 10
3       b = 12
4   if __name__ == "__main__":
5       a = 1
6       b = 2
7       changeValue(a)
8       print(a)
```

在上述代码中，定义 changeValue()函数有 2 个参数，调用函数时只提供一个参数。此时参数的数量是不一致的，所以输出结果会产生错误。例 7-3 的运行结果如图 7-6 所示。

```
Traceback (most recent call last):
  File "7-3.py", line 7, in <module>
    changeValue(a)
TypeError: changeValue() missing 1 required positional argument: 'b'
```

图 7-6　例 7-3 的运行结果

实际上，必备参数非常简单、直观。需要注意的是，必备参数必须指向不可变类型对象，如果指向可变类型对象，结果会提示错误。

7.4.2 关键字参数

关键字参数传递是一种特殊的参数传递方式。关键字参数传递侧重点在于实参，它允许传入 0 个或多个含有参数名的参数。这些参数在函数内部自动被组装成一个字典，在函数调用时，使用“形参的名=输入的参数值”这种形式，实参的顺序和形参的顺序可以不一致，但是不影响传递结果，这样就避免了编程人员每次都需要牢记参数顺序而造成的麻烦。

【例 7-4】关键字参数示例。

```
1   def changeValue(a, b):
2       print("a的值:", a, "b的值:", b)
3   if __name__ == "__main__":
4       changeValue(b=2, a=1)
```

在上述代码中，changeValue()函数有两个参数 a 和 b。在调用函数 changeValue()时，按照关键字参数给定 b 和 a 的值，调用时尽管没有按照函数原型的参数顺序传递参数，但是程序可以找到正确的传入的参数值。

例 7-4 的运行结果如图 7-7 所示。

```
a的值: 1 b的值: 2
```

图 7-7　例 7-4 的运行结果

7.4.3 默认参数

默认参数是指在函数定义时为参数设置一个默认值，当函数调用时，如果没有给这个参数传入值，就会直接使用这个默认值。

【例 7-5】默认参数示例。

```
1    def changeValue(a, b=5):
2        print("a的值:", a, ";b的值:", b)
3    if __name__ == "__main__":
4        changeValue(2)
```

在上述代码中，changeValue()函数有两个形参，其中参数 b 指定默认值为 5。在调用函数 changeValue()时，只传入一个实参值 2。从输出结果可以看出，同样能够将 b 的值 5 输出。例 7-5 的运行结果如图 7-8 所示。

```
a的值: 2 ;b的值: 5
```

图 7-8　例 7-5 的运行结果

需要注意的是，默认参数必须出现在函数参数列表的最右边，也就是说，Python 定义函数时，不允许一个默认参数的右边有非默认参数存在。

【例 7-6】默认参数右边有非默认参数。

```
1    def changeValue(a=5, b):
2        print("a的值:", a, ";b的值:", b)
3    if __name__ == "__main__":
4        changeValue(b=2, a=1)
```

在上述代码中，changeValue()函数有两个形参，在默认参数 a 的右边还有一个非默认参数 b，这是不允许的，因此程序执行就会报错。例 7-6 的运行结果如图 7-9 所示。

```
  File "7-6.py", line 1
    def changeValue(a=5, b):
       ^
SyntaxError: non-default argument follows default argument
```

图 7-9　例 7-6 的运行结果

7.4.4　不定长参数

如果要传入函数中的参数个数无法确定，在 Python 中还可以定义可变长度的参数（不定长参数）。所谓不定长参数，就是指传入的参数个数是变化的，可以是 0 个，也可以是多个。传入的参数有以下两种形式：*parameter 和**parameter。

（1）不定长参数*parameter

不定长参数*parameter 用来接收多个实参，并把其放在一个元组中传入。

【例 7-7】定义一个包含*p 的函数。

```
1    def changeValue(*p):
2        print("传入值:", p)
3    if __name__ == "__main__":
4        changeValue('a', 'b', 'c', 'd')
```

在上述代码中，changeValue()函数的形参为*p，表示函数调用时可以传入多个实参。调用函数时，传入'a'、'b'、'c'、'd'，它们将会被作为元组传入。例 7-7 的运行结果如图 7-10 所示。

```
传入值: ('a', 'b', 'c', 'd')
```

图 7-10　例 7-7 的运行结果

从输出结果中可以看出，参数被封装成了元组。

（2）不定长参数**parameter

不定长参数**parameter 表示接收的是多个参数，并将其存放到字典中。

【例 7-8】定义一个包含**p 的函数。

```
1    def changeValue(**p):
2        for item in p.items():
3            print(item)
4    if __name__ == "__main__":
5        changeValue(x='a', y='b')
```

在上述代码中，changeValue()函数的形参为**p，调用函数时，以关键字参数形式给出两个参数对应的值。在函数内部，对 p 进行遍历并输出每一项值。例 7-8 的运行结果如图 7-11 所示。

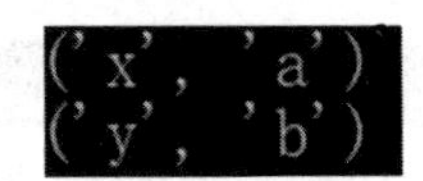

图 7-11　例 7-8 的运行结果

从输出结果可以看出，参数确实是以字典的形式输出的。在不定长参数中，最重要的是识别函数原型的形参和实参的参数类型。

7.4.5　参数传递的序列解包

序列解包是指一次给多个变量赋多个值，基本方法就是一次性将一个可迭代对象赋值给多个变量。在 Python 中，序列解包是自动完成的，所有可迭代对象都可以进行解包。在编写代码时，使用序列解包可以非常简洁的形式完成复杂的功能，从而大幅度提高代码的可读性，并且减少代码输入量。因此，序列解包是 Python 提供的一个很实用的功能。

【例 7-9】序列解包示例。

```
1    def changeValue(a, b, c, d):
2        print("a=", a, "b=", b, "c=", c, "d=", d)
3    if __name__ == "__main__":
4        l = [1, 2, 'r', 3]
5        changeValue(*l)
```

在上述代码中，调用 changevalue()函数传入一个列表，函数执行时，列表的 4 个元素会被自动赋值给函数中的 4 个参数 a、b、c、d。例 7-9 的运行结果如图 7-12 所示。

a= 1 b= 2 c= r d= 3

图 7-12　例 7-9 的运行结果

输出结果就是列表中的每一个元素值，这种自动化的赋值方式确实大大提升了程序的开发效率。

实例 7.2：查询多次中国共产党全国代表大会的召开地点

【实例描述】

本例是"查询多次中国共产党全国代表大会的召开地点"，本例中增加了多个传递参数的操作和字典的操作，帮助读者了解 Python 中函数的使用方法。

实例 7.2 视频

【实例分析】

本例的功能是，输入 3 次要查找的中国共产党历次全国代表大会信息，通过函数实现对应召开时间的查询。

【实例实现】

```
1    # -*- coding: utf-8 -*-
2    def output(*data):
```

```
3	    result_dict = {}
4	    with open('中国共产党历次全国代表大会回顾.txt', encoding='utf-8') as fp:
5	        while True:
6	            text_line = fp.readline()
7	            if text_line:
8	                l = text_line.split('_')
9	                time_place = l[2].split()
10	                result_dict[l[0]]=[]
11	                result_dict[l[0]].append(l[1])
12	                result_dict[l[0]].append(time_place)
13	            else:
14	                break
15	    for index in data:
16	        r = result_dict.get(index,0)
17	        if r!=0:
18	            print(index,'召开',r[1][1])
19	
20	if __name__ == "__main__":
21	    number_1 = input('请输入第1次要查询中国共产党全国代表大会,如：中共一大：')
22	    number_2 = input('请输入第2次要查询中国共产党全国代表大会,如：中共二大：')
23	    number_3 = input('请输入第3次要查询中国共产党全国代表大会,如：中共三大：')
24	    output(number_1,number_2,number_3)
```

在上述代码中，第 2～18 行定义了一个函数 output()，参数包含 3 个待检索的内容。第 4 行打开文件“中国共产党历次全国代表大会回顾.txt”，在第 6 行依次读入每行内容。第 8 行对当前内容进行分割，分割后的信息存储在字典 result_dict 中。第 15 行遍历 result_dict 中的内容，找到待检索的信息。整个程序的入口在第 20 行，第 21～23 行输入了待检索的信息，第 24 行调用 output()函数，并传入了待检索的信息，从而实现了本例的功能。实例 7.2 的运行结果如图 7-13 所示。

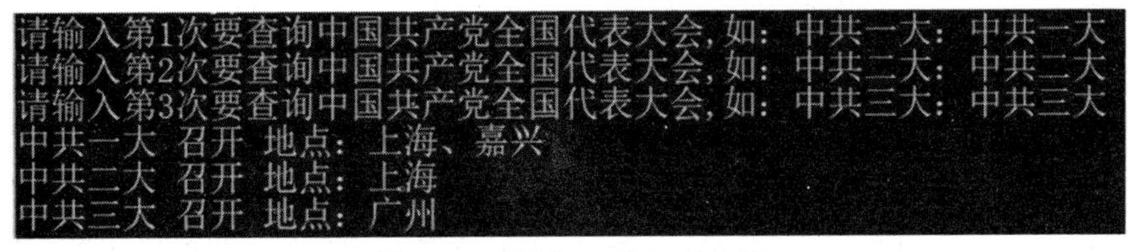

图 7-13　实例 7.2 的运行结果

7.5　变量作用域

本节以一个有氧运动强度计算的案例来了解变量作用域的存在目标。

【例 7-10】有氧运动强度计算。

```
1	def judge(age, level):
2	    if level == 1:
3	        value = (220-age) * 0.5
4	    elif level == 2:
5	        value = (220-age) * 0.6
6	    else:
7	        value = (220-age) * 0.8
```

```
8	if __name__ == "__main__":
9	    judge(30, 2)
10	    print(value)
```

在上述代码中，第 1 行的 judge()函数有两个参数，分别是年龄 age 和运动的强度级别 level，函数内部分别计算不同运动强度得到的心率值 value。在第 8 行的程序入口后调用 judge()函数，分别传入实参，并打印得到 value 的值。例 7-10 的运行结果如图 7-14 所示。

```
Traceback (most recent call last):
  File "7-10.py", line 10, in <module>
    print(value)
NameError: name 'value' is not defined
```

图 7-14　例 7-10 的运行结果

从图 7-14 中可以发现，输出结果中出现了错误信息，错误信息中提示 value 变量没有被定义，这个错误就涉及了变量作用域的知识。

Python 中函数使用的变量有两种类型：全局变量和局部变量。一个程序的所有变量并不是在任何位置都可以访问的，访问权限决定于这个变量是在哪里赋值。变量起作用的代码范围称为变量作用域，不同作用域内变量名可以相同，互不影响。在函数内部定义的普通变量只在函数内部起作用，称为局部变量。当函数执行结束后，局部变量自动删除，不能再使用。而全局变量可以在整个程序范围内访问，局部变量的引用速度比全局变量快，应优先考虑使用。

【例 7-11】局部变量示例。

```
1	def judge1(a, b):
2	    return a + b
3	def judge2(a, b):
4	    return a * b
5	if __name__ == "__main__":
6	    r1 = judge1(2, 5)
7	    print("result1=", r1)
8	    r2 = judge2(3, 4)
9	    print("result2=", r2)
```

在上述代码中，分别在第 1 行和第 3 行定义了两个函数，每个函数都有两个相同名字的变量 a 和 b。judge1()函数返回的值为 a+b，judge2()函数返回的值为 a*b。在第 5 行的程序入口后先后调用 judge1()和 judge2()函数，返回值分别赋值给变量 r1 和 r2，并将其输出。函数内部变量 a 和 b 就是局部变量，它们的作用域分别是各自函数的内部，因此变量可以同名。例 7-11 的运行结果如图 7-15 所示。

```
result1= 7
result2= 12
```

图 7-15　例 7-11 的运行结果

【例 7-12】全局变量的应用示例 1。

```
1	age = 24
2	level = 1
3	def judge():
4	    print(age, level)
5	if __name__ == "__main__":
6	    judge()
```

在上述代码中，在第 3 行的无参函数 judge()外面定义了 2 个全局变量 age 和 level。函数 judge()内部直接打印全局变量的值，调用函数就能够正常输出结果。因为 age 和 level 是全局变量，其作用域为整个程序，所以在函数内部也可以直接调用。例 7-12 的运行结果如图 7-16 所示。

```
24 1
```

图 7-16　例 7-12 的运行结果

【例 7-13】全局变量的应用示例 2。

```
1    age = 24
2    level = 1
3    def judge():
4        age = 25
5        level = 2
6        print("函数内打印:", age, level)
7    if __name__ == "__main__":
8        judge()
9        print("函数外打印:", age, level)
```

上述代码是对例 7-12 程序的二次改造，第 3 行的函数 judge()内部分别对变量 age 和 level 重新赋值并打印。在第 7 行的程序入口后调用 judge()函数，并打印 age 和 level 值。例 7-13 的运行结果如图 7-17 所示。

```
函数内打印: 25 2
函数外打印: 24 1
```

图 7-17　例 7-13 的运行结果

由图 7-17 可见，输出结果中函数内打印的两个变量值是 25 和 2，函数外打印的结果是 24 和 1。这是因为在函数内给全局变量赋值，其实是在函数内重新定义了一个和全局变量同名的局部变量，所以在函数内、外输出了不同的结果。如何在函数内改变全局变量的值？我们可以参考例 7-14。

【例 7-14】全局变量的应用示例 3。

```
1    age = 24
2    level = 1
3    def judge():
4        global age
5        global level
6        age = 25
7        level = 2
8        print("函数内打印:", age, level)
9    if __name__ == "__main__":
10       judge()
11       print("函数外打印:", age, level)
```

上述代码在例 7-13 的基础上，第 4 行和第 5 行分别使用关键字 global 来声明变量 age 和 level 是全局变量，再对两个变量进行赋值。例 7-14 的运行结果如图 7-18 所示。

```
函数内打印: 25 2
函数外打印: 25 2
```

图 7-18　例 7-14 的运行结果

由图 7-18 可见，输出结果中函数内、外打印变量 age 和 level 的值均为 25 和 2。因此，如果在函数内不是只读取全局变量的值，而是修改全局变量的值，需要在函数内部使用 global 来声明该变量。

【例 7-15】全局变量的应用示例 4。

```
1   def judge():
2       global age
3       global level
4       age = 25
5       level = 2
6       print("函数内打印:", age, level)
7   if __name__ == "__main__":
8       judge()
9       print("函数外打印:", age, level)
```

在上述代码中，全局变量 age 和 level 不事先在函数外部声明，而是在第 2 行和第 3 行直接在函数内部使用关键字 global 声明。输出结果显示，这种方式创建的变量也是全局变量。例 7-15 的运行结果如图 7-19 所示。

```
函数内打印: 25 2
函数外打印: 25 2
```

图 7-19　例 7-15 的运行结果

实例 7.3：查询在某地召开中国共产党全国代表大会的次数

【实例描述】

本例是“查询在某地召开中国共产党全国代表大会的次数”，本例中增加了传递参数的函数和列表操作，帮助读者了解 Python 中函数的使用方法。

实例 7.3 视频

【实例分析】

本例的功能是，输入要查找的召开中国共产党全国代表大会的地点，通过函数实现查询对应召开地点的开会次数。

【实例实现】

```
1   # -*- coding: utf-8 -*-
2   counts=0
3   def getCounts(place):
4       global counts
5       place_list = []
6       with open('中国共产党历次全国代表大会回顾.txt', encoding='utf-8') as fp:
7           while True:
8               text_line = fp.readline()
9               if text_line:
10                  l = text_line.split('：')
11                  l =l[2].strip()
12                  l =l.split('、')
13                  place_list.extend(l)
14              else:
15                  break
16      counts = place_list.count(place)
17
```

```
18  if __name__ == "__main__":
19      place = input('请输入召开中国共产党全国代表大会的地点:')
20      getCounts(place)
21      print('在{0}召开中国共产党全国代表大会的次数是{1}次'.format(place,counts))
```

在上述代码中，第3～16行定义了一个函数getCounts()，参数包含1个待检索的地点。在第6行打开文件“中国共产党历次全国代表大会回顾.txt”，然后在第8行依次读入本文件中每行的内容。第10行对当前内容进行分割，将分割后的信息存储在列表place_list中。第16行统计列表place_list中对应项出现的次数。整个程序的入口在第18行，第19行输入了待检索的地点，第20行调用getCounts()函数，并传入了待检索的地点，从而实现了本实例的功能。实例7.3的运行结果如图7-20所示。

```
请输入召开中国共产党全国代表大会的地点:上海
在上海召开中国共产党全国代表大会的次数是3次
```

图7-20　实例7.3的运行结果

7.6　lambda表达式

在Python中，lambda表达式通常用来声明无须函数名标识的匿名函数。匿名函数的函数体只能够包含一个表达式，表达式的计算结果即为函数的返回值。lambda表达式的语法格式如下：

```
lambda [arg1 [,arg2,.....argn]]:expression
```

其中，[arg1 [,arg2,.....argn]]表示匿名函数的参数，expression是一个表达式，其计算结果就是函数的返回值。

匿名函数有一个限制，即只能有一个表达式，不用写return，它的返回值就是该表达式的结果。

用匿名函数有一个好处，因为函数没有名字，不必担心函数名冲突。此外，匿名函数也是一个函数对象，可以把匿名函数赋值给一个变量，再利用变量来调用该函数。

【例7-16】为lambda表达式命名。

```
1   sub = lambda a, b: a-b
2   print(sub(10, 2))
```

在上述代码中，为了使用方便，给lambda表达式命名为sub，这样就可以像调用普通函数一样使用lambda表达式了。例7-16的运行结果如图7-21所示。

【例7-17】含有默认值参数。

```
1   fun = lambda x, y=1, z=2: x + y + z
2   print(fun(3))
```

例7-17的运行结果如图7-22所示。

```
8
```

图7-21　例7-16的运行结果

```
6
```

图7-22　例7-17的运行结果

7.7　项目实战：中国共产党历次全国代表大会详细查询

7.7.1　项目描述

在本章中读者学习了函数的常见使用方法，本项目将利用函数的定义和调用、形参与实参、参数类型、变量作用域等知识，实现“中国共产党历次全国代表大会详细查询”项目的设计。

第 7 章项目实战视频

7.7.2 项目分析

本例的功能是，输入要查找的召开中国共产党全国代表大会的信息，通过两个函数联合调用实现查询中国共产党历次全国代表大会的详细信息。

7.7.3 项目实现

“中国共产党历次全国代表大会详细查询”的具体程序如下：

```
1  # -*- coding: utf-8 -*-
2  result_dict = {}
3  def getDetailInfo(data):
4      global result_dict
5      r = result_dict.get(data,0)
6      if r!=0:
7          r = r.split('#')
8          return '{0}详细信息：\n召开{1}\n{2}'.format(data,r[0],r[1])
9  def getData():
10     global result_dict
11     with open('中国共产党历次全国代表大会回顾.txt', encoding='utf-8') as fp:
12         while True:
13             text_line = fp.readline()
14 
15             if text_line:
16                 l = text_line.split('_')
17                 time_place = l[2].split()
18                 result_dict[l[0]]=time_place[0]+l[1]+'#'+time_place[1]
19             else:
20                 break
21 if __name__ == "__main__":
22     print("中国共产党历次全国代表大会回顾:\n")
23     s = input("输入要查找的中国共产党历次全国代表大会，如'中共一大'：")
24     getData()
25     r = getDetailInfo(s)
26     print(r)
```

在上述代码中，第 3～8 行定义了一个函数 getDetailInfo()，参数包含 1 个待检索的信息。第 4 行定义了一个全局变量 result_dict，它是一个字典，并在第 5 行获取它的信息，在第 7 行分割字典中信息的内容，并在第 8 行输出对应分割后的信息。

第 9～20 行定义了一个函数 getData()。第 10 行定义了一个全局变量 result_dict，第 11 行打开文件“中国共产党历次全国代表大会回顾.txt”，然后在第 13 行依次读入每行内容。第 16 行对当前内容进行分割，分割后的信息存储在列表 time_place 中。第 18 行将 time_place 的信息存储在全局变量 result_dict 中。

整个程序的入口在第 21 行，第 23 行输入了待检索的地点，第 24 行调用函数 getData()，第 25 行调用函数 getDetailInfo()，并传入待检索的信息，从而实现了本项目的功能。项目实战的运行结果如图 7-23 所示。

```
中国共产党历次全国代表大会回顾:

输入要查找的中国共产党历次全国代表大会，如'中共一大'：中共二大
中共二大详细信息:
召开时间：7月16日-7月23日（1922年）
地点：上海
```

图 7-23　项目实战的运行结果

本 章 小 结

本章内容包括项目引导、函数定义与调用、参数定义、参数类型、变量作用域、lambda 表达式和项目实战。

在项目引导中，提供了一个“中国共产党历次全国代表大会历程回顾”案例给出函数定义的方法。

在函数定义与调用中，介绍了函数的定义方法和调用方法。

在参数定义中，分别介绍了形参和实参的使用方法，说明了不可变类型和可变类型的区别。其中涉及了“查询中国共产党历次全国代表大会的召开时间”的实例。

在参数类型中，介绍了必备参数、关键字参数、默认参数、不定长参数、参数传递的序列解包的使用方法。其中涉及了“查询多次中国共产党全国代表大会的召开地点”的实例。

在变量作用域中，介绍了全局变量和局部变量的使用方法，其中涉及了“查询在某地召开中国共产党全国代表大会的次数”的实例。

在 lambda 表达式中，介绍了匿名表达式的使用方法。

在“中国共产党历次全国代表大会详细查询”项目实战中，介绍了该项目的具体描述、项目分析及项目实现思路。

习 题 7

1. 选择题

（1）调用以下函数，返回的值为（　　）。

```
def myfun():
        pass
```

A. 0　　　B. 出错不能运行　　　C. 空字符串　　　D. None

（2）函数如下：

```
def showNnumber(numbers):
        for n in numbers:
                print(n)
```

下面哪些在调用函数时会报错？（　　）

A. showNumer([2,4,5])　　　B. showNnumber('abcesf')

C. showNnumber(3.4)　　　D. showNumber((12,4,5))

（3）函数如下：

```
def chanageInt(number2):
        number2 = number2+1
        print("changeInt: number2= ",number2)
number1 = 2
```

```
    chanageInt(number1)
    print("number:",number1)
```

打印结果哪项是正确的？（　　）

A. changeInt: number2= 3　　　　number: 3

B. changeInt: number2= 3　　　　number: 2

C. number: 2　　　　changeInt: number2= 2

D. number: 2　　　　changeInt: number2= 3

（4）（多项选择题）假设函数如下：

```
    def chanageList(list):
        list.append(" end")
    print("list",list)
    #调用
    strs =['1','2']
    chanageList(strs)
    print("strs",strs)
```

下面对 strs 和 list 的值输出正确的是（　　）。

A. strs ['1','2']　　B. list　['1','2']　　C. list ['1','2','end']　　D. strs　['1','2', 'end']

2. 填空题

（1）在 Python 中定义一个函数，需要使用关键词（　　）。

（2）列表、字典等都是（　　）类型参数。

（3）必备参数，也称为（　　），指的是在函数调用时实际参数的数量、位置及类型必须与定义时（　　）。

第8章　面向对象编程

面向对象编程（Object Oriented Programming，OOP），即面向对象程序设计，是一种程序设计思想。OOP把对象作为程序的基本单元，一个对象包含数据和操作数据的函数。

在面向过程的程序设计中，我们把计算机程序视为一系列的命令集合，即一组函数的顺序执行。根据业务逻辑从上到下编写代码，为了简化程序设计，面向过程的程序设计把函数继续切分为子函数，即把大块函数通过切割成小块函数来降低系统的复杂度，将某功能代码封装到函数中，无须重复编写，功能代码的实现仅调用即可。

而面向对象的程序设计把计算机程序视为一组对象的集合，而每个对象都可以接收其他对象发过来的消息，并处理这些消息，计算机程序的执行就是一系列消息在各个对象之间传递的过程。面向对象的程序设计对函数进行封装，这样能够更快速地开发程序，减少了重复代码的重写过程。

在Python中，所有数据类型都可以视为对象，当然也可以自定义对象。自定义对象的数据类型就是面向对象中类（Class）的概念。

本章将详细介绍Python中的面向对象编程，其中包含面向对象基础、类的定义与使用、方法、继承、重载、封装、多态等，并通过一系列的实例和项目实战帮助读者掌握Python语言中面向对象编程的具体处理方法。

8.1　项目引导：把大象关到冰箱里共分几步

8.1.1　项目描述

读者在学习Python时，通常需要结合图形化界面展示页面的效果，实现人机交互。Python提供了多个图形开发界面的库（GUI库），包括tkinter、PyQt、wxPython、Jython等。其中，tkinter是Python的标准GUI库。使用tkinter，可以快速创建GUI应用程序。

由于Tkinter内置在Python的安装包中，只要安装好Python，就能导入tkinter模块。IDLE是用tkinter编写而成的，对于简单的图形界面，tkinter能快速实现设计和绘制。tkinter与面向对象的完美结合，可以帮助我们快速掌握面向对象的基础知识。

在本项目中，通过一个“把大象关到冰箱里共分几步”的案例帮助读者体会Python中tkinter的使用方法。

8.1.2　项目分析

创建一个GUI界面可以通过以下步骤完成：

① 导入tkinter模块；

② 创建控件；

③ 指定控件的master，即这个控件属于哪一个类别；

④ 通知GM（Geometry Manager），一个控件已经产生。

在本项目中，我们按照上述的步骤实现了一个GUI界面的创建。为了能够展示界面中的图像信息，我们提前准备了一个文件夹“01”，里面存放了需要展示的图像。如图 8-1 所示，在“01”文件夹下有 3 张图像。

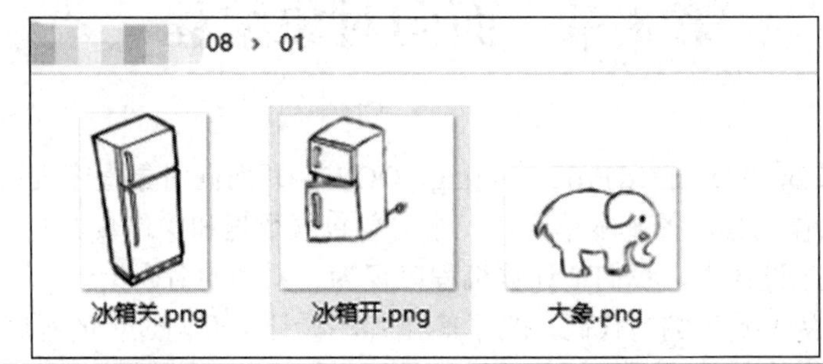

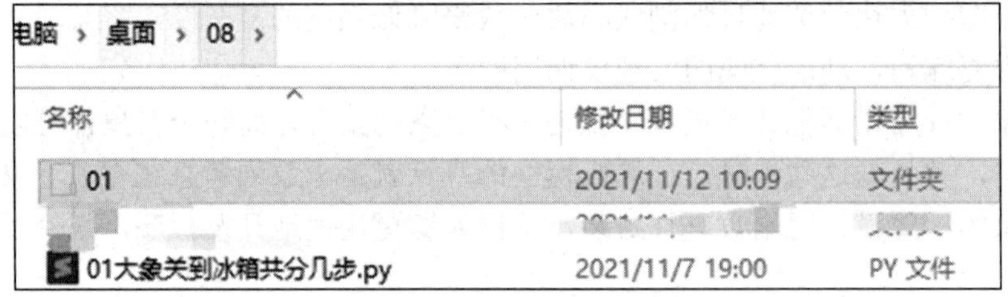

图 8-1　项目的目录结构

因此，通过实现本项目引导，本章需要掌握的相关知识点如表 8-1 所示。

表 8-1　相关知识点

序号	知 识 点	详见章节
1	面向对象基础	8.2 节
2	类的定义	8.3.1 节
3	self 参数	8.3.2 节
4	类成员与实例成员	8.3.3 节
5	私有成员与公有成员	8.3.4 节
6	方法	8.4 节
7	继承	8.5 节
8	重载	8.6 节
9	封装	8.7 节
10	多态	8.8 节

第 8 章引导
项目视频

8.1.3　项目实现

实现本项目的源程序如下：

```
1       # -*- coding: utf-8 -*-
2       from tkinter import *
3       global canvas
4       global img
5       global img_elephant
6       def start_bt_open():
7           global img
8           canvas.delete(ALL)
9           img = PhotoImage(file="01/冰箱开.png")
10          canvas.create_image(500,300,anchor=W,image=img)
```

```
11    def start_bt_push():
12        global img
13        global img_elephant
14        canvas.delete(ALL)
15        img_elephant = PhotoImage(file="01/大象.png")
16        img_elephant = img_elephant.subsample(2, 2)
17        canvas.create_image(300,350,anchor=W,image=img_elephant)
18        img = PhotoImage(file="01/冰箱开.png")
19        canvas.create_image(500,300,anchor=W,image=img)
20    def start_bt_close():
21        global img
22        canvas.delete(ALL)
23        img = PhotoImage(file="01/冰箱关.png")
24        canvas.create_image(400,300,anchor=W,image=img)
25
26    if __name__ == "__main__":
27        global canvas
28        root = Tk()
29        root.title("TKINTER")
30        gw, gh = 800, 600
31        canvas = Canvas(root,
32                    width = gw,
33                    height = gh,
34            bg ='White'
35                )
36        frame_1 = Frame(root)
37        open_bt = Button(frame_1, text="开冰箱", bg='MediumOrchid',font=("宋体
    ",22),command=start_bt_open, width=20, height=1)
38        open_bt.pack(side=TOP, anchor=E, fill=NONE, expand=NO)
39        push_bt = Button(frame_1, text="放大象", bg='MediumOrchid',font=("宋体
    ",22),command=start_bt_push, width=20, height=1)
40        push_bt.pack(side=TOP, anchor=E, fill=NONE, expand=NO)
41        close_door_bt = Button(frame_1, text="关冰箱", bg='MediumOrchid',font=("宋体
    ",22),command=start_bt_close, width=20, height=1)
42        close_door_bt.pack(side=TOP, anchor=E, fill=NONE, expand=NO)
43        close_bt = Button(frame_1, text="退 出",bg='MediumOrchid',font=("宋体",22),
    command=root.destroy,width=20, height=1)
44        close_bt.pack(side=TOP, anchor=E, fill=NONE, expand=NO)
45        frame_1.pack(side=LEFT, fill=BOTH, expand=YES)
46        canvas.pack()
47        root.mainloop()
```

在上述代码中，第 2 行导入 tkinter 模块，第 3～5 行定义了 3 个全局变量。第 6 行定义了 start_bt_open()函数，此时可以通过 canvas.create_image 产生一个“冰箱开.png”图像的对象。第 11 行定义了 start_bt_push()函数，此时可以通过 canvas.create_image 产生“大象.png”图像的对象。第 20 行定义了 start_bt_close()函数，此时可以通过 canvas.create_image 产生一个“冰箱关.png”图像的对象。

第 26 行是本程序的入口。第 31 行定义了一个画布，第 37 行定义了一个按钮对象 open_bt，关联 start_bt_open()函数；第 39 行定义了一个按钮对象 push_bt，关联 start_bt_push()函数；第

41 行定义了一个按钮对象 close_door_bt，关联 start_bt_close()函数；第 43 行定义了一个按钮对象 close_bt，关联了退出动作。通过按钮操作，即可实现图像的切换。

项目的运行结果如图 8-2 所示。

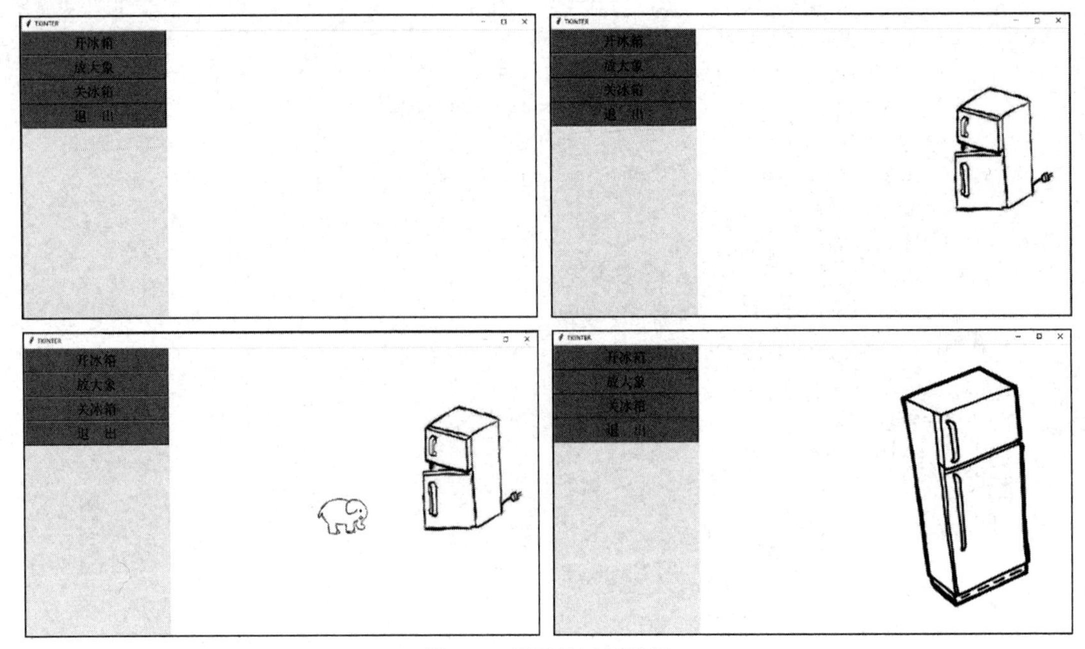

图 8-2　项目的运行结果

8.2　面向对象基础

面向对象编程是一种通过对象的方式，把现实世界映射到计算机模型的一种编程方法。把数据及对数据的操作方法放在一起，作为一个相互依存的整体——对象。对同类对象抽象出其共性，形成类。类中的大多数数据，只能用本类的方法进行处理。类通过一个简单的外部接口与外界发生关系，对象与对象之间通过消息进行通信。面向对象编程的核心是“对象”二字，对象指的是具有相同属性和动作的结合体。

在面向对象编程中，以下是常见的基本特征。

① 类(Class)：用来描述具有相同的属性和方法的对象的集合。它定义了该集合中每个对象所共有的属性和方法，对象是类的实例。类可以理解为“模板”。

② 类变量：类变量在整个实例化的对象中是公用的。类变量定义在类中且在函数体之外。类变量通常不作为实例变量使用。

③ 数据成员：类变量或实例变量用于处理类及其实例对象的相关数据。

④ 方法重写：如果从父类继承的方法不能满足子类的要求，可以对其进行改写，这个过程叫方法覆盖(override)，也称为方法重写。

⑤ 实例变量：定义在方法中的变量，只作用于当前实例的类。

⑥ 继承：即派生类(derived class)继承基类(base class)的字段和方法。继承允许把一个派生类的对象作为一个基类对象对待。例如，设计一个 Dog 类型的对象派生自 Animal 类，这是模拟“是一个(is-a)”关系，Dog 是一个 Animal。

⑦ 实例化：创建一个类的实例，即类的具体对象。

⑧ 方法：类中定义的函数。

⑨ 对象：通过类定义的数据结构实例。对象包括两个数据成员（类变量和实例变量）和方法。

和其他编程语言相比，Python 在尽可能不增加新的语法和语义的情况下加入了类机制。Python 中的类提供了面向对象编程的所有基本功能：类的继承机制允许有多个基类，派生类可以覆盖基类中的任何方法，方法中可以调用基类中的同名方法，对象可以包含任意数量和类型的数据。

在 Python 中面向对象的特点是：

- Python 完全采用面向对象的思想，是真正面向对象的高级动态编程语言；
- Python 支持封装、继承、多态、重载、重写；
- Python 中一切内容都为对象，如字符串、列表、元组、数值等；
- Python 创建类时，属性用变量表示，行为用方法表示。

8.3 类的定义与使用

在面向对象的程序设计中，类是创建对象的基础，类描述了所创建对象共有的属性和方法。类的定义像函数的定义，只是用 class 关键字替代了 def 关键字，在执行 class 的整段代码后这个类才会生效。进入类定义部分后，会创建出一个新的局部作用域，后面定义的类的数据属性和函数方法都是属于此作用域的局部变量。只有构造一个类之后，类才可以使用。

8.3.1 类的定义

面向对象中的类就相当于制造飞机时的图纸，用图纸来制造的每个飞机就相当于实例化一个对象。

类是具有相似内部状态和运动规律的实体的集合（或统称、抽象）。

类是具有相同属性和行为的事物的统称。

类是抽象的，使用时通常会找到这个类的一个具体的存在，并使用这个具体的存在。一个类可以创建多个对象。

Python 中类由 3 部分构成。

- 类的名称：类名。
- 类的属性：一组数据。
- 类的方法：允许对数据进行操作的方法（行为）。

例如，我们设计以下 2 个类。

（1）车类的设计

- 类名：车（Car）。
- 属性：车轮数量（wheelNum）、颜色（color）。
- 方法（行为 / 功能）：获取车轮信息（getCarInfo）、跑（run）。

（2）狗类的设计

- 类名：狗（Dog）。
- 属性：品种、毛色、性别、名字。
- 方法（行为 / 功能）：叫、跑、咬人、吃、摇尾巴。

Python 中使用 class 关键字来定义类，class 关键字之后是一个空格，然后是类名，之后是一个冒号，最后换行并定义类的内部实现。类名的首字母一般要大写，当然我们也可以按照自己的习惯定义类名，但是一般推荐参考惯例来命名，并在整个系统的设计和实现中保持风格一致。

【例 8-1】定义一个 Car 类。

```
1   class Car:
2       # 属性
3       wheelNum = 4
4       color = 'red'
5       # 方法
6       def getCarInfo(self):
7           print('车轮子个数:%d, 颜色%s'%(self.wheelNum, self.color))
8       def run(self):
9           print('车在奔跑...')
```

在本例中，第 1 行定义了 Car 类，在类定义之后，使用“.”来访问类中的成员或成员方法。

```
10  #Car类的使用
11  if __name__ == "__main__":
12      car = Car()
13      print(car.color)
14      car.getCarInfo()
15      car.run()
```

在上述代码中，第 12 行通过 Car 类实例化一个 car 对象，第 13 行使用 car.color 调用 Car 类的 color 属性，第 14 行使用 car.run()来调用 Car 类的成员方法。

例 8-1 的运行结果如图 8-3 所示。

```
red
车轮子个数:4, 颜色red
车在奔跑...
```

图 8-3　例 8-1 的运行结果

Python 中 pass 关键字为空语句，可用在选择结构、循环结构及类和函数的定义中，为后续程序的升级预留空间。如下所示：

```
1   #类的定义使用pass。
2   class A:
3       pass
4   #函数定义使用pass。
5   def demo():
6       pass
7   #分支结构使用pass。
8   if 5>3:
9       pass
```

Python 中任何类都有类的专有方法，它们的特殊性由代码就能看出来，通常用双下画线“__”开头和结尾。访问类或对象（实例）的属性和方法，要通过点号操作来实现，即 object.attribute，当然也可以实现对属性的修改和增加。使用 dir()函数可以输出类的所有专有方法，如下例所示。

【例 8-2】使用 dir()函数。

```
1   class Example():
2       pass
3   example = Example()
4   print(dir(example))
```

在上述代码中，第 4 行使用了 dir()函数，用于输出类的所有专有方法。第 4 行的 print()函数输出的结果如图 8-4 所示。

```
['__class__', '__delattr__', '__dict__', '__dir__', '__doc__', '__eq__', '__format__', '__ge__', '__getattribute__', '__gt__', '__hash__', '__init__', '__init_subclass__', '__le__', '__lt__', '__module__', '__ne__', '__new__', '__reduce__', '__reduce_ex__', '__repr__', '__setattr__', '__sizeof__', '__str__', '__subclasshook__', '__weakref__']
```

图 8-4　例 8-2 的运行结果

Python 中经常使用的一些类的专有方法如表 8-2 所示。

表 8-2　类的专有方法

专有方法	含　义
__init__	构造函数，在生成对象时调用
__del__	析构函数，释放对象时使用
__repr__	打印，转换
__setitem__	按照索引赋值
__getitem__	按照索引获取值
__len__	获得长度
__cmp__	比较运算
__call__	函数调用
__add__	加运算
__sub__	减运算
__mul__	乘运算
__div__	除运算
__mod__	求余运算
__pow__	乘方

1. __init__方法

__init__方法在类的一个对象被建立时马上运行。这个方法可以用来初始化对象。

【例 8-3】__init__方法示例。

```
1    class Dog:
2        color= 'black'
3        def __init__(self,name):
4            self.name = name
```

在本例中，把__init__方法定义为包含两个参数的构造函数。在这个__init__方法中，我们只是创建一个新的实例属性，也称为 name。需要注意的是，两个参数是两个不同的变量，尽管有相同的名字 name，可以通过“.”来区分它们。需要注意的是，我们没有专门调用__init__方法，只是在创建一个类的新实例时，把参数写在圆括号内，放在类名后面传递给__init__方法。

2. __getitem__方法和__setitem__方法

__getitem__方法和__setitem__方法与普通的 clear()、keys()和 values()方法一样，它们只是重定向到字典，并返回字典的值。通常不用直接调用这些方法，而使用相应的语法让 Python 来调用__setitem__方法。

每个文件类型都可以拥有一个处理器类，这些类知道如何从一个特殊的类得到元数据。一旦知道了某些属性（如文件名和位置），处理器类就知道如何自动地得到其他属性。

3．__repr__方法

__repr__方法只有当调用 repr(instance)时才被调用。repr()函数是一个内置函数，用返回一个对象的字符串表示。

4．__cmp__方法

__cmp__方法在比较类的实例时被调用，通常可以使用“==”比较任意两个 Python 对象，而不只是类的实例而已。

5．__len__方法

__len__方法在调用 len(instance)时被调用。len()函数是 Python 的内置函数，可以返回一个对象的长度：字符串返回的是字符个数；字典返回的是关键字的个数；列表或序列返回的是元素的个数。对于类和对象，__len__方法可以自己定义长度的计算方式，然后调用 len(instance)。

6．其他方法

- __del__方法在调用 del instance[key]时被调用，它会从字典中删除单个元素。
- __call__方法让一个类表现得像一个函数，可以直接调用一个类实例。

在类的应用中，最常见的是将类实例化，再通过实例来执行类的专有方法。

实例 8.1：百变汽车

实例 8.1 视频

【实例描述】

本例是“百变汽车”，本例中增加了对类和对象的设计，包括类的定义、类的调用等，帮助读者了解 Python 中对象的使用方法。

【实例分析】

本例的功能是，单击“百变汽车”按钮，可在界面上展示不同位置的汽车。

【实例实现】

```
1    # -*- coding: utf-8 -*-
2    from tkinter import *
3    import random
4    global img
5    global lab_1
6    def produceCar():
7        global img
8    ###############下面为类的调用###############
9        car = Car()
10       car.color='purple'
11       car.getCarInfo()
12       car.run()
13   ###############类的调用结束###############
14       img = PhotoImage(file="02/car_1.png")
15       x = random.randint(0, 800)
16       y = random.randint(50, 300)
17       lab_1.config(image=img,bg=car.color)
18       lab_1.place(x=x,y=y,width=400,height=200)
19   ###############下面为类的定义###############
20   class Car:
21       # 属性
22       wheelNum = 4
23       color = 'red'
```

```
24        # 方法
25        def getCarInfo(self):
26            print('车轮子个数:%d, 颜色%s'%(self.wheelNum, self.color))
27        def run(self):
28            print('车在奔跑...')
29    ###############类的定义结束###############
30    if __name__ == "__main__":
31        root = Tk()
32        root.title("TKINTER")
33        root.geometry('800x500')
34        btn1 =Button(root, text = '百变汽车',bg='MediumOrchid',command=produceCar)
35        btn1.place(x = 10, y = 20, width =100, height = 30)
36        lab_1 = Label(root)
37        root.mainloop()
```

在上述代码中，第 2～3 行导入了 tkinter 模块和 random 模块。第 4～5 行设计了 2 个全局变量。第 8～13 行调用了 Car 类。第 14～18 行进行了图像信息的设置。第 19～29 行定义了 Car 类。第 30 行是程序的入口，第 34～35 行设计了按钮对象，并关联了 produceCar()函数。

实例 8.1 的运行结果如图 8-5 所示。

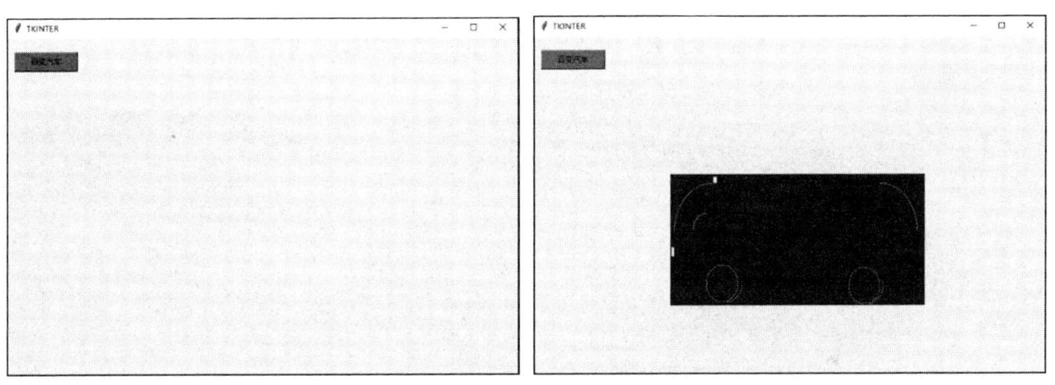

图 8-5　实例 8.1 的运行结果

8.3.2　self 参数

Python 的类的方法和普通的函数有一个很明显的区别，即类的所有实例方法都必须至少有一个名为 self 的参数，并且 self 必须是方法的第一个形参（如果有多个形参）。

关于 self 参数有如下说明：

- 类的所有实例方法必须至少有一个名为 self 的参数；
- self 必须是方法的第一个参数；
- self 参数表示创建出对象的自身；
- 在类中访问实例属性都需要 self 作为前缀；
- 在类外通过对象调用方法时，不需要传入此参数；
- 在类外通过类名调用方法时，必须显示为 self 传值。

self 代表当前对象的地址，能避免非限定调用时找不到访问对象或变量。当调用类中的方法时，程序会自动把该对象的地址作为第 1 个参数传入；如果不传入地址，程序将不知道该访问哪个对象。self 名称不是必需的，在 Python 中，self 不是关键字，self 参数命名只是习惯，可以定义成 a、b 或其他名字。下面给出更换 self 的示例。

【例 8-4】更换 self。

```
1    class A:
2        def __init__(hahaha, v):
3            hahaha.value = v
4        def show(hahaha):
5            print(hahaha.value)
6    a = A(3)
7    a.show()
```

例 8-4 的运行结果如图 8-6 所示。

3

图 8-6　例 8-4 的运行结果

在例 8-4 中，将 self 换成 hahaha。从图中可以看出，程序也不会报错。

8.3.3　类成员与实例成员

Python 中的数据成员广义上的属性有两种：一种是实例属性；另一种是类属性。实例属性一般是指在构造方法__init__()中定义的，定义和使用时必须以 self 作为前缀；类属性是在类中所有方法之外定义的数据成员。在主程序中（或类的外部），实例属性属于实例（对象），只能通过对象名访问；而类的属性属于类，可以通过类名或对象名访问。

【例 8-5】通过类名或对象名访问属性。

```
1    class Car:
2        price = 100000   #定义类属性
3        def __init__(self, c):
4            self.color = c #定义实例属性
5    car1 = Car("Red")
6    car2 = Car("Blue")
7    print(car1.color, Car.price)
8    Car.price = 110000 #修改类属性
9    Car.name = 'QQ' #增加类属性
10   car1.color = "Yellow" #修改实例属性
11   print(car2.color, Car.price, Car.name)
12   print(car1.color, Car.price, Car.name)
```

在上述代码中，price 为类的属性，color 为实例（对象）属性。在第 8～10 行中，Car.price = 110000 为修改类的属性，Car.name = 'QQ'为增加类属性，car1.color = "Yellow"为修改实例属性。例 8-5 的运行结果如图 8-7 所示。

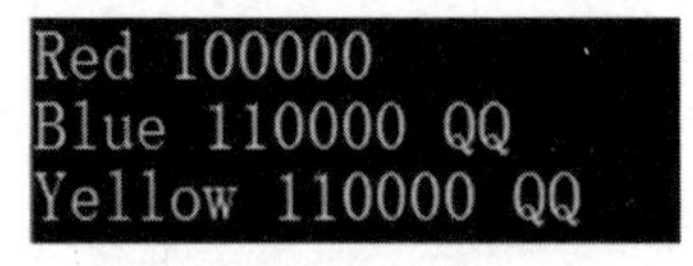

图 8-7　例 8-5 的运行结果

实例属性不一定必须在构造方法__init__()中定义，也可在其他函数中定义，但在创建对象时不会对实例属性赋值，需要先调用实例的方法以增加实例属性，如例 8-6 所示。

【例 8-6】实例属性。

```
1    class Car:
2        price = 100000   #定义类属性
3        def __init__(self, c):
```

```
4              self.color = c #定义实例属性
5          def run(self,speed):
6              self.speed = speed
7      car1 = Car("black")
8      car1.run(100)
9      print(car1.speed)
```

在上述代码中，第 8 行的 car1.run(100)创建 speed 实例属性，然后就可通过第 9 行的 print(car1.speed)输出实例的 speed 属性值。例 8-6 的运行结果如图 8-8 所示。

```
100
```

图 8-8　例 8-6 的运行结果

实例 8.2：汽车参数初探

【实例描述】

本例是“汽车参数初探”，本例中增加了对类的属性的操作，例如类属性的增加、修改，此外还有对实例属性的设置等，以帮助读者了解 Python 中类的成员的使用方法。

实例 8.2 视频

【实例分析】

本例的功能是，单击按钮“获取汽车参数”，可以在界面上显示汽车的参数信息，同时在终端中给出对应的提示信息。

【实例实现】

```
1      # -*- coding: utf-8 -*-
2      from tkinter import *
3      global lab_1
4      global lab_2
5      global entry_1
6      global entry_2
7      def produceCar():
8      ###############下面为类的调用###############
9          car1 = Car("Red",100)
10         car2 = Car("Blue",200)
11         Car.price = 110000 #修改类属性
12         Car.name = '红旗：' #增加类属性
13         car1.color = "Yellow" #修改实例属性
14         print(car2.color,car2.price,Car.price, Car.name)
15         print(car1.color,car1.price,Car.price, Car.name)
16     ###############类的调用结束###############
17         lab_1.config(bg=car1.color,text=Car.name)
18         lab_2.config(bg=car2.color,text=Car.name)
19         entry_1_v = StringVar()
20         entry_1_v.set(car1.price)
21         entry_1.config(bg=car1.color,textvariable=entry_1_v)
22
23         entry_2_v = StringVar()
24         entry_2_v.set(car2.price)
25         entry_2.config(bg=car2.color,textvariable=entry_2_v)
26     ###############下面为类的定义###############
```

```
27  class Car:
28      price = 100000   #定义类属性
29      def __init__(self,c,p):
30          self.price = p #定义实例属性
31          self.color = c #定义实例属性
32  ###############类的定义结束###############
33  if __name__ == "__main__":
34      root = Tk()
35      root.title("TKINTER")
36      .geometry('400x300')
37      btn1 =Button(root, text = '获取汽车参数',bg='MediumOrchid',command=produceCar)
38      btn1.grid(row = 0, column = 1,columnspan=2)
39      lab_1 = Label(root,text='汽车1')
40      lab_1.grid(row = 1, column = 0)
41      entry_1 = Entry(root)
42      entry_1.grid(row = 1, column = 1)
43      lab_2 = Label(root,text='汽车2')
44      lab_2.grid(row = 2, column = 0)
45      entry_2 = Entry(root)
46      entry_2.grid(row = 2, column = 1)
47      root.mainloop()
```

在上述代码中，第 2 行导入了 tkinter 模块。第 3～6 行设计了 4 个全局变量。第 7～15 行定义了 produceCar()函数，其中调用了 Car 类，产生了 2 个对象 car1 和 car2，并设置了实例的属性、增加了类的属性、修改了类的属性。第 17～25 行进行图像信息的设置，此处设置了标签的内容，并获取了标签的内容。第 27～31 行定义了 Car 类。第 33 行起是程序的入口，其中设计了按钮对象，并关联了 produceCar()函数，还涉及了 2 个 label、2 个 entry 和 2 个 grid。

实例 8.2 的运行结果如图 8-9 所示。

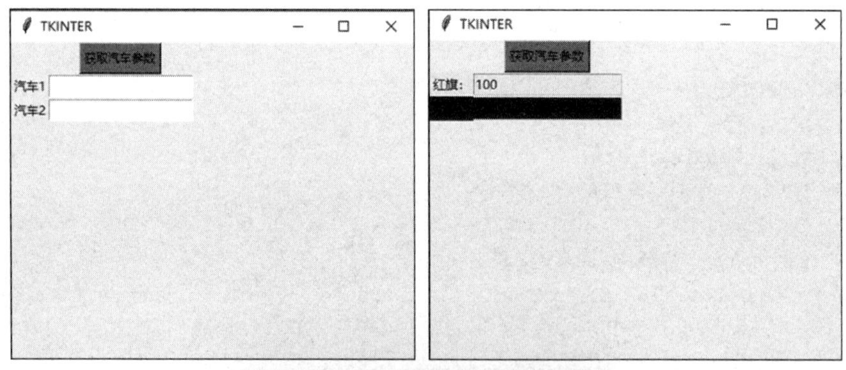


```
Blue 200 110000 红旗:
Yellow 100 110000 红旗:
```

图 8-9　实例 8.2 的运行结果

8.3.4　私有成员与公有成员

Python 中并没有对私有成员提供严格的保护机制。

在定义类的属性时，如果属性名以两个下画线“__”开头，则表示是私有属性，如例 8-7 中的__price2 为类的私有属性。私有属性在类的外部，不能直接访问，需要通过调用对象的公有成员方法来访问，或者通过 Python 支持的特殊方式来访问。Python 提供的访问私有属性的特殊方式，可用于程序的测试和调试，对成员方法也具有和属性一样的性质。

公有属性变量前面没有“__”或“_”，是可以公开使用的，如例 8-7 中 price 为 Car 类的公有属性，它既可以在类的内部进行访问，也可以在外部程序中使用。例 8-7 给出了私有成员与公有成员的例子。

【例 8-7】私有成员与公有成员。

```
1    class Car:
2        price = 10  #定义类的公有属性
3        _price3=20 #定义类的保护属性
4        __price2=20  #定义类的私有属性
5        def __init__(self, value1 = 1, value2 = 2):
6            self._value1 = value1
7            self.__value2 = value2
8        def setValue(self, value1, value2):
9            self._value1 = value1
10           self.__value2 = value2
11       def show(self):
12           print(self._value1)
13           print(self.__value2)
```

在 Python 中，保护属性变量前面有一个“_”，如上述代码中第 6 行的_value1 为实例的保护属性。

接下来继续通过类访问自己的属性，如下面程序所示：

```
14   car = Car()
15   print(Car.price) #输出10
16   print(Car._price3)#输出20
17   Car.price=100
18   Car._price3=200
19   print(Car.price)#输出100
20   print(Car._price3)#输出200
21
22   print(car.price) #输出100
23   print(car._price3)#输出200
24   car.price=1000
25   car._price3=2000
26   print(car.price)#输出1000
27   print(car._price3)#输出2000
```

从上面的代码可以看出，第 14～16 行通过类名 Car 可以访问类的公有属性 price 和类的保护属性_price3，也可以通过实例（对象）car，访问实例（对象）的公有属性 price 和实例（对象）的保护属性_price3。例 8-7 的运行结果如图 8-10 所示。

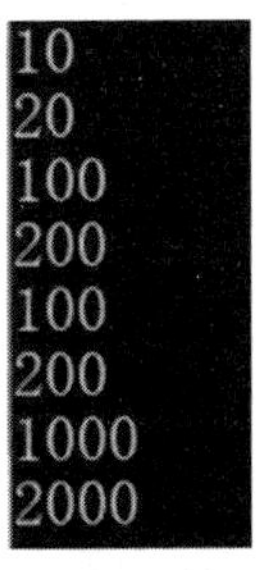

图 8-10　例 8-7 的运行结果

但如果使用类或实例（对象）访问私有属性，程序会报错。如下所示：

```
28    print(Car.__price2)#报错 AttributeError: type object 'Car' has no attribute '__price2'
29    print(car.__price2)#报错 AttributeError: 'Car' object has no attribute '__price2'
```

此时的运行结果如图 8-11 所示。

```
Traceback (most recent call last):
  File "8-7.py", line 29, in <module>
    print(Car.__price2)#报错 AttributeError: type object 'Car' has no attri
bute '__price2'
AttributeError: type object 'Car' has no attribute '__price2'
```

图 8-11　程序运行报错

需要注意的是，如果通过实例（对象）修改了公有属性或保护属性，也就是说，实例（对象）修改的是实例（对象）的属性，不会修改类的属性。如下所示：

```
30    print(Car.price)#输出100
31    print(Car._price3) #输出200
```

本例中，car.price=1000 和 car._price3=2000，执行第 30 行和第 31 行，输出结果为 100、200，此处并不会修改类的属性。此时的运行结果如图 8-12 所示。

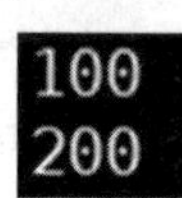

图 8-12　修改属性

在 Python 中，如有特殊需求，在外部访问对象的私有成员可通过如下特殊方法。如下所示：

```
32  print(car._Car__value2) #输出结果为2
```

因为 car 对象在实例化时，构造方法__init__()自动调用时为实例（对象）的私有属性__value2 赋值为 2，所以打印输出的结果也为 2。此时的运行结果如图 8-13 所示。

图 8-13　私有属性赋值

在 Python 中，以下画线开头的变量名和方法名有特殊的含义，尤其是在类的定义中。

_xxx：受保护成员，不能用"from module import *"导入。

__xxx__：系统定义的特殊成员。

__xxx：私有成员，只有类对象自己能访问，子类对象不能直接访问到这个成员，但在对象外部可以通过“对象名._类名__xxx”这样的特殊方式来访问。

实例 8.3：汽车隐私数据操作

【实例描述】

本例是“汽车隐私数据操作”，本例中增加了对类的私有属性的操作，以帮助读者了解 Python 中类的私有成员与公有成员的使用方法。

实例 8.3 视频

【实例分析】

本例的功能是，填写“参数信息”，单击按钮“设置汽车参数”，单击按钮“获取汽车参数”，可以在界面上显示汽车的参数信息，同时在终端中给出对应的提示信息。单击按钮“获取隐私数据”，界面上将提示“私有属性不能直接访问”。

【实例实现】

```
1     # -*- coding: utf-8 -*-
```

```
2   from tkinter import *
3   from tkinter import messagebox
4   global car
5   global entry_set_color
6   global entry_set_lifetime
7   global entry_get_color
8   global entry_get_lifetime
9   class Car:
10      price1 = 10   #定义类的属性
11      __price2=20
12      _price3=20
13      def __init__(self, color = "Red", lifetime = 2):
14          self._color = color
15          self.__lifetime = lifetime
16      def setValue(self, color, lifetime):
17          self._color = color
18          self.__lifetime = lifetime
19      def getColor(self):
20          return self._color
21      def getLifetime(self):
22          return self.__lifetime
23  def getData():
24      entry_color = StringVar()
25      entry_color.set(car.getColor())
26      entry_get_color.config(textvariable=entry_color)
27
28      entry_lifetime = StringVar()
29      entry_lifetime.set(car.getLifetime())
30      entry_get_lifetime.config(textvariable=entry_lifetime)
31      print(car.getColor())
32      print(car.getLifetime())
33  def getPrivateData():
34      try:
35          print(car.__lifetime)
36      except:
37          messagebox.showerror(title='MESSAGE', message='私有属性不能直接访问')
38  def setData():
39      color = entry_set_color.get()
40      lifetime = entry_set_lifetime.get()
41      car.setValue(color, lifetime)
42      print(color,lifetime)
43      messagebox.showinfo(title='MESSAGE', message='汽车参数设置成功')
44
45  if __name__ == "__main__":
46
47      root = Tk()
48      root.title("TKINTER")
49      root.geometry('500x300')
50
```

```
51          lab_1 = Label(root,text='汽车隐私数据操作',bg='MediumOrchid',font=("宋体",20))
52          lab_1.grid(row =0, column =1,columnspan=4)
53          btn1 =Button(root, text = '设置汽车数据',bg='MediumOrchid',command=setData)
54          btn1.grid(row = 1, column = 0)
55          lab_set_color = Label(root,text='颜色')
56          lab_set_color.grid(row =1, column = 1)
57          entry_set_color = Entry(root)
58          entry_set_color.grid(row = 1, column = 2)
59
60          lab_set_lifetime = Label(root,text='寿命')
61          lab_set_lifetime.grid(row =1, column = 3)
62          entry_set_lifetime = Entry(root,text='   ')
63          entry_set_lifetime.grid(row = 1, column = 4)
64          btn2 =Button(root, text = '获取汽车数据',bg='MediumOrchid',command=getData)
65          btn2.grid(row = 2, column = 0)
66
67          lab_get_color = Label(root,text='颜色')
68          lab_get_color.grid(row =2, column = 1)
69          entry_get_color = Entry(root,text=' ')
70          entry_get_color.grid(row = 2, column = 2)
71
72          lab_get_lifetime = Label(root,text='寿命')
73          lab_get_lifetime.grid(row =2, column = 3)
74          entry_get_lifetime = Entry(root)
75          entry_get_lifetime.grid(row = 2, column = 4)
76
77          btn3 =Button(root, text = '获取隐私数据',bg='MediumOrchid',command=getPrivateData)
78          btn3.grid(row = 3, column = 0)
79      ###############下面为类的调用###############
80          global car
81          car = Car("Red",12)
82
83      ###############类的调用结束###############
84
85          root.mainloop()
```

在上述代码中，第 2～3 行导入了 tkinter 模块，第 4～8 行设计了 5 个全局变量，第 9～22 行定义了 Car 类，第 23～32 行定义了 getData()函数，其中，设置了标签的内容，并获取了标签的内容。第 33～37 行定义了 getPrivateData()函数，其中输出了 car 的__lifetime 属性，当__lifetime 属性不存在时，由 messagebox 弹出异常提醒。第 38～43 行定义了 setData()函数，其中设置了 car 实例的属性。第 45 行起是程序的入口，其中设计了按钮对象，并关联了 getPrivateData()函数，还涉及了 5 个 label、5 个 entry。第 80～81 行调用了 Car 类。

实例 8.3 的运行结果如图 8-14 所示。

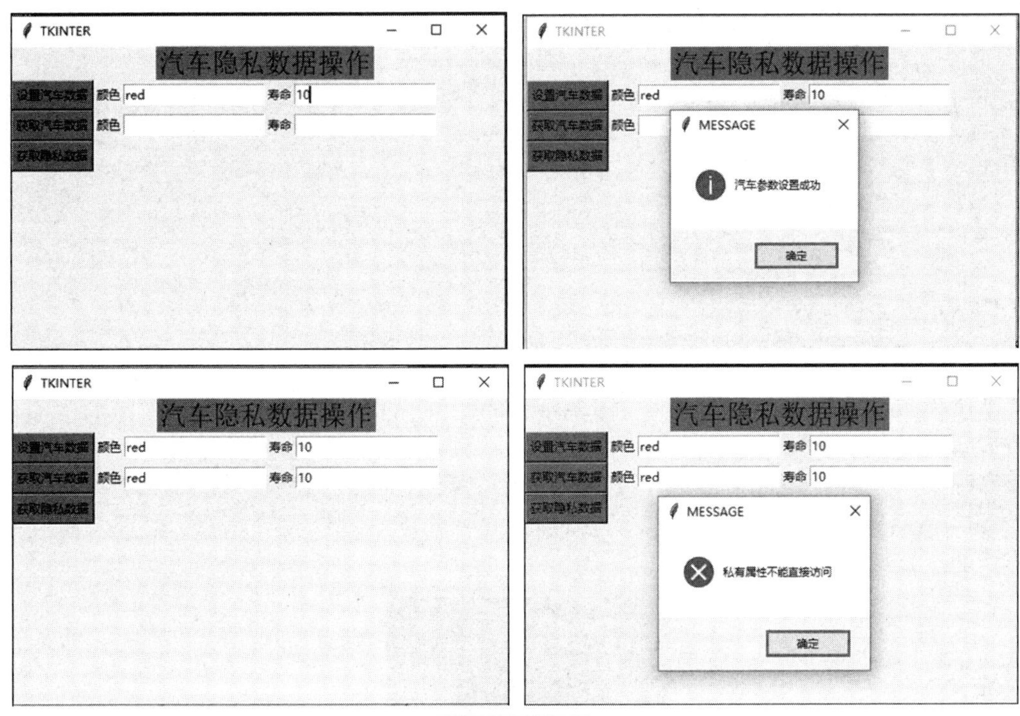

图 8-14　实例 8.3 的运行结果

8.4　方　　法

Python 中类定义的方法可以分为 4 种类型：公有方法、私有方法、静态方法和类方法，其中公有方法、私有方法都属于对象，方法的第一个参数为 self，私有方法的名字以两个下画线“__”开头，每个对象都有自己的公有方法和私有方法，在这两类方法中可以访问属于类和对象的成员。

公有方法通过对象名直接调用，私有方法不能通过对象名直接调用，只能在属于对象的方法中通过 self 调用或在外部通过 Python 支持的特殊方式来调用。如果通过类名来调用属于对象的公有方法，需要显式地为该方法的 self 参数传递一个对象名称。

静态方法和类方法都可以通过类名和对象名调用，但不能直接访问属于对象的成员，只能访问属于类的成员。一般将 cls 作为类方法的第一个参数名称，但也可以使用其他名字作为参数，并且在调用类方法时不需要为该参数传递值。以下给出一个调用类方法的实例。

【例 8-8】调用类方法。

```
1    class Root:
2        __total = 0
3        def __init__(self, v):
4                self.__value = v
5                Root.__total += 1
6                self.__myname("tom")
7        def __myname(self,name):
```

```
8                 self.__name = name
9                 print('self.__name',self.__name)
10          def show(self):
11                  print('self.__value:', self.__value)
12                  print('Root.__total:', Root.__total)
13          @classmethod
14          def classShowTotal(cls): #类方法
15                  print(cls.__total)
16          @staticmethod
17          def staticShowTotal(): #静态方法
18                  print('static method')
```

在上述代码中，第 3 行的__init__()、第 7 行的__myname()为私有方法，第 10 行的 show()为公有方法，如使用如下方式调用：

```
19    r = Root(3)
20    r.show()
```

本例的运行结果如图 8-15 所示。

```
self.__name tom
self.__value: 3
Root.__total: 1
```

图 8-15　例 8-8 的运行结果

图 8-15 中的第 1 行输出是__myname()方法在__init__()方法中被调用的结果，后两行输出的是公有方法 show()被调用输出的结果。

如果使用下面语句，使用对象 r 调用私有方法，程序将报错。

```
21    r.__myname("join")#报错AttributeError: 'Root' object has no attribute '__myname'
```

第 21 行语句的运行结果如图 8-16 所示。

```
Traceback (most recent call last):
  File "8-8.py", line 21, in <module>
    r.__myname("join")
AttributeError: 'Root' object has no attribute '__myname'
```

图 8-16　调用私有方法

如果使用类名调用对象的公有方法，需要为公有方法指定具体的对象名称，语句如下：

```
22    r = Root(3)
23    Root.show(r)
```

第 23 行的运行结果如图 8-17 所示。

```
self.__name tom
self.__value: 3
Root.__total: 1
```

图 8-17　调用公有方法

Python 中的类方法，使用装饰器@classmethod。第一个参数必须是当前类对象，该参数名一般约定为“cls”，通过它来传递类的属性和方法（不能传递实例的属性和方法）。通过类或实例（对象）都可以调用类方法，如下面语句：

```
24    r = Root(3)
25    r.classShowTotal()#通过对象来调用类方法
26    Root.classShowTotal() #通过类来调用类方法
```

第 25 行通过对象来调用类方法，第 26 行通过类来调用类方法。本例的运行结果如图 8-18 所示。可以看出，运行这两行得到的结果都是 1。

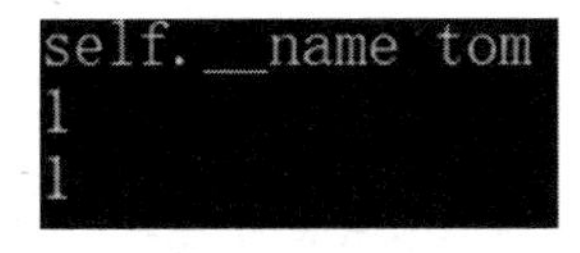

图 8-18　调用类方法

Python 中的静态方法是非对象方法，使用装饰器@staticmethod。参数随意，没有“self”和“cls”参数，但是方法体中不能使用类或实例的任何属性和方法。通过类或实例（对象）都可以调用静态方法。如下面语句：

```
27    r = Root(3)
28    Root.staticShowTotal()#通过类调用静态方法
29    r.staticShowTotal()#通过对象调用静态方法
```

本例的运行结果如图 8-19 所示。

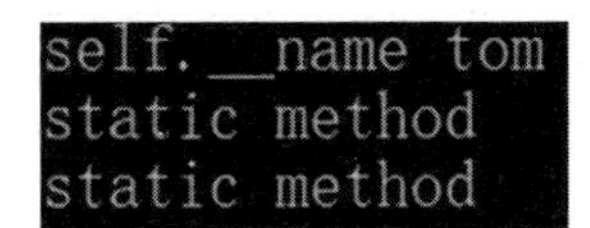

图 8-19　调用静态方法

8.5　继　　承

面向对象编程带来的好处之一是代码的重用，实现这种重用方法之一是通过继承机制。继承是两个类或多个类之间的父子关系，子类继承了基类的所有公有数据属性和方法，并且可以通过编写子类的代码扩充子类的功能。继承实现了数据属性和方法的重用，减少了代码的冗余度。继承是一种创建新的类的方式，新创建的类叫子类或派生类，被继承的类叫父类，也称为基类。那么何时需要使用继承呢？如果我们需要的类中具有公共的成员，且具有一定的递进关系，那么就可以使用继承，且让结构最简单的类作为基类。

在程序中，继承描述的是事物之间的所属关系，一般来说，子类是基类的特殊化，例如猫和狗都属于动物，程序中便可以描述为猫和狗继承自动物；同理，波斯猫和巴厘猫都继承自猫，而沙皮狗和斑点狗都继承自狗，它们之间的关系如图 8-20 所示。

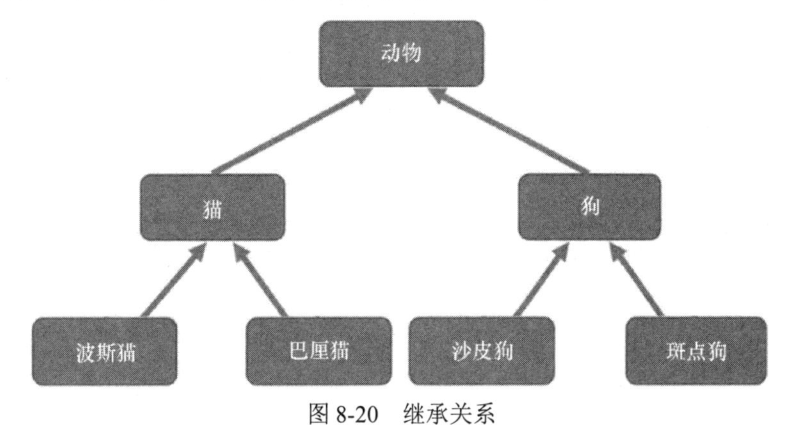

图 8-20　继承关系

继承的语法如下

```
class 子类名(基类名1, 基类名2, ...)
```

基类写在括号里，如果有多个基类，则需要全部都写在括号里，这种情况称为多重继承。如果只有 1 个基类，这种情况称为单继承。

【例 8-9】继承示例 1。

```
1    class Animal():
2        print('我是祖父')
3
4    class Cat(Animal):
5        print('我是父亲')
6    class Bosi(Cat):
7        print('我是儿子')
8    son = Bosi()
9    print(son)
```

在上述代码中，Animal 类为超类，Cat 类为父类，Bosi 类为子类。当生成 son 对象后，会自动调用基类的方法，例 8-9 的运行结果如图 8-21 所示。

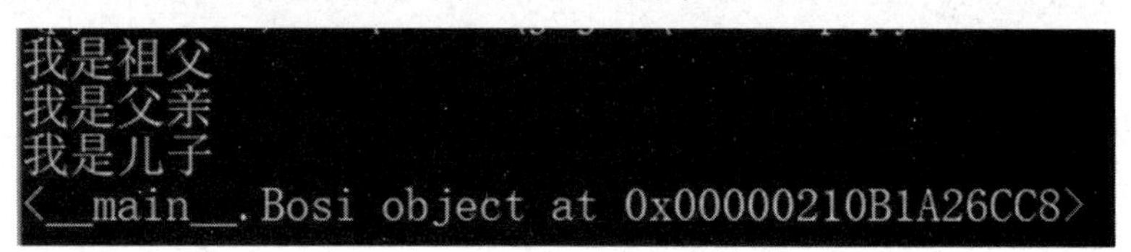

图 8-21　例 8-9 的运行结果

在面向对象的程序设计中，子类会继承父类中的公有属性和方法，但子类不能访问父类的私有成员，子类调用方法时总是首先查找子类的方法，如果在子类没有对应的方法，Python 才会在继承链的父类中按顺序查找。

【例 8-10】继承示例 2。

```
1    # 定义一个父类，如下:
2    class Cat:
3        name = '猫'
4        color = 'white'
5        def run(self):
6            print( self.name,'--在跑')
7        # 定义一个子类，如下:
8    class Bosi(Cat):
9        def setName(self, newName):
10           self.name = newName
11       def eat(self):
12           print( self.name,'--在吃')
13
14   bs = Bosi()
15   print( 'bs的名字为:',bs.name)
16   print( 'bs的颜色为:',bs.color)
17   bs.eat()
18   bs.setName('波斯')
19   bs.run()
```

在上述代码中，子类 Bosi 为 Cat 类的派生类，Bosi 类的对象 bs 会继承公有属性 name、color，继承公有方法 run()，当调用 bs.run()语句时，首先在 Bosi 类中查找 run()方法，如果没找到这个方法，则会到父类 Cat 中查找并执行。例 8-10 的运行结果如图 8-22 所示。

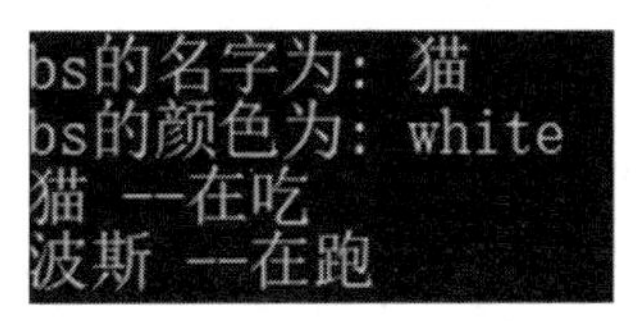

图 8-22　例 8-10 的运行结果

当继承的基类有多个时称为多重继承，类之间形成了继承关系，如例 8-11 所示。

【例 8-11】继承示例 3。

```
1    # 定义一个父类
2    class A:
3        def printA(self):
4            print ('----A----')
5        # 定义一个父类
6    class B:
7        def printB(self):
8            print ('----B----')
9        # 定义一个子类，继承自A、B
10   class C(A,B):
11       def printC(self):
12           print ('----C----')
13   obj_C = C()
14   obj_C.printA()
15   obj_C.printB()
```

在上述代码第 10 行中，类 C 继承类 A 和类 B，类 A 和类 B 为类 C 的基类，类 C 为类 A 和类 B 的派生类，类 C 同时继承类 A 和类 B 的公有方法。例 8-11 的运行结果如图 8-23 所示。

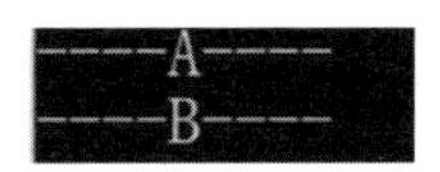

图 8-23　例 8-11 的运行结果

8.6　重　　载

所谓重载，就是子类中有一个和父类相同名字的方法，在子类中的方法会覆盖掉父类中同名的方法。

【例 8-12】重载示例 1。

```
1    class Cat:
2        def sayHello(self):
3            print("喵-----1")
4    class Bosi(Cat):
5        def sayHello(self):
6            print("喵喵----2")
7    bosi = Bosi()
8    bosi.sayHello()
```

在上述代码第 4 行中，类 Bosi 继承类 Cat，第 5 行重写 sayHello()方法，子类的 sayHello()方法将会覆盖父类的 sayHello()方法，这是重载的一种典型应用。例 8-12 的运行结果如图 8-24 所示。

```
喵喵----2
```

图 8-24　例 8-12 的运行结果

如果在子类中想调用父类的构造方法，可以使用 Python 中的特殊方法，如例 8-13 所示。

【例 8-13】重载示例 2。

```
1   class Cat:
2       def __init__(self,name):
3           self.name = name
4           self.color = 'white'
5   class Bosi(Cat):
6       def __init__(self,name):
7           Cat.__init__(self,name)    # 调用父类的__init__方法
8       def getName(self):
9           return self.name
10  bosi = Bosi('miao')
11  print(bosi.name)
12  print(bosi.getName())
13  print(bosi.color)
```

在本例中，子类对象的 name、color 属性在父类 Cat 的构造方法中被设置。例 8-13 的运行结果如图 8-25 所示。

图 8-25　例 8-13 的运行结果

8.7　封　　装

在 Python 中，类的封装是指将类的某些部分（属性、方法）隐藏起来，称为私有属性/方法。实例化的对象不能直接使用被封装的方法和属性。封装具有一定的保护作用，可隐藏对象的属性和方法实现细节，仅对外提供公共的访问方式。在 Python 中，封装的格式通过修改属性或方法的名称来完成，属性或方法名称加上“__”前缀，即完成了封装。

【例 8-14】封装示例。

```
1   class People(object):
2       __name = "小明"  #私有属性
3       def __set_age():
4           print("这是一个私有方法，只能在类/对象内部调用")
5   people = People()
6   print(people.__set_age())#报错
```

在本例中，如果使用 people 对象调用私有方法__set_age()，程序将会报错。例 8-14 的运行结果如图 8-26 所示。

```
Traceback (most recent call last):
  File "8-14.py", line 6, in <module>
    print(people.__set_age())#报错
AttributeError: 'People' object has no attribute '__set_age'
```

图 8-26　例 8-14 的运行结果

8.8　多　　态

多态是指具有不同功能的函数可以使用相同的函数名，这样就可以用一个函数名调用不同内容的函数。

Python 中多态的特点如下：

① 只关心对象的实例方法是否同名，不关心对象所属的类型；

② 对象所属的类之间，继承关系可有可无；

③ 增加代码的外部调用灵活度，让代码更加通用，兼容性比较强；

④ 多态是调用方法的技巧，不会影响到类的内部设计。

【例 8-15】多态示例。

```
1    class Animal(object):
2            def run(self):
3                print ('Animal is running...')
4    class Dog(Animal):
5            def run(self):
6                print ('Dog is running...')
7    class Cat(Animal):
8            def run(self):
9                print ('Cat is running...')
10   def run_twice(animal):
11       animal.run()
12   run_twice(Cat())
13   run_twice(Dog())
14   run_twice(Animal())
```

在上述代码中，第 10 行定义了函数 run_twice()，当传递的参数是 Cat 类时，会调用 Cat 类的 run()，如果传递的参数是 Dog 类，则调用的是 Dog 类的 run()。例 8-15 的运行结果如图 8-27 所示。

图 8-27　例 8-15 的运行结果

8.9　项目实战：波斯猫的祖先

8.9.1　项目描述

在本章中读者学习到了面向对象的编程方法。本项目将融合本章中介绍的面向对象基础、类的定义与使用、方法、继承、重载、封装、多态等内容，实现“波斯猫的祖先”项目的设计。

8.9.2　项目分析

本项目的功能是，在 GUI 界面中显示波斯猫的详细信息，包括波斯猫的名字、颜色和体重等，用户可以在界面中选择一只猫，然后单击“删除”按钮，此时可以看到刷新后的波斯猫信息。

本项目中使用了 ttkbootstrap 包。Tkinter TTK 包中拥有现代主题的集合，这些主题使用标准的跨平台主题构建。这些主题中的大多数都是从发布的开源引导主题改编或启发而来的。第一次使用时，它的安装方法如下：

```
pip install ttkbootstrap
```

安装过程如图 8-28 所示。

```
(python39) C:\>pip install ttkbootstrap
Collecting ttkbootstrap
  Using cached ttkbootstrap-1.5.1-py3-none-any.whl (112 kB)
Collecting pillow>=8.2.0
  Using cached Pillow-9.0.0-cp39-cp39-win_amd64.whl (3.2 MB)
Installing collected packages: pillow, ttkbootstrap
Successfully installed pillow-9.0.0 ttkbootstrap-1.5.1
```

图 8-28　ttkbootstrap 包的安装过程

第 8 章项目实战视频

8.9.3　项目实现

```
1    from ttkbootstrap import Style
2    from tkinter import *
3    import random
4    global tree
5    class Cat:
6        name = '猫'
7        color = 'white'
8        def run(self):
9            print( self.name,'--在跑')
10       # 定义一个子类，如下:
11   class Bosi(Cat):
12       def setName(self, newName):
13           self.name = newName
14       def eat(self):
15           print( self.name,'--在吃')
16   def delete():
17       global tree
18       tree.delete(tree.selection())
19   if __name__ == "__main__":
20
21       style = Style(theme='darkly')
22       window = style.master
23       window.title("TKINTER")
24       screenwidth = window.winfo_screenwidth()  # 屏幕宽度
25       screenheight = window.winfo_screenheight()  # 屏幕高度
26       width = 1000
27       height = 600
28       x = int((screenwidth - width) / 2)
29       y = int((screenheight - height) / 2)
30       window.geometry('{}x{}+{}+{}'.format(width, height, x, y))  # 大小及位置
31       #表格
32       tree=ttk.Treeview(master=window,style='success.Treeview',height=25,show='headings')
33       tree.pack()
34       #定义列
35       tree["columns"]=("名字","颜色","体重")
36       #设置列属性，列不显示
```

```
37
38        tree.column("名字",width=150,minwidth=100,anchor=S)
39        tree.column("颜色",width=150,minwidth=100,anchor=S)
40        tree.column("体重",width=150,minwidth=100,anchor=S)
41        #设置表头
42        tree.heading("名字",text="名字（name）")
43        tree.heading("颜色",text="颜色（color）")
44        tree.heading("体重",text="体重（weight）")
45        color=['yellow','black','white','gray']
46        #添加数据
47        for i in range(10):
48            bs = Bosi()
49            bs.name='波斯猫'+str(i)
50            bs.color=color[random.randint(0,3)]
51            tree.insert("",i,text="2",values=(bs.name,bs.color,random.randint(5, 10)))
52
53        ttk.Button(window, text="删除", style='success.TButton',command=delete).pack(side='left',
    padx=5, pady=10)
54        window.mainloop()
```

在上述代码中，第 1～3 行导入了 ttkbootstrap、tkinter 和 random 包，第 4 行设计了 1 个全局变量，第 5～9 行定义了 Cat 类，第 11～15 行定义了 Cat 类的子类 Bosi，第 15 行定义了 delete()函数，其中调用了 delete()方法。第 19 行起是程序的入口，第 21～30 行进行了图像信息的设置，包括屏幕的高度、宽度、位置信息等。第 31～45 行定义了表格、列，设置了列的属性、表头等。第 46～51 行设置了添加数据的方法。第 53 行设计了按钮对象，并关联了 delete()函数。

项目实战的运行结果如图 8-29 所示。

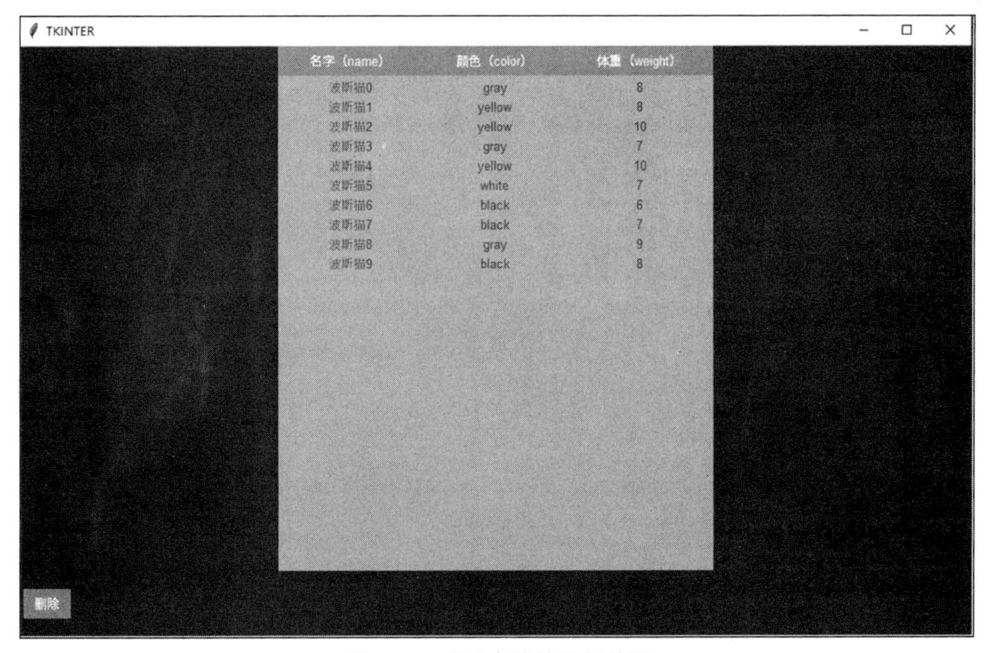

图 8-29　项目实战的运行结果

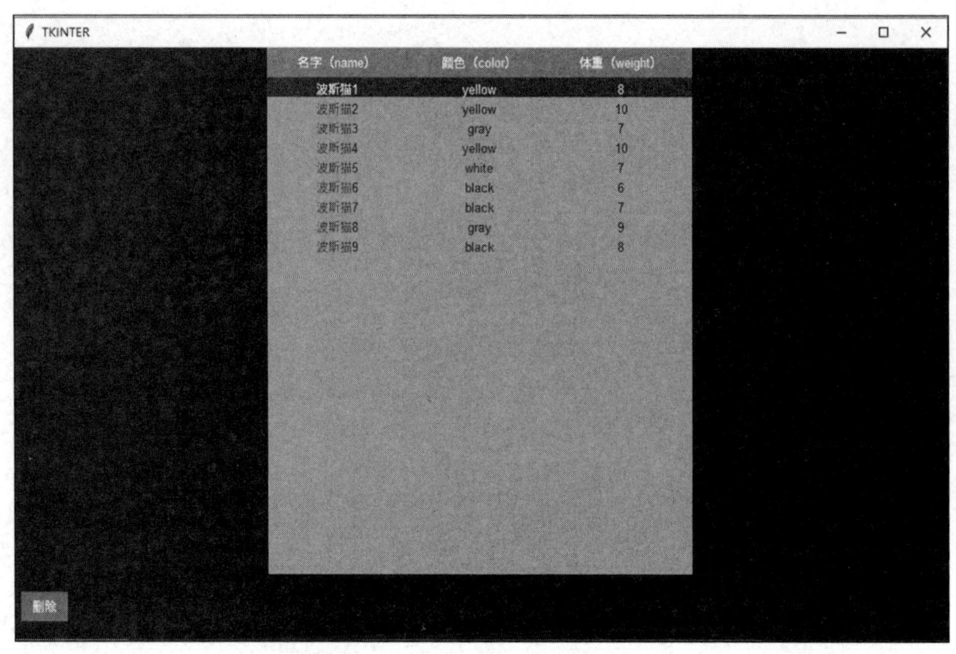

图 8-29　项目实战的运行结果（续）

本 章 小 结

本章内容包括面向对象基础、类的定义与使用、方法、继承、重载、封装、多态等内容。

在项目引导中，提供了一个“把大象关到冰箱里共分几步”案例给出 tkinter 模块的使用方法。

在类的定义与使用中，介绍了类的定义、self 参数、类成员与实例成员、私有成员与公有成员的调用方法。

在方法中，分别介绍了公有方法、私有方法、静态方法和类方法。

在继承中，介绍了父类、子类、继承和多重继承。

在重载中，介绍了重载的继承方法。

在封装和多态中，分别介绍了类的封装方法和多态的设计方法。

在“波斯猫的祖先”项目实战中，介绍了该项目的具体描述、项目分析及项目实现思路。

习 题 8

1. 多项选择题

（1）定义类如下：

```
class  Hello():
    pass
```

下面说法错误的是（　　）。

A. 该类实例中包含__dir__()方法

B. 该类实例中包含__hash__()方法

C. 该类实例中只包含__dir__()方法，不包含__hash__()方法

D. 该类没有定义任何方法，所以该实例中没有包含任何方法

（2）下面程序输出结果正确的是（　　）。

```
class Car:
    price = 200000  #定义类属性
    def _ _init_ _(self, c):
        self.price = c #定义实例属性


car1 = Car(10)
Car.price =20
print('{0}#{1}'.format(car1.price,Car.price))
```

A. 10#20　　B. [10#200000]　　C. (10#20,)　　D. 10,20

（3）关于 Python 中类的说法错误的是（　　）。

A. 类的实例方法必须创建对象后才可以调用　　B. 类的实例方法必须创建对象前才可以调用

C. 类的类方法可以用对象和类名来调用　　D. 类的静态属性可以用类名和对象来调用

（4）定义类如下：

```
class Hello():
  def _ _init_ _(self,name)
    self.name=name
  def showInfo(self)
    print(self.name)
```

下面代码能正常执行的是（　　）。

A.　h = Hello
　h.showInfo()

B.　h = Hello()
　h.showInfo('张三')

C.　h = Hello('张三')
　h.showInfo()

D.　h = Hello('admin')
　showInfo

（5）定义类如下：

```
class A():
  def a():
    print("a")
class B ():
  def b():
    print("b")
class C():
  def c():
    print(c)
class D(A,C):
  def d():
    print("d")
d = D()
d.a()
d.b()
d.d()
```

以上程序执行的结果是（　　）。

A. a,b,d　　B. a,d　　C. d,a　　D. 执行会报错

2. 填空题

（1）（　　）是用来描述具有相同的属性和方法的对象的集合。

（2）如果从父类继承的方法不能满足子类的要求，可以对其进行改写，这个过程叫方法的（　　）。

第9章 文　件

I/O（Input/Output）在计算机中是指，Stream(流)的输入和输出。这里的输入和输出是相对于内存来说的，Input Stream（输入流）是指数据从外部（磁盘、网络）流进内存，Output Stream是数据从内存流出外部（磁盘、网络）。程序运行时，数据都驻留在内存中，由CPU来执行，涉及数据交换的地方（通常是磁盘、网络操作）就需要I/O接口。

文件读写就是一种常见的I/O操作，Python提供了文件读写相关的操作方法。

由于操作I/O的能力是由操作系统提供的，且现代操作系统不允许普通程序直接操作磁盘，因此读写文件时需要请求操作系统打开一个对象（通常被称为文件描述符，file descriptor，简称fd），它就是我们在程序中要操作的文件对象。

本章将详细介绍Python中的文件操作，其中包含文件分类、文件的基本操作、文件级操作模块、目录级操作模块等内容，并通过一系列的实例和项目实战帮助读者掌握Python中文件的具体处理方法。

9.1 项目引导：批量获取Excel文件内容

9.1.1 项目描述

读者在学习文件时，通常需要了解Python中有关文件信息的提取方式。针对不同格式的文件，提取方式是不同的。在本项目中，通过一个“批量获取Excel文件内容”的案例帮助读者体会Python中Excel文件的读写方法。

9.1.2 项目分析

Python提供了操作普通文件的库，本项目中将介绍一个用于读取和写入“Excel 2010 xlsx/xlsm/xltx/xltm”文件的Python库：openpyxl模块。我们经常使用openpyxl模块操作Excel文件。在第一次使用时，经常会提示如图9-1所示的错误。

```
Traceback (most recent call last):
  File "01批量获取Excel文件内容.py", line 2, in <module>
    from openpyxl import load_workbook, Workbook
ModuleNotFoundError: No module named 'openpyxl'
```

图9-1　运行提示错误

此时，可以通过以下命令对openpyxl进行安装：

```
pip install openpyxl
```

安装过程如图9-2所示。

```
Collecting openpyxl
  Downloading openpyxl-3.0.9-py2.py3-none-any.whl (242 kB)
     ████████████████████████████████ 242 kB 234 kB/s
Collecting et-xmlfile
  Downloading et_xmlfile-1.1.0-py3-none-any.whl (4.7 kB)
Installing collected packages: et-xmlfile, openpyxl
Successfully installed et-xmlfile-1.1.0 openpyxl-3.0.9
```

图9-2　安装openpyxl

在本项目中，首先定义了一个函数 getContent()，在函数中，读入与当前 Python 程序同一目录下的名为“01 文件夹”中的所有文件，然后以 sheet 为单位，依次读入文件内容，将文件的内容输出，最后调用函数 getContent()用于查看结果。“01 文件夹”的内容如图 9-3 所示。

图 9-3 “01 文件夹”的内容

因此，通过实现本项目引导，本章需要掌握的相关知识点如表 9-1 所示。

表 9-1 相关知识点

序号	知 识 点	详见章节
1	文件分类	9.2 节
2	文件的基本操作	9.3 节
3	os 模块	9.4.1 节
4	os.path 模块	9.4.2 节
5	目录级操作模块	9.5 节

第 9 章引导项目视频

9.1.3 项目实现

实现本项目的源程序如下：

```
1   # -*- coding: utf-8 -*-
2   from openpyxl import load_workbook, Workbook
3   import glob
4   path = '01'
5   def  getContent():
6       for file in glob.glob(path + '/*.xlsx'):
7           print("获取文件：",file)
8           workbook = load_workbook(file)
9           sheet = workbook.active
10          for row in sheet.rows:
11              print(row[0].value,row[1].value,row[2].value)
12  if __name__ == "__main__":
13      getContent()
```

在上述代码中，第 2～3 行导入了 openpyxl 和 glob 模块，第 5 行定义了一个函数 getContent()，第 6 行遍历了“01 文件夹”的所有后缀为 xlsx 的文件，第 8 行使用 load_workbook()函数赋值给变量 workbook，第 9 行获得了 sheet 表，第 10 行遍历了 sheet 表中的所有行并输出。第 12 行是程序的入口，第 13 行调用了函数 getContent()。项目的运行结果如图 9-4 所示。

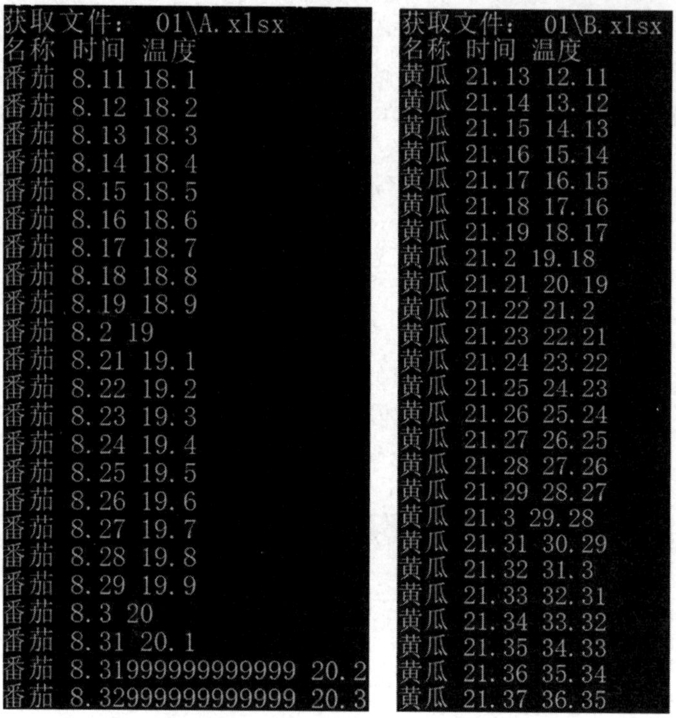

```
获取文件:  01\A.xlsx
名称 时间 温度
番茄 8.11 18.1
番茄 8.12 18.2
番茄 8.13 18.3
番茄 8.14 18.4
番茄 8.15 18.5
番茄 8.16 18.6
番茄 8.17 18.7
番茄 8.18 18.8
番茄 8.19 18.9
番茄 8.2 19
番茄 8.21 19.1
番茄 8.22 19.2
番茄 8.23 19.3
番茄 8.24 19.4
番茄 8.25 19.5
番茄 8.26 19.6
番茄 8.27 19.7
番茄 8.28 19.8
番茄 8.29 19.9
番茄 8.3 20
番茄 8.31 20.1
番茄 8.319999999999999 20.2
番茄 8.329999999999999 20.3
```

```
获取文件:  01\B.xlsx
名称 时间 温度
黄瓜 21.13 12.11
黄瓜 21.14 13.12
黄瓜 21.15 14.13
黄瓜 21.16 15.14
黄瓜 21.17 16.15
黄瓜 21.18 17.16
黄瓜 21.19 18.17
黄瓜 21.2 19.18
黄瓜 21.21 20.19
黄瓜 21.22 21.2
黄瓜 21.23 22.21
黄瓜 21.24 23.22
黄瓜 21.25 24.23
黄瓜 21.26 25.24
黄瓜 21.27 26.25
黄瓜 21.28 27.26
黄瓜 21.29 28.27
黄瓜 21.3 29.28
黄瓜 21.31 30.29
黄瓜 21.32 31.3
黄瓜 21.33 32.31
黄瓜 21.34 33.32
黄瓜 21.35 34.33
黄瓜 21.36 35.34
黄瓜 21.37 36.35
```

图 9-4 项目的运行结果

9.2 文件分类

按文件中数据的组织形式，可以把文件分为文本文件和二进制文件两类。

1. 文本文件

文本文件存储的是常规字符串，由若干文本行组成，通常每行以换行符'\n'结尾。常规字符串是指记事本或其他文本编辑器能正常显示的信息。

2. 二进制文件

二进制文件把对象内容以字节串(bytes)进行存储，无法用记事本或其他普通字处理软件直接进行编辑，通常也无法被人类直接阅读和理解。

9.3 文件的基本操作

不同的编程语言，读写文件的操作步骤大体是一样的，都分为以下几个步骤：

① 打开文件；

② 进行读写操作；

③ 关闭文件。

通常高级编程语言中会提供一个内置函数，通过接收“文件路径”及“文件打开模式”等参数来打开一个文件，并返回该文件的文件描述符。因此，通过这个内置函数就可以获取要操作的文件。这个内置函数在 Python 中就是 open()函数。

open()函数的语法格式如下：

```
open(file, mode='r', buffering=1, encoding=None, errors=None,newline=None, closefd=True,opener=None)
```

各参数的含义如下。

- file：被打开的文件名称。
- mode：文件的打开模式。
- buffering：指定读写文件的缓存模式。0 表示不缓存，1 表示缓存，如大于 1 则表示缓冲区的大小。默认值为 1。
- encoding：指定对文本进行编码和解码的方式，只适用于文本模式，可以使用 Python 支持的任何格式，如 GBK、utf8、CP936 等。
- errors：报错级别。
- newline：区分换行符。
- closefd：传入的 file 参数类型。
- opener：自定义打开文件方式。

open()函数的参数较多，但用得最多的是前两个参数。

文件的打开模式及说明如表 9-2 所示。

表 9-2　文件的打开模式及说明

模式	说　明
r	读模式（默认模式，可省略），如果文件不存在，则抛出异常
w	写模式，如果文件已存在，先清空原有内容
x	写模式，创建新文件，如果文件已存在，则抛出异常
a	追加模式，不覆盖文件中原有内容
b	二进制模式（可与其他模式组合使用）
t	文本模式（默认模式，可省略）
+	更新磁盘文件（可与其他模式组合使用）

其中，与打开动作相关的有 r、w、x 和 a，与文件模式相关有 b、t、+。

文件的常用属性如表 9-3 所示。

表 9-3　文件的常用属性

属性	说　明
buffer	返回当前文件的缓冲区
closed	判断文件是否关闭，若文件已关闭，则返回 True
fileno	文件号，一般不需要太关心这个数字
mode	返回文件的打开模式
name	返回文件的名称

文件的常用方法如表 9-4 所示。

表 9-4　文件的常用方法

方法	功能说明
close()	把缓冲区的内容写入文件，同时关闭文件，并释放文件
flush()	把缓冲区的内容写入文件，但不关闭文件
read([size])	从文本文件中读取 size 个字符的内容作为结果返回，或从二进制文件中读取指定数量的字节并返回，如果省略 size，则表示读取所有内容
readline()	从文本文件中读取一行内容作为结果返回
readlines()	把文本文件中的每行文本作为一个字符串存入列表中，并返回该列表。对于大文件，这会占用较多内存，不建议使用

续表

方法	功能说明
seek(offset[, whence])	把文件指针移动到新的位置，offset 表示相对于 whence 的位置。whence 为 0，表示从文件头开始计算，为 1 表示从当前位置开始计算，为 2 表示从文件尾开始计算，默认为 0
write(s)	把 s 的内容写入文件
writelines(s)	把字符串列表写入文本文件，不添加换行符

需要注意的是，文件读写操作完成后，应及时关闭文件。这是因为，一方面文件会占用操作系统的资源；另一方面，操作系统对同一时间能打开的文件描述符的数量是有限制的。如果不及时关闭文件，可能会造成数据丢失。因为将数据写入文件时，操作系统不会立刻把数据写入磁盘，而是先把数据放到内存缓冲区然后写入磁盘。当调用 close()方法时，操作系统才会把没有写入磁盘的数据全部写到磁盘上，否则可能会丢失数据。

以下给出一些文件读写的实例。

【例 9-1】文件写操作。

```
1    s = "pyecharts 是一个用于生成 Echarts 图表的类库\n"
2    fp = open(r'n1.txt', 'w')
3    fp.write(s)
4    fp.write("D3 是最流行的可视化库之一，它被很多其他的表格插件所使用。")
5    fp.close()
```

在上述代码中，第 2 行以写的方式打开 1.txt，返回的 fp 为可迭代的文件，第 3 行使用 fp 的 write()方法将 s 字符串保存到文件中，再往文件里写入一个字符串，最后关闭文件。打开同级目录 n1.txt 文件，例 9-1 的运行结果如图 9-5 所示。

```
n1.txt - 记事本
文件(F)  编辑(E)  格式(O)  查看(V)  帮助(H)
pyecharts 是一个用于生成 Echarts 图表的类库
D3 是最流行的可视化库之一，它被很多其他的表格插件所使用。
```

图 9-5　例 9-1 的运行结果

【例 9-2】文件读操作。

```
1    fp = open(r'n1.txt', 'r')
2    s = fp.read()
3    print(s)
4    fp.close()
```

在上述代码中，第 1 行打开文件，第 2 行读入文件的全部内容。例 9-2 的运行结果如图 9-6 所示。

```
pyecharts 是一个用于生成 Echarts 图表的类库
D3 是最流行的可视化库之一，它被很多其他的表格插件所使用。
```

图 9-6　例 9-2 的运行结果

【例 9-3】指定读取长度。

```
1    fp = open(r'n1.txt', 'r')
2    s = fp.read(9)
3    print(s)
4    fp.close()
```

在上述代码中，第 2 行使用 read()方法传递参数 9，表示读取 9 个长度的内容，输出为字符串“pyecharts”。例 9-3 的运行结果如图 9-7 所示。

【例 9-4】 指定起始位置读取长度。

```
fp = open(r'n1.txt', 'r')
fp.seek(9)
s = fp.read(16)
print(s)
fp.close()
```

在上述代码中，第 2 行中文件 fp 先通过 seek()方法移动 9 个长度，第 3 行读取 16 个长度内容。例 9-4 的运行结果如图 9-8 所示。

pyecharts

图 9-7　例 9-3 的运行结果

是一个用于生成 Echarts

图 9-8　例 9-4 的运行结果

使用传统方式即使写了关闭文件的代码，也无法保证文件一定能够正常关闭。例如，如果在打开文件之后和关闭文件之前发生了错误而导致程序崩溃，这时就无法正常关闭文件。

另外，在管理文件时推荐使用 with 关键字，这样可以有效避免文件非正常关闭的问题。

with 语句如下：

```
with expression [as target]:

        with-body
```

其中，expression 是任意表达式，获取上下文管理器；as target 是可选的；with-body 是 with 语句的语句体。with 语句的使用方法如下：

① 计算 expression，并获取上下文管理器；

② 保存上下文管理器的__exit()__方法；

③ 调用上下文管理器的__enter()__方法；

④ 如果有 as target，__enter()__方法的返回值赋给 target；

⑤ 执行 with 语句体的内容，例如打印出利用文件对象读取的文件内容；

⑥ 不管是否出现异常，调用第 2 步保存的上下文管理器的__exit()__方法，这里如果 with 语句体执行的过程中发生异常而导致程序退出，那么异常的 type、value、traceback 等作为参数传递给__exit()__方法，否则，将传递 3 个 None 参数。

以下给出一个使用关键字 with 的实例。

【例 9-5】 关键字 with 的使用。

```
with open(r'n1.txt', 'r') as fp:
    lines = fp.readlines()
    for line in lines:
        print(line)
```

在上述代码中，第 1 行以只读方式打开 n1.txt，第 2 行按行读取文件中的全部内容并返回列表，再遍历列表并逐行输出。例 9-5 的运行结果如图 9-9 所示。

pyecharts 是一个用于生成 Echarts 图表的类库

D3 是最流行的可视化库之一，它被很多其他的表格插件所使用。

图 9-9　例 9-5 的运行结果

实例 9.1：汇总金庸的 15 部武侠小说

【实例描述】

本例是“汇总金庸的 15 部武侠小说”，本例重点介绍对目录中文件的操作，主要包括对文件内容的读取等，帮助读者了解 Python 中文件的基本使用方法。

【实例分析】

本例的功能是，单击“汇总金庸的 15 部武侠小说”，可读取该目录下所有文件的内容。目录中的文件如图 9-10 所示。

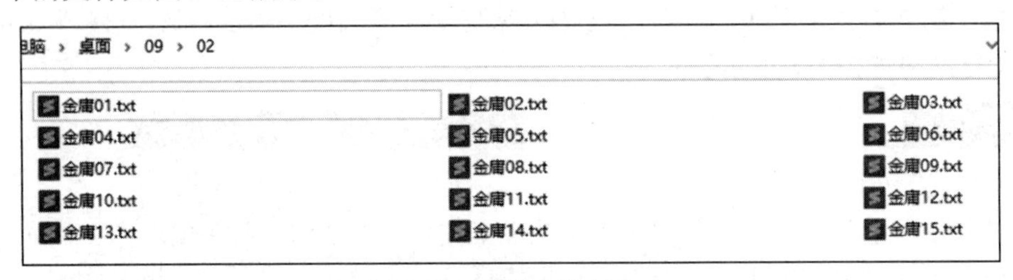

图 9-10　目录中的文件

实例 9.1 视频

【实例实现】

```
1   # -*- coding: utf-8 -*-
2   import os
3   def getContent():
4       file_list=os.listdir("02")
5       content = []
6       for filename in file_list:
7   
8           with open("02/"+filename,'r',encoding='utf-8') as fp:
9               lines = fp.readlines()
10              content.extend(lines)
11      print(content)
12  
13  if __name__ == "__main__":
14      getContent()
```

在上述代码中，第 2 行导入了 os 模块，第 3 行自定义了一个函数 getContent()，第 4 行获取了 02 目录中所有文件的索引信息。第 6 行开始遍历所有的文件，第 8～10 行依次打开每个文件的内容，并将它们添加到 content 中，最终在第 11 行输出了 content 的内容。第 13 行是程序的入口，第 14 行调用了函数 getContent()。实例 9.1 的运行结果如图 9-11 所示。

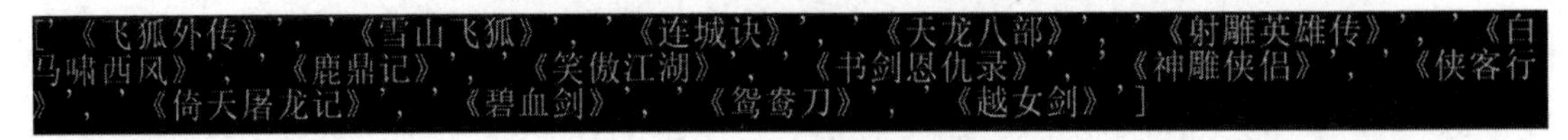

图 9-11　实例 9.1 的运行结果

9.4　文件级操作模块

9.4.1　os 模块

在 Python 中，os 模块提供了大量的文件级操作方法。os 模块的常用文件操作方法如表 9-5 所示。

表 9-5　os 模块的常用文件操作方法

方　法	功能说明
chmod(path,mode)	改变文件的访问权限
remove(path)	删除指定的文件
rename(src,dst)	重命名文件或目录
stat(path)	返回文件的所有属性
listdir(path)	返回 path 目录下的文件和目录列表
abspath(path)	返回绝对路径
dirname(path)	返回目录的路径
exists(path)	判断文件是否存在
getsize(filename)	返回文件的大小
isabs(path)	判断 path 是否为绝对路径
isdir(path)	判断 path 是否为目录
isfile(path)	判断 path 是否为文件
join(path,*paths)	连接两个或多个 path
split(path)	对 path 进行分隔，以元组形式返回

【例 9-6】os 模块方法的使用。

```
1	import os
2	
3	with open('demo.txt', 'w', encoding='utf-8') as fd:
4	    fd.write("Life is short, I use Python.")
5	    print('写入成功')
6	print(os.stat('demo.txt'))
7	os.rename('demo.txt', 'demo1.txt')
8	print('重命名成功')
9	os.remove('demo1.txt')
10	print('文件删除成功')
```

在上述代码中，第 3 行先创建 demo.txt 并向其中写入信息，第 6 行统计 demo.txt 文件属性，并在第 7 行对其重命名，最后在第 9 行将其删除。例 9-6 的运行结果如图 9-12 所示。

```
写入成功
os.stat_result(st_mode=33206, st_ino=12384898975588306, st_dev=1861019456,
st_nlink=1, st_uid=0, st_gid=0, st_size=28, st_atime=1635425765, st_mtime=1
635425765, st_ctime=1635425765)
重命名成功
文件删除成功
```

图 9-12　例 9-6 的运行结果

9.4.2　os.path 模块

os.path 模块主要用于获取文件的属性。表 9-6 是 os.path 模块的常用方法。

表 9-6　os.path 模块的常用方法

方　法	功能说明
os.path.abspath(path)	返回绝对路径
os.path.basename(path)	返回文件名
os.path.commonprefix(list)	返回 list（多个路径）中所有 path 共有的最长路径

续表

方　法	功 能 说 明
os.path.dirname(path)	返回文件路径
os.path.exists(path)	如果文件存在，返回 True；如果文件不存在，返回 False
os.path.lexists	路径存在则返回 True，路径损坏也返回 True
os.path.getsize(path)	返回文件的大小，如果文件不存在，就返回错误
os.path.isabs(path)	判断 path 是否为绝对路径
os.path.isfile(path)	判断 path 是否为文件
os.path.isdir(path)	判断 path 是否为目录
os.path.join(path1[, path2[, ...]])	把目录和文件名合成为一个路径
os.path.walk(path, visit, arg)	遍历 path，进入每个目录都调用 visit()函数，visit()函数必须有 3 个参数(arg, dirname, names)，dirname 表示当前目录的目录名，names 代表当前目录下的所有文件名，arg 则为 walk 的第三个参数

【例 9-7】os.path 模块方法的使用。

```
1    import os
2    with open('demo.txt', 'w', encoding='utf-8') as fd:
3        fd.write("Life is short, I use Python.")
4    print(os.path.abspath('demo.txt'))  # 返回绝对路径
5    path = 'demo.txt'
6    print(os.path.dirname(path))  # 返回目录的路径
7    print(os.path.exists(path))  # 判断文件是否存在
8    print(os.path.getsize(path))  # 返回文件的大小，单位为字节
9    print(os.path.isabs(path))  # 判断path是否为绝对路径
10   dir_path = 'D:\\job'
11   print(os.path.isdir(dir_path))  # 判断path是否为目录
12   print(os.path.isfile(path))  # 判断path是否为文件
13   path1 = 'test.py'
14   print(os.path.join(dir_path, path1))  # 连接两个或多个path
15   result = os.path.split(path)  # 对path进行分隔，以列表形式返回
16   print(result)
```

在上述代码中，第 2 行先创建 demo.txt 并写入一段信息，然后在第 4～16 行测试文件 os.path 模块的相关方法。第 4 行返回绝对路径，第 6 行返回文件路径，第 7 行判断文件是否存在，第 8 行返回文件的大小，第 9 行判断 path 是否为绝对路径，第 11 行判断 path 是否为目录，第 12 行判断 path 是否为文件，第 14 行连接两个或多个 path，第 15 行对 path 进行分隔，以列表形式返回结果。例 9-7 的运行结果如图 9-13 所示。

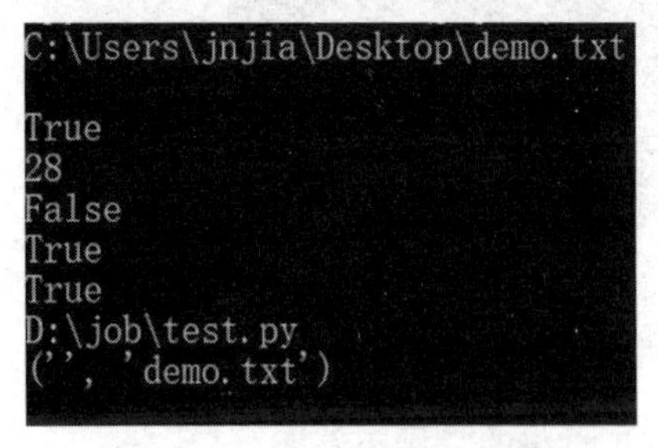

图 9-13　例 9-7 的运行结果

实例 9.2：批量修改图片名字

【实例描述】

本例是“批量修改图片名字”，本例中增加了对 shutil 模块的使用，包括文件的复制和遍历

等操作，以帮助读者了解 Python 中文件级操作的具体方法。

【实例分析】

本例的功能是，单击“批量修改图片名字”，可将“03 文件夹”中的“dragon_old”目录中的内容复制到同级的“dragon_new”目录中并实现改名。“03 文件夹”的目录结构如图 9-14 所示。

图 9-14 “03 文件夹”的目录结构

“dragon_old”目录中的文件如图 9-15 所示。

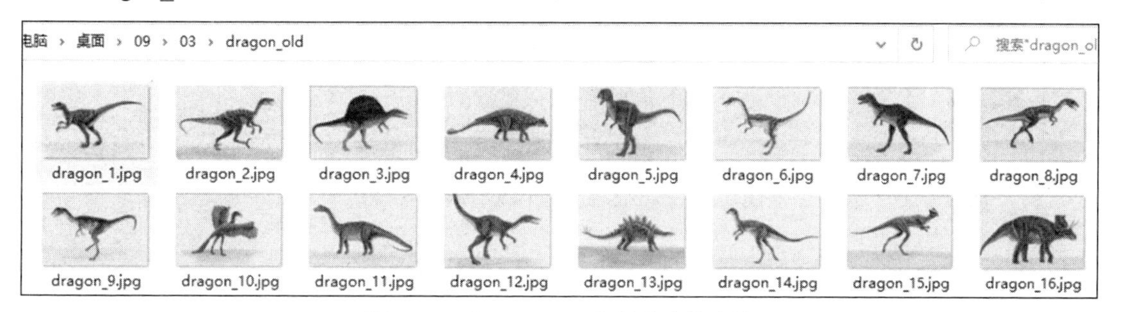

图 9-15 “dragon_old”目录中的文件

【实例实现】

```
1   # -*- coding: utf-8 -*-
2   import os
3   import shutil
4   old_path = "03/dragon_old/"
5   new_path = "03/dragon_new/"
6   def getContent():
7       file_list=os.listdir(old_path)
8
9       for i in file_list:
10          print(i)
11          new_name=i.split("_")
12          shutil.copyfile(old_path+i,new_path+new_name[1])
13
14  if __name__ == "__main__":
15      getContent()
```

在上述代码中，第 2～3 行导入了 os 和 shutil 模块，第 4 行和第 5 行定义了源目录和目标目录，第 6 行自定义了一个函数 getContent()，第 7 行获取了 02 目录中所有文件的索引信息，第 9 行开始遍历所有的文件，第 11 行依次对每个文件名进行切片操作，第 12 行将当前文件复制到目标目录中，并实现了重命名，去掉了“_”分割的前半部分。第 14 行是程序的入口，第 15 行调用了自定义函数 getContent()。实例 9.2 的运行结果如图 9-16 所示。

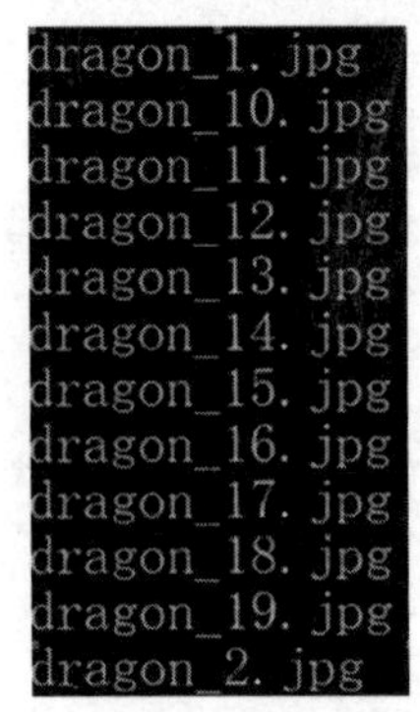

图 9-16　实例 9.2 的运行结果

实例 9.2 视频

实例 9.2 的目标文件夹内容如图 9-17 所示。

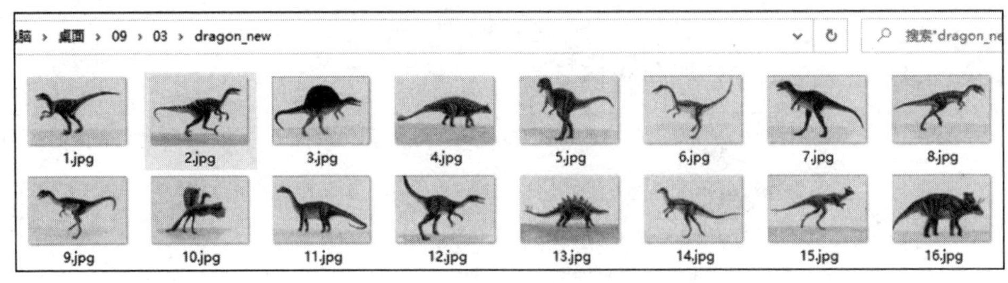

图 9-17　实例 9.2 的目标文件夹内容

9.5　目录级操作模块

除了支持文件操作，os 和 os.path 模块还提供了大量的目录操作方法。os 模块常用的目录操作方法如表 9-7 所示。

表 9-7　os 模块常用的目录操作方法

方　　法	功 能 说 明
getcwd()	返回当前工作目录
mkdir(path,mode)	创建目录（mode 在 Windows 系统下可忽略）
rmdir(path)	删除目录
listdir(path)	返回指定目录下的文件和目录信息
chdir(path)	把 path 设为当前工作目录

os 模块中定义了一些处理文件夹操作的函数，如创建目录、删除目录、获取文件列表等。本节将对 os 模块中的一些目录操作进行介绍，以下给出一些目录操作的实例。

【例 9-8】创建目录。

```
1    import os
2
3    path = input("请输入要创建的目录：")
4    exist = os.path.exists(path)
5    if exist is False:
6        os.mkdir(path)
7        with open(os.getcwd() + '\\' + path + '\\' + 'demo.txt', 'w', encoding='utf-8') as fd:
8            fd.write("Life is short, I use Python.")
9        print("目录创建成功，并写入demo.txt")
```

```
10    else:
11        print("该目录已存在")
```

在上述代码中，第 3 行中的 input()函数接受用户要创建的目录，第 4 行通过 exists()函数判断该目录是否存在，如果目录不存在，则在第 6 行创建该目录和 demo.txt 文件，并向 demo.txt 文件写入“Life is short, I use Python.”，如果目录存在，则在第 11 行提示用户该目录已存在。

```
请输入要创建的目录：python1
目录创建成功，并写入demo.txt
```

图 9-18　例 9-8 的运行结果

例 9-8 的运行结果如图 9-18 所示。

【例 9-9】删除目录。

```
1     import os
2
3     os.mkdir('test')
4     os.rmdir('test')
```

在上述代码中，第 3 行在当前目录下创建一个 test 文件夹并删除。需要注意的是，如果该目录下有文件存在，则无法删除。本例直接对目录进行操作，没有输出内容。

【例 9-10】获取目录下的文件列表。

```
1     import os
2     current_path = os.getcwd()
3     print(os.listdir(current_path))
4     print(os.listdir(r'D:\python\code'))
```

在上述代码中，第 3 行和第 4 行通过 os.listdir()方法分别对当前路径和指定路径下的文件列表。例 9-10 的运行结果如图 9-19 所示。

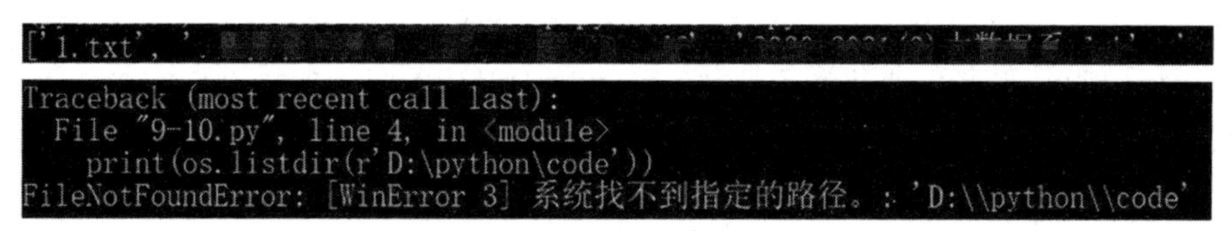

['1.txt',
Traceback (most recent call last):
File "9-10.py", line 4, in <module>
print(os.listdir(r'D:\python\code'))
FileNotFoundError: [WinError 3] 系统找不到指定的路径。: 'D:\\python\\code'

图 9-19　例 9-10 的运行结果

实例 9.3：遍历目录下的所有图片

【实例描述】

本例是“遍历目录下的所有图片”，本例中增加了对目录下所有子目录遍历的设计，帮助读者了解 Python 中目录级的操作方法。图 9-20 是待遍历目录及其子目录的结构。

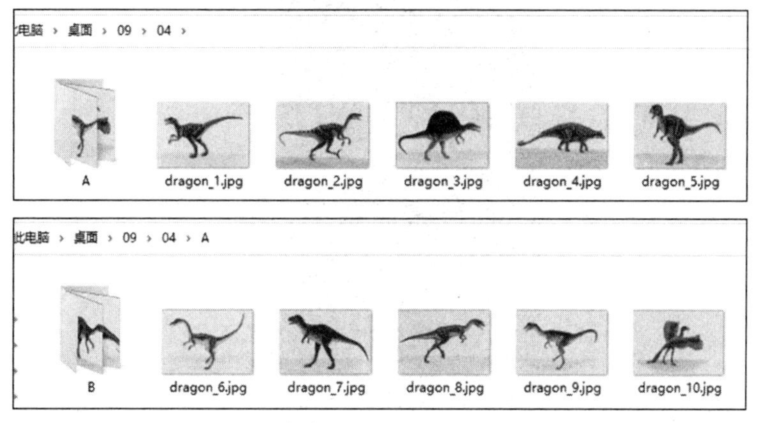

图 9-20　待遍历目录及其子目录的结构

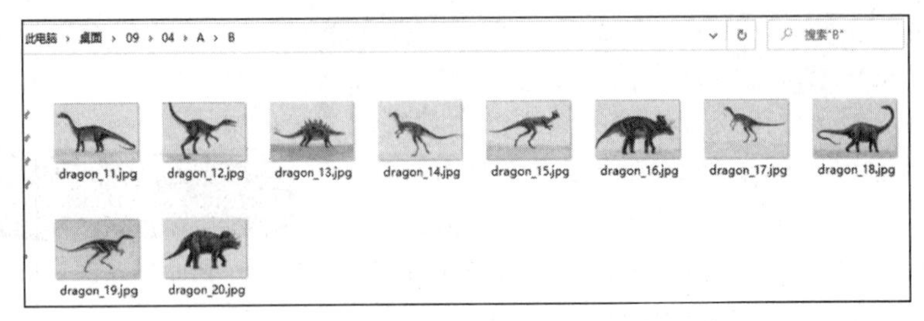

图 9-20　待遍历目录及其子目录的结构（续）

【实例分析】

本例的功能是，单击“遍历目录下的所有图片”，可展示所有的子目录下的文件。

【实例实现】

```
1    # -*- coding: utf-8 -*-
2    import os
3    def visitDir(path):
4        if not os.path.isdir(path):
5            print('Error:"',path,'" is not a directory or does not exist.')
6            return
7        list_dirs = os.walk(path)
8        for root, dirs, files in list_dirs:
9            for f in files:
10               print(os.path.join(root, f))        #获取文件绝对路径
11   if __name__ == "__main__":
12       visitDir('04')
```

在上述代码中，第 2 行导入了 os 模块，第 3 行自定义了一个函数 visitDir()，第 4 行判断 path 是否已存在，如果存在，则在第 7 行调用 os.walk()方法返回一个元组，该元组包括 3 个元素：所有路径名、所有目录列表与文件列表。第 8 行开始遍历所有的文件和目录，第 9～10 行依次获取每个文件的绝对路径，并输出这些信息。第 11 行是程序的入口，第 12 行调用了函数 visitDir()。

实例 9.3 的运行结果如图 9-21 所示。

```
04\dragon_1.jpg
04\dragon_2.jpg
04\dragon_3.jpg
04\dragon_4.jpg
04\dragon_5.jpg
04\A\dragon_10.jpg
04\A\dragon_6.jpg
04\A\dragon_7.jpg
04\A\dragon_8.jpg
04\A\dragon_9.jpg
04\A\B\dragon_11.jpg
04\A\B\dragon_12.jpg
04\A\B\dragon_13.jpg
04\A\B\dragon_14.jpg
04\A\B\dragon_15.jpg
04\A\B\dragon_16.jpg
04\A\B\dragon_17.jpg
04\A\B\dragon_18.jpg
04\A\B\dragon_19.jpg
04\A\B\dragon_20.jpg
```

图 9-21　实例 9.3 的运行结果

实例 9.3 视频

9.6 项目实战：批量读取 PDF 合同内容到 Excel 中

9.6.1 项目描述

在本章中读者学习了文件分类、文件的基本操作、文件级操作模块、目录级操作模块等内容，本项目将融合本章中介绍的文件、文件级、目录级等相关操作，实现“批量读取 PDF 合同内容到 Excel 中”项目的设计。

9.6.2 项目分析

第 9 章项目实战视频

本例的功能是，遍历指定目录中全部的 PDF 文件，将文件的内容整合在一起，并输出为 Excel 文件。

本项目中首次使用了 pdfplumber 模块，模块中对 PDF 文件的常见操作包括按页处理 PDF、获取页面文字、提取表格等。在第一次运行程序时，将提示以下的错误，如图 9-22 所示。

```
Traceback (most recent call last):
  File "05批量读取PDF内容到Excel中.py", line 5, in <module>
    import pdfplumber
ModuleNotFoundError: No module named 'pdfplumber'
```

图 9-22　运行提示错误

此时，可以通过以下命令对 pdfplumber 模块进行安装：

```
pip install pdfplumber
```

安装过程如图 9-23 所示。

```
Collecting pdfplumber
  Using cached pdfplumber-0.5.28.tar.gz (45 kB)
Collecting pdfminer.six==20200517
  Using cached pdfminer.six-20200517-py3-none-any.whl (5.6 MB)
Requirement already satisfied: Pillow>=7.0.0 in c:\users\jnjia\.conda\envs\python38\li
b\site-packages (from pdfplumber) (8.3.1)
Collecting Wand
  Using cached Wand-0.6.7-py2.py3-none-any.whl (139 kB)
Requirement already satisfied: sortedcontainers in c:\users\jnjia\.conda\envs\python38
\lib\site-packages (from pdfminer.six==20200517->pdfplumber) (2.4.0)
Requirement already satisfied: chardet in c:\users\jnjia\.conda\envs\python38\lib\site
-packages (from pdfminer.six==20200517->pdfplumber) (4.0.0)
Collecting pycryptodome
  Using cached pycryptodome-3.11.0-cp35-abi3-win_amd64.whl (1.8 MB)
Building wheels for collected packages: pdfplumber
  Building wheel for pdfplumber (setup.py) ... done
  Created wheel for pdfplumber: filename=pdfplumber-0.5.28-py3-none-any.whl size=32219
 sha256=639f7c45c162c83740bd99d2976ae04649bb3ea800ca4804f093a778beba3348
  Stored in directory: c:\users\jnjia\appdata\local\pip\cache\wheels\36\61\6d\5fdf7f85
a9598d42f094b4099be9a3dd9a887b25ca9b5a1bf4
Successfully built pdfplumber
Installing collected packages: pycryptodome, Wand, pdfminer.six, pdfplumber
Successfully installed Wand-0.6.7 pdfminer.six-20200517 pdfplumber-0.5.28 pycryptodome
-3.11.0
```

图 9-23　pdfplumber 模块的安装过程

安装完成后，开始着手准备 PDF 文件，这里将所有的 PDF 文件存储于 05 目录中。目录结构如图 9-24 所示。

电脑 › 桌面 › 09 › 05

名称	修改日期	类型	大小
合同1.pdf	2021/11/21 17:35	Microsoft Edge ...	39 KB
合同2.pdf	2021/11/21 17:36	Microsoft Edge ...	40 KB

图 9-24　目录结构

9.6.3 项目实现

```
1	# -*- coding: utf-8 -*-
2	#pip install pdfplumber
3	from openpyxl import Workbook
4	from openpyxl.styles import PatternFill,Side,Border
5	import pdfplumber
6	l=[]
7	import os
8	def visitDir(path):
9	    if not os.path.isdir(path):
10	        print('Error:"',path,'" is not a directory or does not exist.')
11	        return
12	    list_dirs = os.walk(path) #os.walk返回一个元组，包括3个元素：所有路径名、所有目录列表与
	文件列表
13	    for root, dirs, files in list_dirs:        #遍历该元组的目录和文件信息
14	        for f in files:
15	            if f.endswith(".pdf"):
16	                l.append(os.path.join(root, f))
17	def writeExcel(l):
18	    wb = Workbook()
19	    ws1 = wb.active
20	    data =[]
21	    for i in l:
22	        with pdfplumber.open(i) as pdf:
23	            for page in pdf.pages:
24	                textdata =page.extract_text()
25	                l = textdata.split()
26	                data.append(l)
27	    border=Border(top=Side(border_style='thin',color='000000'),
28	                  bottom=Side(border_style='thin',color='000000'),
29	                  left=Side(border_style='thin',color='000000'),
30	                  right=Side(border_style='thin',color='000000'))
31	    ws1["A1"]="合同序号"
32	    ws1["B1"]="合同名称"
33	    ws1["C1"]="合同金额"
34	    ws1["A1"].fill=PatternFill(fill_type='solid', fgColor="8B008B")
35	    ws1["B1"].fill=PatternFill(fill_type='solid', fgColor="8B008B")
36	    ws1["C1"].fill=PatternFill(fill_type='solid', fgColor="8B008B")
37	    ws1["A1"].border = border
38	    ws1["B1"].border = border
39	    ws1["C1"].border = border
40	    fill = PatternFill(fill_type='solid', fgColor="FFC0CB")
41	    for i in range(len(data)):
42	        for j in range(len(data[0])):
43	            ws1.cell(i+2,j+1,data[i][j]).fill=fill
44	            ws1.cell(i+2,j+1,data[i][j]).border=border
45	
46	    wb.save("05/合同信息导出.xlsx")
```

```
47        wb.close()
48
49    if __name__ == "__main__":
50        visitDir('05')
51        writeExcel(l)
```

在上述代码中，第3～7行导入了相关的模块。第8行自定义了一个函数visitDir()，第9行判断path是否已存在，如果存在，则在第12行调用os.walk()方法返回一个元组，该元组包括3个元素：所有路径名、所有目录列表与文件列表。第13行开始遍历所有的文件和目录，第14～16行依次获取每个PDF文件的绝对路径。

第17行自定义了一个函数writeExcel()，第21～30行遍历所有的PDF文件，提取文本内容，并准备border。第31～36填入相关的内容。第41行遍历data内容，填写具体的文本，第46行保存为"05/合同信息导出.xlsx"文件，并在第47行关闭文件。

第49行是程序的入口，第50～51行依次调用了visitDir()和writeExcel()函数。项目实战的运行结果如图9-25所示。

	A	B	C	D
1				
2	合同一	合同名称：	合同金额：	3万
3	合同二	合同名称：	合同金额：	4万
4	合同三	合同名称：	合同金额：	1万
5	合同四	合同名称：	合同金额：	5万

图9-25　项目实战的运行结果

本章小结

本章内容包括文件分类、文件的基本操作、文件级操作模块、目录级操作模块等内容。

在项目引导中，提供了"批量获取Excel文件内容"案例给出Excel文件的使用方法。

在文件分类中，介绍了文本文件和二进制文件的概念。

在文件的基本操作中，分别介绍了open()函数、文件的打开模式、文件的常用方法。

在文件级操作模块中，介绍了os模块和os.path模块。

在目录级操作模块中，介绍了处理文件夹相关操作的函数，例如创建目录、删除目录、获取文件列表等。

在"批量读取PDF合同内容到Excel中"项目实战中，介绍了该项目的具体描述、项目分析及项目实现思路。

习　题　9

1. 选择题

（1）关于Python对文件的处理，以下选项中描述错误的是（　　）。

A. Python通过解释器内置的open()函数打开一个文件

B. 当文件以文本方式打开时，读写按照字节流方式

C. 文件使用结束后，要用close()方法关闭，释放文件的使用授权

D. Python能够以文本和二进制两种方式处理文件

（2）以下选项中不是Python对文件的写操作方法的是（　　）。

A. writelines　　B. write 和 seek　　C. writetext　　D. write

（3）以下选项中，不是 Python 对文件的读操作方法的是（　　）。

A. readline　　B. readall　　C. readtext　　D. read

（4）关于 Python 文件处理，以下选项中描述错误的是（　　）。

A. Python 能处理 JPG 图像文件　　B. Python 不可以处理 PDF 文件

C. Python 能处理 CSV 文件　　D. Python 能处理 Excel 文件

（5）以下选项中，不是 Python 对文件的打开模式的是（　　）。

A. 'w'　　B. '+'　　C. 'c'　　D. 'r'

（6）关于 Python 文件打开模式的描述，以下选项中描述错误的是（　　）。

A. 覆盖写模式 w　　B. 追加写模式 a　　C. 创建写模式 n　　D. 只读模式 r

（7）以下选项中，对文件的描述错误的是（　　）。

A.文件中可以包含任何数据内容　　B.文本文件和二进制文件都是文件

C.文本文件不能用二进制文件方式读入　　D.文件是一个存储在辅助存储器上的数据序列

（8）Python 文件的只读打开模式是（　　）。

A. w　　B. x　　C. b　　D. r

（9）Python 文件读取方法 read(size)的含义是（　　）。

A. 从头到尾读取文件的所有内容

B. 从文件中读取一行数据

C. 从文件中读取多行数据

D. 从文件中读取指定 size 大小的数据，如果 size 为负数或者空，则读取到文件结束

2. 填空题

（1）os 模块的文件操作方法中，join(path,*paths)用于（　　）。

（2）（　　）指的是将对象内容以字节串(bytes)进行存储。

（3）（　　）存储的是常规字符串，由若干文本行组成，通常每行以换行符'\n'结尾。

第 10 章 异常处理结构

在程序运行过程中，经常会遇到各种各样的错误，这些错误统称为“异常”。异常一般泛指程序在运行过程中由于外部问题（如硬件错误、输入错误）等导致程序发生的异常事件。异常本身是一个对象，产生异常就是产生了一个异常对象。异常有的是由于开发者将关键字写错而导致的，这类错误多数产生的是 SyntaxError:invalid syntax（无效的语法），这将直接导致程序不能运行。这类异常是显式的，在开发阶段很容易被发现。还有一类异常是隐式的，通常和使用者的操作有关，这类异常不容易被发现，对初学者而言存在一定的难度。

本章将详细介绍 Python 中的异常处理结构，其中包含异常的基本概念、异常处理结构、自定义异常类等内容，并通过一系列的实例和项目实战帮助读者掌握 Python 中的异常处理方法。

10.1 项目引导：显示图片异常初体验

10.1.1 项目描述

读者在对图像等资源进行二次处理时，往往会因为对处理方法的使用错误而导致系统运行出现异常，或者并未得到想要的结果，此时就需要了解 Python 中对图像信息的基本表达形式。本章中使用 Image 模块来进行图像处理。Image 模块是在 Python PIL 图像处理中常见的模块，对图像进行基础操作的功能基本都包含在这个模块中，模块内含有 open、save、conver、show 等功能。

在本项目中，通过一个“显示图片异常初体验”的案例帮助读者体会 Python 中异常的使用方法。

10.1.2 项目分析

本项目中首次使用了 PIL 模块，在第一次运行程序时，将提示如图 10-1 所示的错误。

```
Traceback (most recent call last):
  File "G:\10\01显示图片异常初体验.py", line 2, in <module>
    from PIL import Image
ModuleNotFoundError: No module named 'PIL'
```

图 10-1 运行提示错误

此时，可以通过以下命令，对 PIL 模块进行安装：

```
pip install pillow
```

安装过程如图 10-2 所示。

```
(python39) G:\10>pip install pillow
WARNING: Ignoring invalid distribution -illow (g:\software_setup\anaconda3\envs\
python39\lib\site-packages)
WARNING: Ignoring invalid distribution -illow (g:\software_setup\anaconda3\envs\
python39\lib\site-packages)
Collecting pillow
  Using cached Pillow-9.0.0-cp39-cp39-win_amd64.whl (3.2 MB)
WARNING: Ignoring invalid distribution -illow (g:\software_setup\anaconda3\envs\
python39\lib\site-packages)
Installing collected packages: pillow
WARNING: Ignoring invalid distribution -illow (g:\software_setup\anaconda3\envs\
python39\lib\site-packages)
Successfully installed pillow-9.0.0
```

图 10-2 pillow 模块的安装过程

在本项目中，首先定义了一个函数，在函数中打开一个文件：picture.jpg，由于文件的地址路径填写错误，导致产生了异常。程序的目录结构如图 10-3 所示。

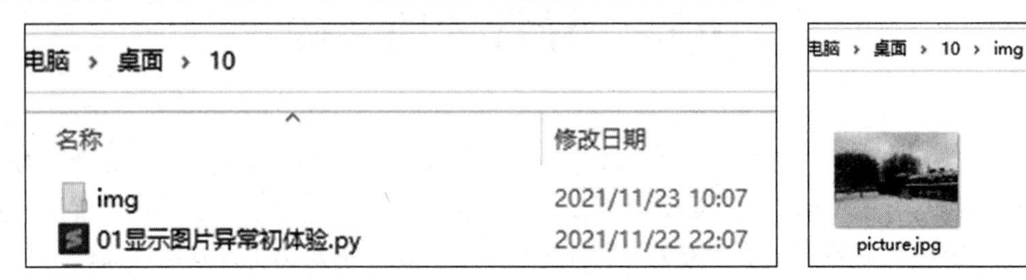

图 10-3　程序的目录结构

因此，通过实现本项目引导，本章需要掌握的相关知识点如表 10-1 所示。

表 10-1　相关知识点

序号	知　识　点	详见章节
1	异常的基本概念	10.2 节
2	try…except 结构	10.3.1 节
3	try…except…else 结构	10.3.2 节
4	带有多个 except 的 try 结构	10.3.3 节
5	try…except…finally 结构	10.3.4 节
6	自定义异常类	10.4 节

第 10 章引导项目视频

10.1.3　项目实现

实现本项目的源程序如下：

```
1    # -*- coding: utf-8 -*-
2    from PIL import Image
3    def getError():
4        im = Image.open('picture.jpg')
5        im.show()
6    if __name__ == "__main__":
7        getError()
```

在上述代码中，第 2 行导入了 PIL 模块，第 3～5 行定义了 getError()函数，打开文件并显示图片内容，第 6 行是程序的入口，其中调用了 getError()函数。本项目的运行结果如图 10-4 所示。由于图片文件的地址信息填写错误，导致了异常的产生。

```
Traceback (most recent call last):
  File "G:\10\01显示图片异常初体验.py", line 7, in <module>
    getError()
  File "G:\10\01显示图片异常初体验.py", line 4, in getError
    im = Image.open('picture.jpg')
  File "G:\software_setup\anaconda3\envs\python39\lib\site-packages\PIL\Image.py
", line 2953, in open
    fp = builtins.open(filename, "rb")
FileNotFoundError: [Errno 2] No such file or directory: 'picture.jpg'
```

图 10-4　项目的运行结果

10.2　异常的基本概念

异常即是一个事件，一般情况下，在 Python 解释器无法正常处理程序时就会产生一个异常。

异常是 Python 的一个对象，表示一个错误。当 Python 脚本发生异常时，我们需要捕获异常并处理它，否则程序会终止执行。合理地使用异常处理结构可以使得程序更加健壮，从而使程序具有更强的容错性。另外，可以把不易理解的错误提示转换为友好提示显示给用户。

下面是编写 Python 代码时常见的几个异常示例。

【例 10-1】异常示例 1。

```
1    print(a)
```

在上述代码中，之前没有给变量 a 赋值而直接打印输出，将抛出一个异常，提示变量 a 没有被定义。例 10-1 的运行结果如图 10-5 所示。

```
Traceback (most recent call last):
  File "10-1.py", line 1, in <module>
    print(a)
NameError: name 'a' is not defined
```

图 10-5　例 10-1 的运行结果

【例 10-2】异常示例 2。

```
1    print(10 * (1 / 0))
```

在上述代码中，除数为 0，输出时会抛出一个异常，提示除数为 0 错误。例 10-2 的运行结果如图 10-6 所示。

```
Traceback (most recent call last):
  File "10-2.py", line 1, in <module>
    print(10 * (1 / 0))
ZeroDivisionError: division by zero
```

图 10-6　例 10-2 的运行结果

【例 10-3】异常示例 3。

```
1    print('hello' + 100)
```

上述代码将字符串与整数连接并输出，抛出类型异常。例 10-3 的运行结果如图 10-7 所示。

```
Traceback (most recent call last):
  File "10-3.py", line 1, in <module>
    print('hello' + 100)
TypeError: can only concatenate str (not "int") to str
```

图 10-7　例 10-3 的运行结果

【例 10-4】异常示例 4。

```
1    fp = open('music.data', 'rb')
```

上述代码打开不存在的文件，将抛出异常，提示文件或目录不存在。例 10-4 的运行结果如图 10-8 所示。

```
Traceback (most recent call last):
  File "10-4.py", line 1, in <module>
    fp = open('music.data', 'rb')
FileNotFoundError: [Errno 2] No such file or directory: 'music.data'
```

图 10-8　例 10-4 的运行结果

在编写 Python 程序时，引发异常的原因有很多，例如：除零、下标越界、文件不存在、网络异常、类型错误、名字错误、字典键错误、磁盘空间不足等。因此，如何对异常进行有效地处理、如何让系统处理异常信息与处理正常信息的机制融合为一个整体，对程序开发人员的要求是很高的。

10.3　异常处理结构

在 Python 中，常用的异常处理结构有 try…except 结构、try…except…else 结构、带有多个 except 的 try 结构及 try…except…finally 结构等，下面将分别进行详细的介绍。

10.3.1　try…except 结构

在 Python 中，第一种异常处理结构是 try...except 结构，其语法如下：

```
1    try:
2        try代码块
3    except Exception[ as reason]:
4        except代码块
```

其中，try 子句中的代码块放置可能出现异常的语句，except 子句中的代码块处理异常。

以下给出一个 try...except 结构的实例。

【例 10-5】年龄输入。

```
1    for i in range(3):
2        age = input('请输入年龄:')
3        try:
4            age = int(age)
5            print('您的年龄为 {0}岁'.format(age))
6        except Exception as e:
7            print('对不起，您的年龄我无法理解')
```

在上述代码中，通过 for 循环输入 3 个人的年龄数据，将输入数据赋值给变量 age，并将 age 变量的值强制转换成整数。如果输入的字符串无法转换成整数，则 try 代码块中就会发生异常，except 就会捕获异常，打印错误信息。

例 10-5 的运行结果如图 10-9 所示。

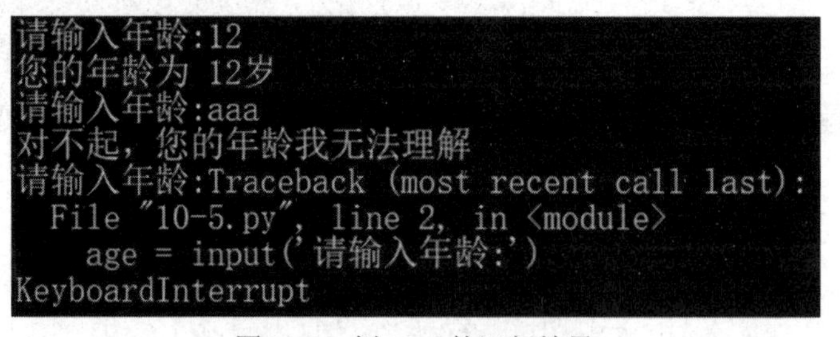

图 10-9　例 10-5 的运行结果

实例 10.1：彩色图片转换为黑白图片

【实例描述】

本例是“彩色图片转换为黑白图片”，本例重点介绍对 try...except 结构的操作，以帮助读者了解 Python 中异常处理结构的使用方法。

实例 10.1 视频

【实例分析】

本例的功能是，在 img 目录下准备图片文件：picture.jpg，通过图像转化实现彩色图片转换为黑白图片的功能。

【实例实现】

```
1    # -*- coding: utf-8 -*-
2    from PIL import Image
3    def getError():
4        try:
5            im = Image.open('img/picture.jpg')
6            print(im.format,im.size,im.mode)
7            bw =im.convert('L')
8            bw.show()
9            bw.save(path)
10       except Exception as e:
11           print("异常发生")
12   if __name__ == "__main__":
13       getError()
```

在上述代码中，第 2 行导入了 PIL 包，第 3～11 行定义了 getError()函数，第 5 行打开图片文件并输出图片的相关属性，第 7 行对图片进行灰度处理，第 8 行显示了这张图片，第 9 行保存图片在 path 中，由于 path 不存在，此时将会产生异常。第 10～11 行接收了异常信息，并进行处理。第 12 行是程序的入口，第 13 行调用了 getError()函数。实例 10.1 的运行结果如图 10-10 所示。

```
JPEG (4032, 3024) RGB
异常发生
```

图 10-10　实例 10.1 的运行结果

10.3.2　try…except…else 结构

第二种异常处理结构是 try...except...else 结构，其语法如下：

```
1    try:
2        try代码块
3    except Exception[ as reason]:
4        except代码块
5    else:
6        else代码块
```

同样，try 子句中的代码块放置可能出现异常的语句，except 子句中的代码块处理异常，如果 try 范围内捕获了异常，就执行 except 代码块；如果 try 范围内没有产生异常，则执行 else 代码块中的语句，可以认为 else 分支是代码没有发生异常的一种额外奖励。

以下给出一个 try...except...else 结构的实例。

【例 10-6】课程查询。

```
1   course = ['《程序设计基础（Python）》','《深度学习》','《机器学习》','《大数据技术概述》']
2   for i in range(3):
3       n = input('请输入查询的课程序号：')
4       try:
5           n = int(n)
6           print('您选择的课程为：' + course[n])
7       except IndexError:
8           print('课程索引越界，请重新输入。')
9       else:
10          print('成功查询课程')
```

在上述代码中，定义了一个列表 course，如果用户输入的课程序号超过 course 列表元素的下标，就会抛出异常，except 就会捕获。如果 try 代码块没有发生异常，则 else 代码块就会被执行。

例 10-6 的运行结果如图 10-11 所示。

```
请输入查询的课程序号：0
您选择的课程为：《程序设计基础（Python）》
成功查询课程
请输入查询的课程序号：5
课程索引越界，请重新输入。
请输入查询的课程序号：Traceback (most recent call last):
  File "10-6.py", line 3, in <module>
    n = input('请输入查询的课程序号：')
KeyboardInterrupt
```

图 10-11　例 10-6 的运行结果

实例 10.2：调整图片大小

实例 10.2 视频

【实例描述】

本例是“调整图片大小”，本例重点介绍对 try...except...else 结构的操作，以帮助读者了解 Python 中异常处理结构的使用方法。

【实例分析】

本例的功能是，在 img 目录下准备图片文件：picture.jpg。目录中的图片文件如图 10-3 所示，然后通过 PIL 模块将图片的大小调整为（80，60）。

【实例实现】

```
1   # -*- coding: utf-8 -*-
2   from PIL import Image
3   def getError():
4       try:
5           im = Image.open('img/picture.jpg')
6           print(im.format,im.size,im.mode)
7           bw =im.resize((80,60))#正确
8           # bw =im.resize(80,60)#错误
9           bw.show()
10      except Exception as e:
11          print("异常发生",e.__class__.__name__)
12      else:
13          print("图片大小调整成功")
```

```
14  if __name__ == "__main__":
15      getError()
```

在上述代码中，第 2 行导入了 PIL 模块，第 3～13 行定义了 getError()函数，第 5 行打开图片文件并输出图片的相关属性，第 7 行进行调整图片大小的处理，第 9 行显示了这张图片。第 10～11 行接收了异常信息并进行处理。第 14 行是程序的入口，其中调用了 getError()函数。实例 10.2 的运行结果如图 10-12 所示。

```
JPEG (4032, 3024) RGB
图片大小调整成功
```

图 10-12　实例 10.2 的运行结果

在本例中，如果对第 7 行进行注释，而将第 8 行的注释取消，如下所示：

```
7   # bw =im.resize((80,60))#正确
8   bw =im.resize(80,60)#错误
```

此时运行程序会提示如图 10-13 所示的异常，这是由于第 8 行中 resize 的参数填写错误而导致系统产生异常。

```
JPEG (4032, 3024) RGB
异常发生 ValueError
```

图 10-13　实例 10.2 异常的运行结果

10.3.3　带有多个 except 的 try 结构

第三种异常处理结构为含有 try...多个 except...else 结构，其语法如下：

```
1   try:
2       try代码块
3   except Exception1[ as reason1]:
4       except代码块1
5   except Exception2[ as reason2]:
6       except代码块2
7   else:
8       else代码块
```

同样，try 子句中的代码块放置可能出现异常的语句，except 子句可以有多种异常类型，except 子句中的代码块处理异常，如果 try 范围内捕获了异常，就执行 except 代码块；如果 try 范围内没有捕获异常，就执行 else 代码块中的语句。以下给出一个 try...多个 except...else 结构的实例。

【例 10-7】课程平均分计算。

```
1   for i in range(4):
2       try:
```

```
3            x = input('请输入课程总分: ')
4            y = input('请输入课程数: ')
5            avr = float(x) / float(y)
6        except ZeroDivisionError:
7            print('除数不能为零')
8        except ValueError:
9            print('课程总分与课程数为数值类型')
10       else:
11           print('课程总分：', x, '课程数:', y, '平均分：', avr)
```

在上述代码中，如果用户输入的课程数为 0，try 代码块中会抛出 ZeroDivisionError 异常。如果用户输入的课程总分或课程数不是数字，则 try 代码块中会抛出 ValueError 异常。如果没有发生异常，则执行 else 代码块。

例 10-7 的运行结果如图 10-14 所示。

```
请输入课程总分: 100
请输入课程数: 0
除数不能为零
请输入课程总分: 100
请输入课程数: a
课程总分与课程数为数值类型
请输入课程总分: 100
请输入课程数: 2
课程总分:  100 课程数: 2 平均分:  50.0
请输入课程总分: Traceback (most recent call last):
  File "10-7.py", line 3, in <module>
    x = input('请输入课程总分: ')
KeyboardInterrupt
```

图 10-14　例 10-7 的运行结果

实例 10.3：图片风格过滤

【实例描述】

本例是"图片风格过滤"，本例重点介绍含有 try...多个 except...else 结构的操作，以帮助读者了解 Python 中异常处理结构的使用方法。

实例 10.3 视频

【实例分析】

本例的功能是，在 img 目录下准备图片文件：picture.jpg。目录中的图片文件如图 10-3 所示，然后通过 PIL 模块对图像进行风格过滤的操作。

【实例实现】

```
1    # -*- coding: utf-8 -*-
2    from PIL import Image,ImageFilter
3    def getError():
4        try:
5            im = Image.open('img/picture.jpg')#正确
6            # im = Image.open('img/picture1.jpg')#错误
7            im = im.filter(ImageFilter.EDGE_ENHANCE)#正确
8            # im = im.filter(ImageFilter.EDGE_ENHANCE1)#错误
9            im.show()
10       except FileNotFoundError:
11           print("文件路径错误")
12       except AttributeError:
```

```
13            print("ImageFilter的属性错误")
14        else:
15            print("风格转换成功")
16    if __name__ == "__main__":
17        getError()
```

在上述代码中，第 2 行导入了 PIL 模块，第 3～15 行定义了 getError()函数，第 5 行打开图片文件并输出图片的相关属性，第 7 行对图片进行 im.filter(ImageFilter.EDGE_ENHANCE)的处理，这种处理方法对原始图像边界进行增强滤波。第 9 行显示了图片。第 10～13 行接收了异常信息，并按照文件路径错误和属性错误两种情况分别进行处理。第 16 行是程序的入口，其中调用了 getError()函数。实例 10.3 的运行结果如图 10-15 所示。

风格转换成功

图 10-15　实例 10.3 的运行结果

在本例中，如果对程序进行调整，此时将产生不同的运行结果。例如，将取消第 8 行的注释，对第 7 行进行注释，如下所示：

```
5     im = Image.open('img/picture.jpg')#正确
6     # im = Image.open('img/picture1.jpg')#错误
7     # im = im.filter(ImageFilter.EDGE_ENHANCE)#正确
8     im = im.filter(ImageFilter.EDGE_ENHANCE1)#错误
```

此时程序中 ImageFilter.EDGE_ENHANCE1 的属性信息是错误的，因此程序的运行结果如图 10-17 所示。

ImageFilter的属性错误

图 10-16　实例 10.3 运行异常结果 1

如果再次对程序进行调整，取消第 6 行和第 7 行的注释，对第 5 行和第 8 行进行注释，如下所示：

```
5     # im = Image.open('img/picture.jpg')#正确
6     im = Image.open('img/picture1.jpg')#错误
7     im = im.filter(ImageFilter.EDGE_ENHANCE)#正确
8     # im = im.filter(ImageFilter.EDGE_ENHANCE1)#错误
```

此时程序中图片的文件名是错误的，因此程序的运行结果如图 10-17 所示。

文件路径错误

图 10-17　实例 10.3 运行异常结果 2

如果再次对程序进行调整，取消第 8 行的注释，对第 7 行进行注释，如下所示：

```
5     # im = Image.open('img/picture.jpg')#正确
```

```
= Image.open('img/picture1.jpg')#错误
# im = im.filter(ImageFilter.EDGE_ENHANCE)#正确
im = im.filter(ImageFilter.EDGE_ENHANCE1)#错误
```

，程序中图片的文件名和 ImageFilter.EDGE_ENHANCE1 的属性信息都是错误的，由行执行在先，此时提示如图 10-18 所示的错误。

文件路径错误

图 10-18　实例 10.3 运行异常结果 3

10.3.4　try…except…finally 结构

第四种异常处理结构为 try... except...finally 结构，其语法如下：

```
1    try:
2        try代码块
3    except Exception1[ as reason1]:
4        except代码块 1
5    except Exception2[ as reason2]:
6        except代码块2
7    else:
8        else代码块
9    finally:
10       finally代码块
```

其中，try 子句中的代码块放置可能出现异常的语句，except 子句可以有多种异常类型，except 子句中的代码块处理异常，如果 try 范围内捕获了异常，就执行 except 代码块；如果 try 范围内没有捕获异常，若存在 else 分支，就执行 else 代码块中的语句。finally 代码块无论是否发生异常都会被执行。

以下给出一个 try...except...finally 结构的实例。

【例 10-8】课程平均分计算。

```
1    for i in range(4):
2        try:
3            x = input('请输入课程总分: ')
4            y = input('请输入课程数: ')
5            avr = float(x) / float(y)
6        except ZeroDivisionError:
7            print('除数不能为零')
8        except ValueError:
9            print('课程总分与课程数为数值类型')
10       else:
11           print('课程总分：', x, '课程数:', y, '平均分：', avr)
12       finally:
13           print("执行结束")
```

上述代码在例 10-7 的基础上增加了一个 finally 分支。从输出结果可以看出，无论是否发生了异常，finally 代码块都被执行。

例 10-8 的输出结果如图 10-19 所示。

```
请输入课程总分：100
请输入课程数：0
除数不能为零
执行结束
请输入课程总分：100
请输入课程数：a
课程总分与课程数为数值类型
执行结束
请输入课程总分：100
请输入课程数：2
课程总分： 100 课程数：2 平均分： 50.0
执行结束
请输入课程总分：执行结束
Traceback (most recent call last):
  File "10-8.py", line 3, in <module>
    x = input('请输入课程总分：')
KeyboardInterrupt
```

图 10-19　例 10-8 的运行结果

实例 10.4：图片效果增强

实例 10.4 视频

【实例描述】

本例是“图片效果增强”，本例重点介绍含有 try...except...finally 结构的操作，以帮助读者了解 Python 中异常处理结构的使用方法。

【实例分析】

本例的功能是，在 img 目录下准备图片文件：picture.jpg。目录中的图片文件如图 10-3 所示，然后通过 PIL 模块对图像进行效果增强的操作。

【实例实现】

```
1   # -*- coding: utf-8 -*-
2   from PIL import Image,ImageEnhance
3   def getError():
4   
5       try:
6           im = Image.open('img/picture.jpg')#正确
7           # im = Image.open('img/picture1.jpg')#错误
8           # epr = ImageEnhance.Color1(im)#错误
9           epr = ImageEnhance.Color(im)#正确
10          im = epr.enhance(100)
11          im.show()
12      except FileNotFoundError:
13          print("文件路径错误")
14      except AttributeError:
15          print("ImageEnhance的属性错误")
16      else:
17          print("图片增强成功")
18      finally:
19          print("图片处理结束")
20  
21  if __name__ == "__main__":
22      getError()
```

在上述代码中，第 2 行导入了 PIL 模块，第 3～19 行定义了 getError()函数，第 6 行打开图片文件并输出图片的相关属性，第 8～10 行对图片进行 ImageEnhance.Color 处理，这种处理方法将原始图像的图像色彩增强。第 11 行显示了图片。第 12～15 行接收了异常信息，并按照文件路径错误和属性错误两种情况分别进行处理。第 21 行是程序的入口，其中调用了 getError()函数。实例 10.4 的运行结果如图 10-20 所示。

图片增强成功
图片处理结束

图 10-20　实例 10.4 的运行结果

在本例中，如果对程序进行调整，此时将产生不同的运行结果。例如，对第 6～9 行轮流进行注释，此时可以看到系统会提示："文件路径错误""ImageEnhance 的属性错误"。例如，将程序修改为：

```
6    # im = Image.open('img/picture.jpg')#正确
7    im = Image.open('img/picture1.jpg')#错误
8    # epr = ImageEnhance.Color1(im)#错误
9    epr = ImageEnhance.Color(im)#正确
```

此时的运行结果如图 10-21 所示。

文件路径错误
图片处理结束

图 10-21　实例 10.4 运行异常结果

读者可以尝试其他的注释方式，此处不再赘述。

10.4　自定义异常类

如果 Python 提供的异常不能满足需要，可以继承 Python 内置异常类来实现自定义的异常类。通过创建一个新的异常类，程序可以命名它们自己的异常。

自定义一个异常类，通常应继承自 Exception 类（直接继承），当然也可以继承自那些本身就是从 Exception 类继承而来的类（间接继承）。Python 异常类继承如图 10-22 所示。

注意：虽然所有类同时继承自 BaseException，但它是为系统退出异常而保留的，假如直接继承自 BaseException，可能会导致自定义异常不会被捕获，而是直接发送信号退出程序运行，脱离了我们自定义异常类的初衷。

另外，系统自带的异常只要触发就会被自动抛出（如 NameError、ValueError 等），但用户自定义的异常需要用户决定何时抛出。也就是说，自定义异常需要使用 raise 手动抛出。

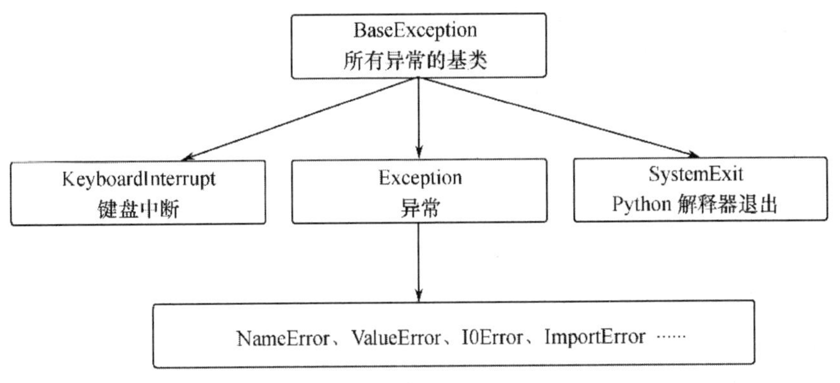

图 10-22　Python 异常类继承图

【例 10-9】自定义异常类。

```
1    class MyError(Exception):
2        def __init__(self, value):
3            self.value = value
4        def __str__(self):
5            return repr(self.value)
6    try:
7        raise MyError(8 * 10)
8    except MyError as e:
9        print('自定义异常类的异常发生, value:', e.value)
```

在上述代码中，定义了一个异常类 MyError，该类继承自 Python 内置的 Exception 类。在该类的构造方法中，将传递过来的 value 值赋值给实例变量 self.value。在 try 代码块中，产生一个异常，参数为 80，并捕获异常输出异常值。

例 10-9 的运行结果如图 10-23 所示。

```
自定义异常类的异常发生, value: 80
```

图 10-23　例 10-9 的运行结果

10.5　项目实战：图片高级应用

10.5.1　项目描述

在本章中读者学习到了异常基本概念、异常处理结构、自定义异常类等内容，本项目将融合本章中介绍的异常等相关操作，实现“图片高级应用”项目的设计。

第 10 章项目实战视频

10.5.2　项目分析

本例的功能是，系统提示输入图片处理效果，主要包括：①对比度增强；②屏幕截图；③图像裁剪与粘贴。用户可以选择其中的功能，系统将按照提示要求分别对图像进行操作。

10.5.3　项目实现

```
1    # -*- coding: utf-8 -*-
2    from PIL import Image,ImageEnhance,ImageGrab
```

```
3   def getError():
4       try:
5           im = Image.open('img/picture.jpg')#正确
6           # im = Image.open('img/picture1.jpg')#错误
7           value =input("输入图片处理效果:1,对比度增强;2,屏幕截图;3,图像裁剪与粘贴,;\n")
8           value =eval(value)
9           if value==1:
10              # epr = ImageEnhance.Contrast1(im)#错误
11              epr = ImageEnhance.Contrast(im)#正确
12              im = epr.enhance(100)
13              im.show()
14          elif value==2:
15              im1 = ImageGrab.grab()
16              im1.save('1.png')
17              print("文件截图成功")
18          elif value==3:
19              b = (0,0,800,850)
20              region =im.crop(b)
21              region = region.transpose(Image.ROTATE_180)
22              im.paste(region,b)
23              im.show()
24      except NameError:
25          print("变量没定义")
26      except FileNotFoundError:
27          print("文件路径错误")
28      except AttributeError:
29          print("ImageEnhance的属性错误")
30      else:
31          print("图片操作成功")
32      finally:
33          print("图片处理结束")
34  if __name__ == "__main__":
35      getError()
```

在上述代码中，第 2 行导入了 PIL 模块，第 3～33 行定义了 getError()函数，第 5 行打开图片文件，第 7 行系统给出提示信息“输入图片处理效果:1,对比度增强;2,屏幕截图;3,图像裁剪与粘贴”，由用户输入信息。第 9 行判断如果用户输入的是 1，则对图片进行 ImageEnhance.Contrast 处理，这种处理方法是对原始图像的饱和度进行处理。第 13 行显示了图片。第 14 行判断如果用户输入的是 2，则对系统当前平面进行截图处理。第 16 行保存了图片。第 18 行判断如果用户输入的是 3，则对图片进行截图处理，并叠加显示在原始图片中。第 24～29 行接收了异常信息，并按照变量没定义、文件路径错误和属性错误这 3 种情况分别进行处理。第 34 行是程序的入口，其中调用了 getError()函数。项目实战的运行结果如图 10-24 至图 10-26 所示。

如果取消第 6 行的注释，此时将出现如图 10-27 所示的提示信息。

如果取消第 10 行的注释，同时注释第 11 行，此时将出现如图 10-28 所示的提示信息。

如果注释第 19 行，此时将出现如图 10-29 所示的提示信息。

学习本章的内容后，读者也可以设计其他的异常情况，并观察这些异常可能产生的结果。

```
输入图片处理效果：1,对比度增强;2,屏幕截图；3，图像裁剪与粘贴,；
```

```
1
图片操作成功
图片处理结束
```

图 10-24　项目实战的运行结果-选项 1

```
2
文件截图成功
图片操作成功
图片处理结束
```

此电脑 › 桌面 › 10

名称	修改日期
img	2021/11/23 10:07
01显示图片异常初体验.py	2021/11/22 22:07
1.png	2021/11/23 12:36
02彩色图片变换为黑白图片.py	2021/11/23 12:17
03调整图片大小.py	2021/11/22 22:54
04图片风格过滤.py	2021/11/23 12:07
05图片效果增强.py	2021/11/23 11:19
06图片高级应用.py	2021/11/23 11:23

图 10-25　项目实战的运行结果-选项 2

```
3
图片操作成功
图片处理结束
```

图 10-26　项目实战的运行结果-选项 3

```
文件路径错误
图片处理结束
```

图 10-27　项目实战的异常结果 1

```
输入图片处理效果：1,对比度增强;2,屏幕截图；3，图像裁剪与粘贴,；
1
ImageEnhance的属性错误
图片处理结束
```

图 10-28　项目实战的异常结果 2

```
输入图片处理效果：1,对比度增强;2,屏幕截图；3，图像裁剪与粘贴,；
3
变量没定义
图片处理结束
```

图 10-29　项目实战的异常结果 3

本 章 小 结

本章内容包括异常的基本概念、异常处理结构、自定义异常类等内容。

在项目引导中，提供了一个“显示图片异常初体验”案例给出异常的产生途径。

在异常的基本概念中，介绍了异常的概念，并给出了一些常见异常的实例。

在异常处理结构中，分别介绍了 try…except 结构、try…except…else 结构、带有多个 except 的 try 结构及 try…except…finally 结构，并给出了一些常见的异常处理结构的实例。

在自定义异常类中，介绍了自定义异常类的定义及处理实例。

在“图片高级应用”项目实战中，介绍了该项目的具体描述、项目分析及项目实现思路。

习 题 10

1. 选择题

（1）关于程序的异常处理，以下选项中描述错误的是（　　）。

A. 程序异常发生经过妥善处理可以继续执行

B. 异常处理语句可以与 else 和 finally 关键字配合使用

C. 当异常发生后就无法捕获，只能中止程序

D. Python 通过 try、except 等关键字提供异常处理功能

（2）以下选项中，Python 异常处理结构中用来捕获特定类型异常的关键字是（　　）。

A. except　　B. do　　C. pass　　D. while

（3）将可能发生异常的语句写到哪个子句中？（　　）

A. except　　B. finally　　C. try　　D. else

（4）如果想捕获多个具体异常，可以选用下面哪种异常处理结构？（　　）

A. try…except 结构　　B. try…except…else 结构

C. try…多个 except...else 结构　　D. try…except…finally 结构

（5）运行以下程序，从键盘上输入[a,b,c]，则输出的结果是（　　）。

```
try:
    num = eval(input("请输入一个列表:"))
    num.reverse()
    print(num)
except:
    print("输入的不是列表")
```

A. [a,b,c]　　B. [c,b,a]　　C. 运算错误　　D. 输入的不是列表

（6）以下 Python 语句运行结果异常的选项是（　　）。

A. PI , r = 3.14 , 4

B. a = 1

　b = a = a + 1

C. x = True

　int(x)

D. print(a)

（7）以下关于异常处理的描述，正确的是（　　）。

A. try 语句中有 except 子句就不能有 finally 子句

B. Python 中异常处理结构只能捕获一个异常

C. 访问一个不存在索引的列表元素会引发 NameError 错误

D. Python 中允许利用 raise 语句由程序主动引发异常

（8）以下程序的输出结果是（　　）。

```
s=''
try:
    for i in range(1, 10, 2):
        s.append(i)
except:
    print('error')
print(s)
```

A. 1 3 5 7 9　　B. [1, 3, 5, 7, 9]　　C. 2, 4, 6, 8, 10　　D. error

（9）以下关于异常处理的描述，错误的选项是（　　）。

A. Python 通过 try、except 等关键字提供异常处理功能

B. ZeroDivisionError 是一个变量未命名错误

C. NameError 是一种异常类型

D. 异常语句可以与 else 和 finally 语句配合使用

（10）执行以下程序，输入 la，输出结果是（　　）。

```
la = 'python'
try:
    la = la*2
    print(la)
except:
print('请输入整数')
```

A. la　　B. 请输入整数　　C. pythonpython　　D. python

2. 填空题

（1）在异常处理结构中，（　　）子句中的代码块放置可能出现异常的语句，（　　）子句中的代码块处理异常。

（2）在 Python 的异常类中，（　　）是所有异常的基类。

参 考 文 献

[1] 董付国. Python 程序设计[M].北京：清华大学出版社，2021.
[2] 明日科技. 零基础学 Python[M].长春：吉林大学出版社，2021.
[3] 肖冠宇，杨捷. Python 3 快速入门与实战[M]. 北京：机械工业出版社，2021.
[4] 黄海涛. Python 3 破冰人工智能：从入门到实战[M]. 北京：人民邮电出版社，2021.
[5] 明日科技，王国辉，陈佩峰. Python 从入门到实践[M]. 长春：吉林大学出版社，2021.
[6] 马克・卢茨. Python 学习手册[M]. 北京：机械工业出版社，2018.
[7] 道格・赫尔曼. Python 3 标准库[M]. 北京：机械工业出版社，2018.
[8] 埃里克・马瑟斯. Python 编程从入门到实践[M]. 北京：人民邮电出版社，2021.
[9] 明日科技，李菁菁，张鑫. Python 算法从入门到实践[M]. 长春：吉林大学出版社，2021.
[10] 李杰臣. 让工作化繁为简：用 Python 实现办公自动化[M]. 北京：机械工业出版社，2020.
[11] 明日科技，何平，李根福. Python GUI 设计 tkinter 从入门到实践[M]. 长春：吉林大学出版社，2021.
[12] 阿尔·斯维加特. Python 编程快速上手[M]. 北京：人民邮电出版社，2021.
[13] 李永华. Python 编程 300 例——快速构建可执行高质量代码[M]. 北京：清华大学出版社，2021.
[14] 明日科技. Python 实效编程百例・综合卷[M]. 长春：吉林大学出版社，2020.
[15] 陈强. Python 项目开发实战[M]. 北京：清华大学出版社，2021.